材料学シリーズ

堂山 昌男　小川 恵一　北田 正弘
監　修

電子線ナノイメージング

高分解能 TEM と STEM による可視化

田 中 信 夫 著

内田老鶴圃

拙い本書を
学問研究の父としての
故上田良二先生　故加藤範夫先生
母としての
故美濱和弘先生
　　　　　に捧げる

　　　　　　　　　　　　著者

材料学シリーズ刊行にあたって

　科学技術の著しい進歩とその日常生活への浸透が20世紀の特徴であり，その基盤を支えたのは材料である．この材料の支えなしには，環境との調和を重視する21世紀の社会はありえないと思われる．現代の科学技術はますます先端化し，全体像の把握が難しくなっている．材料分野も同様であるが，さいわいにも成熟しつつある物性物理学，計算科学の普及，材料に関する膨大な経験則，装置・デバイスにおける材料の統合化は材料分野の融合化を可能にしつつある．

　この材料学シリーズでは材料の基礎から応用までを見直し，21世紀を支える材料研究者・技術者の育成を目的とした．そのため，第一線の研究者に執筆を依頼し，監修者も執筆者との討論に参加し，分かりやすい書とすることを基本方針にしている．本シリーズが材料関係の学部学生，修士課程の大学院生，企業研究者の格好のテキストとして，広く受け入れられることを願う．

　　　　　　　　　　　　　　　　　　監修　　堂山昌男　小川恵一　北田正弘

「電子線ナノイメージング」によせて

　本書の想定している読者は電子線ナノイメージング手法をものにしたいと考えている，後期学部学生，大学院生，企業の研究者である．すぐれた実験家である田中信夫教授が理論をおろそかにすることなく原子の世界へと読者を誘う．

　ナノスケール材料評価技術は日進月歩であり，材料の構造を可視化する技術はナノスケール（あるいは原子スケール）の世界に達している．われわれは原子の世界を覗いてきたような感覚で材料の構造を論じることができる．

　最も強力なナノスケール評価技術は，本書の主題である高分解能透過電子顕微鏡（TEM）と走査透過電子顕微鏡（STEM）である．電子線はクーロン力とローレンツ力を介して精密に制御され，高分解能，高倍率観察を可能にしている．

　制御された入射電子線はクーロン相互作用を通し材料の原子と強く相互作用する．原子の電子状態は電子線の位相変化として写し取られ，入射電子線と干渉させることにより可視化される．材料の原子構造が直接観察可能となる所以が明快に述べられている．

　　　　　　　　　　　　　　　　　　　　　　　　　　　　堂山昌男　小川恵一

はじめに

　高分解能透過電子顕微鏡法(HRTEM)に関する和書はすでにいくつかを数えるが，本書では像と回折図形はフーリエ変換で結ばれているという事実を中心にすえ，原子を含めたナノ構造体の電子顕微鏡像，すなわち電子線を使った「ナノ」の可視化(ナノイメージング)について基礎的なところから解説する．したがって，電子回折図形については結像の理解に必要な知識の記述に限定し，可視化の本筋を読者がはずさないように構成した．また電子顕微鏡の構造の説明も最小限に止め，代わりに電子顕微鏡像の物理的意味のやさしい解説に頁を割くことにした．さらに光学顕微鏡との比較や，走査トンネル顕微鏡も含めた可視化の意味についても著者なりの考えをまとめてみた．また，第II部の走査透過電子顕微鏡(STEM)についての解説は，わが国で初めてのまとまった成書になると思われる．

　本書は学部3年生レベルのやさしい「波動の物理」から出発し，電子の波による，原子や結晶格子の可視化について理解してもらうことを第一の目標とした．次により深く理解しようとする人のために多くの注を設けて，先端的研究を開始した人にも役立つ内容も盛り込んだ．さらに電子回折理論も含め，電子顕微鏡法の深い理解のための理論的基礎については，後半に補遺を設けた．本文を通読後，ここにもぜひ挑戦してほしい．

　本書の読者は工学部や理学部の3〜4年生と大学院博士前期課程1年生を想定しているが，研究をスタートした方にも役立つ最先端の話題も随所に盛り込んである．次への意欲のある方は注や引用文献から世界のレベルへ向かって出発してほしい．

　本書は，日本顕微鏡学会主催の「電子顕微鏡大学」や名古屋大学の電子顕微鏡使用者に対する「電子顕微鏡講習会」のテキストをその源にもっている．この会のお世話をしてくださった方々にもこの場を借りて感謝したい．

　本書は電子顕微鏡法の実験屋である著者が，浅学菲才も省みずこれまで勉強してきたことを「ナノの可視化」を主軸にしてまとめてみたものである．多くの思い違いや誤りがあることを恐れる．諸賢からのご指摘，ご意見をいただければ改版のときに訂正と改良をさせていただきたい．

　最後に本書の執筆をお薦めいただいた堂山昌男先生をはじめとする材料学シリーズ監修者の小川恵一先生，北田正弘先生に感謝いたします．特に堂山昌男先生と小川恵

一先生には，大変丁寧な校閲の労を取っていただきました．篤くお礼を申し上げます．

 2009年1月

著　者

目　　次

材料学シリーズ刊行にあたって
「電子線ナノイメージング」によせて

はじめに ··· i

第Ⅰ部　ナノの世界と透過電子顕微鏡法

第1章　ナノの世界を見る ·· 2
　§1.1　ナノの世界とは　2
　§1.2　ナノサイエンスの研究とイメージングの必要性　4
　§1.3　イメージングの基本モード　6
　§1.4　ナノイメージングになぜ電子線が必要か？　8
　§1.5　ナノサイズの原子を見る3つの方法　10
　　参考文献　12
　　演習問題　13

第2章　透過電子顕微鏡の構造と結像 ··································· 14
　§2.1　透過電子顕微鏡の構造　14
　§2.2　電子レンズの構造　18
　§2.3　透過電子顕微鏡の結像のしくみ　21
　　§2.3.1　3次元の波動の記述のしかた　21
　　§2.3.2　電子を使った顕微鏡でなぜ光学顕微鏡同様の結像ができるのか　24
　　§2.3.3　電子顕微鏡でなぜ像が拡大できて原子が見えるのか　27
　　§2.3.4　像と回折図形の関係　30
　　参考文献　33
　　演習問題　33

第3章 透過電子顕微鏡の分解能と像コントラスト … 34
- §3.1 分解能の簡単な見積もり　*34*
- §3.2 分解能への他の収差の影響　*38*
- §3.3 レーリーの分解能式の導出法　*40*
- §3.4 透過電子顕微鏡像のコントラスト　*43*
- §3.5 明視野像　*43*
- §3.6 暗視野像　*47*
- 参考文献　*48*
- 演習問題　*48*

第4章 高分解能 TEM 観察法とは何か … 49
- §4.1 なぜ1個の原子が見えるか—位相コントラスト法の魔術—　*49*
- §4.2 原子集合体や微結晶のコントラスト　*54*
- §4.3 微結晶の回折コントラスト　*56*
- §4.4 非晶質膜の高分解能像　*57*
- §4.5 高分解能電子顕微鏡の結像の要点　*57*
- 参考文献　*60*
- 演習問題　*60*

第5章 結晶格子像と結晶構造像 … 61
- §5.1 2波の干渉の復習　*61*
- §5.2 2波干渉格子像　*62*
- §5.3 3波干渉格子像とフーリエ像　*65*
- §5.4 構造像とは何か　*68*
- §5.5 結晶構造像の理論式　*70*
- 参考文献　*71*
- 演習問題　*71*

第6章 高分解能電子顕微鏡像の結像理論と像シミュレーション … 72
- §6.1 透過電子顕微鏡の線形結像理論　*72*
  - §6.1.1 試料による位相変調の記述　*72*

§6.1.2　対物レンズの不完全性効果の取り入れ方　74
§6.1.3　レンズの不完全性を使って像コントラストをつける　75
§6.1.4　逆空間表示からの考察　77
§6.1.5　開き角のある入射波や加速電圧の揺らぎの分解能への影響　78
§6.1.6　弱い振幅物体に関するコントラスト伝達関数　80
§6.1.7　非弾性散乱波の高分解能TEM像への影響　82
§6.2　高分解能像のシミュレーション　83
§6.2.1　なぜ像シミュレーションが必要か　83
§6.2.2　像シミュレーションの原理と方法　84
§6.2.3　スーパーセル法とは何か　86
§6.3　透過電子顕微鏡の結像における干渉性　89
§6.3.1　透過電子顕微鏡の結像と入射波の干渉性　89
§6.3.2　干渉縞のコントラストと干渉性の定義　91
§6.3.3　時間干渉性と空間干渉性　92
参考文献　96
演習問題　97

第7章　先進透過電子顕微鏡法 ……………………………… 98

§7.1　エネルギーフィルター透過電子顕微鏡法　98
§7.1.1　電子エネルギー損失分光法の基礎　98
§7.1.2　実際のエネルギーフィルター透過電子顕微鏡　100
§7.1.3　元素分布像とは何か　101
§7.1.4　エネルギーフィルター像の分解能
　　　　　―原子レベルのエネルギーフィルター像は可能か―　102
§7.2　電子線ホログラフィー　104
§7.2.1　ホログラフィーとは何か　104
§7.2.2　電子線ホログラフィーの装置　106
§7.2.3　電子線ホログラフィーで何を見るか？　107
§7.3　電子線トモグラフィー法―ナノの世界が3次元的に見える―　111
§7.3.1　3次元観察の原理　111
§7.3.2　電子顕微鏡法への適用　114

§7.3.3　実際の装置　*115*
　　§7.3.4　現在の電子線トモグラフィーの問題点　*116*
　§7.4　収差補正 TEM—0.05 nm の分解能を目指して—　*118*
　　参考文献　*123*
　　演習問題　*123*

第Ⅱ部　原子直視を可能とする走査透過電子顕微鏡法

第8章　走査透過電子顕微鏡法とは何か　*126*
　§8.1　走査透過電子顕微鏡法の特徴　*126*
　§8.2　ナノ電子プローブの生成の基礎　*128*
　§8.3　結像原理と開発の歴史　*131*
　§8.4　実際の走査透過電子顕微鏡　*133*
　　参考文献　*135*
　　演習問題　*135*

第9章　走査透過電子顕微鏡の結像　*136*
　§9.1　走査透過電子顕微鏡像と透過電子顕微鏡像の相反定理　*136*
　§9.2　走査透過電子顕微鏡の結像モード　*138*
　　参考文献　*140*
　　演習問題　*140*

第10章　走査透過電子顕微鏡法の応用例　*141*
　§10.1　明視野像と暗視野像　*141*
　§10.2　原子番号(Z)コントラスト像と元素像　*142*
　§10.3　原子コラムの暗視野像　*144*
　§10.4　明視野走査透過電子顕微鏡法のリバイバル　*148*
　§10.5　超高電圧走査透過電子顕微鏡　*149*
　§10.6　走査透過電子顕微鏡を使った3次元観察　*150*
　　§10.6.1　非晶質試料の像コントラスト　*150*

§ 10.6.2 結晶性試料の3次元走査透過電子顕微鏡像 *151*
§ 10.6.3 電子エネルギー損失信号およびX線放出信号を用いた3次元像 *151*
§ 10.6.4 トポグラフィーかトモグラフィーか *152*
§ 10.7 ナノ電子回折図形 *152*
参考文献 *155*

第11章 走査透過電子顕微鏡の結像理論 ………………………… 156
§ 11.1 基本的な考え方 *156*
§ 11.2 プローブ形成の理論 *157*
§ 11.3 結晶中でのプローブの回折のマルチスライス法計算 *158*
§ 11.4 ベーテ法による計算 *165*
参考文献 *169*

第12章 走査透過電子顕微鏡法の今後の発展 ……………………… 170
参考文献 *171*

第13章 まとめとして
—ナノ構造観察からナノ物性研究およびナノ加工研究へ— ………… *172*

補　遺

補遺A フーリエ変換入門―イメージングの数学的基礎― *176*
補遺B 凸レンズによる結像作用―凸レンズは位相変調器― *182*
補遺C 電子顕微鏡のレンズ伝達関数―位相コントラストを理解する鍵― *187*
補遺D 1個の原子による電子の散乱―電子顕微鏡で原子が見える基礎過程― *193*
補遺E 電子回折法と収束電子回折法―格子像形成の基礎― *197*
補遺F 非線形項も取り入れた結像理論入門―最前線理解のために― *204*
補遺G 画像処理法について―画像を見やすくするために― *205*
補遺H 高分解能像観察時の電子線照射損傷について
　　　　　―生物，有機物の観察のために― *211*

x 目次

補遺 I　ベーテ法の動力学的電子回折理論—結晶回折の基本的理論—　214
補遺 J　コラム近似法とハウイ-ウェラン法の動力学的回折理論
　　　　—格子欠陥観察の理論—　218
補遺 K　ファンダイク法の動力学的回折理論
　　　　—原子コラムイメージングの基礎—　222
補遺 L　電子顕微鏡結像についての相対論補正効果
　　　　—超高圧電子顕微鏡法の基礎理論—　225
補遺 M　電子顕微鏡を用いた元素分析—電子プローブを用いた分析—　228
補遺 N　カウリーによる TEM/STEM 結像の形式理論　230

　おわりに……………………………………………………………………233

　総　索　引…………………………………………………………………235
　欧字先頭語索引……………………………………………………………245

第Ⅰ部

ナノの世界と透過電子顕微鏡法

第1章　ナノの世界を見る
第2章　透過電子顕微鏡の構造と結像
第3章　透過電子顕微鏡の分解能と像コントラスト
第4章　高分解能TEM観察法とは何か
第5章　結晶格子像と結晶構造像
第6章　高分解能電子顕微鏡像の結像理論と像シミュレーション
第7章　先進透過電子顕微鏡法

第1章
ナノの世界を見る

§1.1 ナノの世界とは

　本書の題名にある「ナノ」とはナノメーター(nanometer；nm)の略称である．nano は 10 のべき数の 10^{-9} ($=$ 1/1000000000；10 億分の 1)を意味する．欧米では，大きい数や小さい数を 3 桁ずつ区切って考える習慣がある．大きい数として，キロ(kilo)は 10^3，メガ(mega)は 10^6，ギガ(giga)は 10^9，テラ(tera)は 10^{12} である．小さい数としては，ミリ(milli)は 10^{-3}，マイクロ(micro)は 10^{-6}，ナノ(nano)は 10^{-9}，ピコ(pico)は 10^{-12}，フェムト(femto)は 10^{-15}，アト(atto)は 10^{-18} である．

　ナノの世界とは 10^{-9}，すなわち 10 億分の 1 メートルの世界である．**図 1-1** に中国の古書をもとに書かれた，わが国最初の算術書「塵劫記」に載っている小さな数の表記の一例を示した[注1]．分，厘，毛は日本でも江戸時代に使われていたので知っている読者もあるだろう．この中でナノは「塵」(ちり)なのである．本書で説明する透過電子顕微鏡を用いると，このナノの世界，またはそれより 1/10 以下の世界を自由に可視化することができる．

　ここでナノの世界の代表選手を紹介しよう．材料を構成する基本単位である 1 個の原子の大きさは，周辺の電子雲の広がりを考慮すると 0.2～0.3 nm である．この原子が面心立方格子上に規則正しく配列した金(Au)の結晶の単位胞の格子定数は $a=$ 0.407 nm である．60 個の炭素原子をちょうどサッカーボールの縫い目の角に配置した炭素フラーレンの C_{60} 分子の大きさは 1.034 nm で，ナノの世界の"ものさし"になり得る(**図 1-2** 参照)[1]．炭素ナノチューブは特定の太さを持たないが，その側壁を構成する炭素六員環の六角形の 1 辺の大きさは 0.144 nm である[注2]．また生物の遺伝情報を司っているデオキシリボ核酸(DNA)の 2 重らせんは，太さ 2.0 nm，ピッチが 3.4 nm である(**図 1-3** 参照)．nm という単位と，従来原子の大きさを計るのに使われ

[注1] 神戸大学の林真至教授より教えていただいた．
[注2] 著者の研究室では透過電子顕微鏡によりこの炭素六員環 1 枚の可視化に世界で初めて成功している(K. Hirahara *et al.*, Nanolett., **6**(2006) 1778)．

2

§1.1 ナノの世界とは　3

呼び方	数	単位の接頭語
分(ぶ)	10^{-1}	デシ(d)
厘(りん)	10^{-2}	センチ(c)
毛(もう)	10^{-3}	ミリ(m)
微(び)	10^{-6}	マイクロ(μ)
塵(じん)	10^{-9}	ナノ(n)
漠(ばく)	10^{-12}	ピコ(p)
須臾(しゅゆ)	10^{-15}	フェムト(f)
刹那(せつな)	10^{-18}	アト(a)

図1-1 小さい数の中国流名称

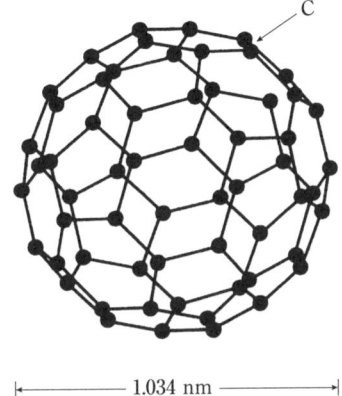

—— 1.034 nm ——

図1-2 フラーレン分子の模式図
この中で炭素六員環の1辺の長さは約0.144 nmである

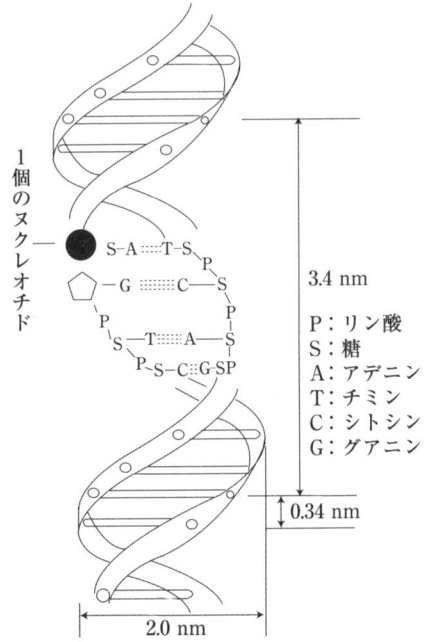

P：リン酸
S：糖
A：アデニン
T：チミン
C：シトシン
G：グアニン

図1-3 デオキシリボ核酸(DNA)の2重らせん構造

ていた Å(オングストローム)という単位との換算は 1 nm = 10 Å である．

ナノの大きさの世界を可視化することは透過電子顕微鏡がもっとも得意とするところである．さあ，ナノの世界を見る道具のしくみを知るための旅に出掛けよう．

§1.2 ナノサイエンスの研究とイメージングの必要性

自然科学にとって，ものや現象をありのままに見て記述することはすべてのスタートである．遠くにあるものを見るために望遠鏡が発明された．小さいものを見るための道具として，虫眼鏡から始まり，光学顕微鏡，1930 年代より電子顕微鏡，1980 年代には走査トンネル顕微鏡を，人類は発明してきた．

これらのすべての方法は，実空間で直接像が得られるという点で，同じ微小領域の構造を解析する X 線回折法とは別の役割を持っている（図 1-4(a), (b)）．後者は逆空間[注3]での情報しか得られず，実空間の像を出すにはコンピュータを使って時間のかかる多量な計算をしなければならない（→ 補遺 E）．したがって，生きた細胞の分裂を光学顕微鏡で観察するような「その場観察」のためには，どうしても顕微鏡法を用意しなくてはならないのである．

材料の性質は原子構造だけでなく，熱など，外からのエネルギーの注入に対して材料の内部が励起される度合にも大きく左右される．図 1-5(a) にそのための実空間法の物理測定法，図 1-5(b) に逆空間における測定法を示した．(b) の縦軸の波数は実空間に存在する長さの逆数である．固体物理学や物理化学の測定のほとんどが図 1-5(b) の逆空間表示図のエネルギー軸に対して，この波数の分布を求めることで行われる[注4]．この場合の試料の大きさは無限大である．したがって，複数の性質が混ざった試料を測定すると，その和または平均の値しか得られない．このことは，ナノチューブに代表される多様な形態を持つナノ材料の分析・計測のためには根本的な限

注3) ものが存在する空間は，x, y, z の座標で記述される 3 次元の空間である．本書ではこれを「実空間」と呼ぶ．これに対して，実空間中の長さの逆数で計られる空間を「逆空間」という．固体物理学はこの空間の表示で記述されることが多い（キッテル，「固体物理学入門」(丸善，8 版，2008)（上）2 章参照）．逆空間は波長の逆数（$k = 1/\lambda$）を単位としても計られるので，波数空間，さらにプランク定数をかけて運動量空間とも呼ばれる（$\boldsymbol{p} = h\boldsymbol{k}$）．X 線回折法については本材料学シリーズの早稲田，松原，「X 線構造解析」(内田老鶴圃，2002) を参照のこと．

注4) 実空間でおこる現象の時間 (t) に対する逆空間情報は振動数 (ν) であり，アインシュタインの $E = h\nu$ の式を介してエネルギー (E) の空間にもなる．また図 1-5(b) を 90°まわしたものが固体物理学で通常使うバンド図になる．

界となる．ナノ材料は，1個1個，1本1本解析しなければ，真の姿に到達し得ないのである[2]．

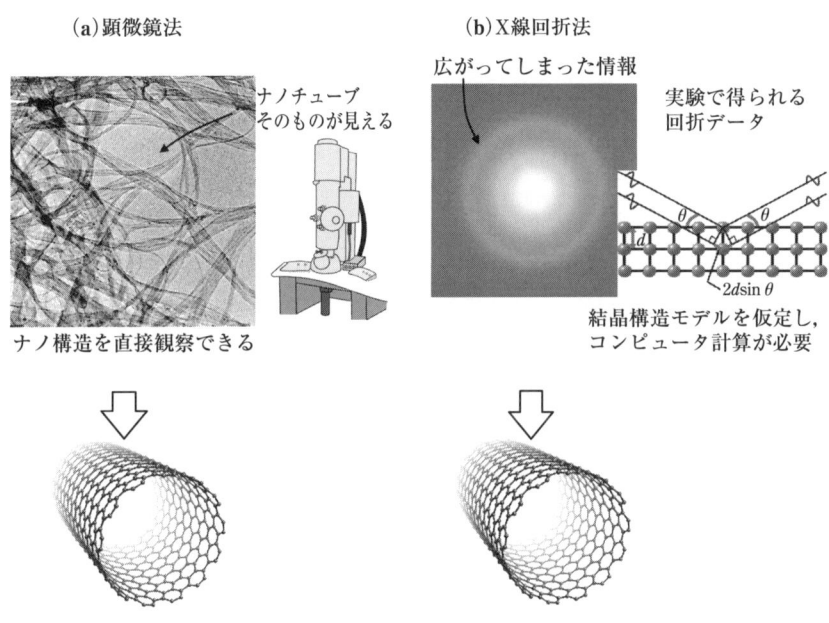

図 1-4 顕微鏡法と X 線回折法の違い

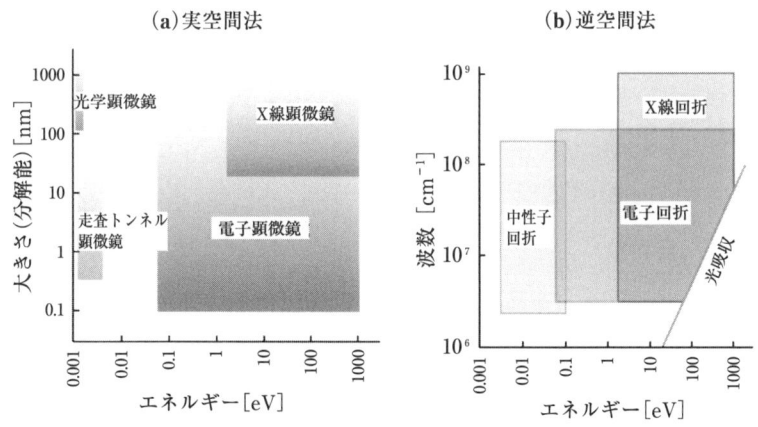

図 1-5 実空間(a)と逆空間(b)での種々の物理測定法

この問題を克服するためには，図1-5(a)の実空間での可視化(イメージング)機能を持つ測定手段に頼らざるを得ない．ナノサイエンスやナノテクノロジーの研究に顕微鏡法が必要なのはこのためである．

§1.3 イメージングの基本モード

本書ではナノの大きさの試料を画像化する方法を説明するが，まず像(image)というものを定義しておこう．像とは，試料の大きさ，構造および分散状態などの情報を光線や電子線を使って別の場所に移して(数学では写像という)2次元の強度分布にしたものである[注5]．光学顕微鏡を思い浮かべると，この像強度分布は，試料と別の場所を結ぶ直線に垂直な面上の実空間座標(x, y)を引数にした正の実数関数$I(x, y)$で表すことができる．顕微鏡の場合はこの写像過程で拡大することはいうまでもない．像を作ることを結像(imaging, image formation)という．

このイメージングの観点からみると，試料とは何だろうか？ それはものがあることを示す質量密度分布$\rho(x, y, z)$や，入射光を吸収する吸収率の分布$\mu(x, y, z)$などの3次元的な関数で表される．本書で説明する電子顕微鏡を使ったイメージングの場合は，固体中に存在する静電ポテンシャルの分布$V(x, y, z)$が，試料を表す重要な物理量である．

以上をまとめると，**図1-6**で示すように，3次元空間に広がる$V(x, y, z)$の形を，少し離れた場所に電子の2次元強度分布$I(x, y)$として写像することが電子線イメージングである．このイメージングの方法は，以下の2つに大別することができる．

レンズ法：これは別の場所に拡大像を作る代表的な方法である．$1/a + 1/b = 1/f$の薄肉レンズの公式に従って，レンズの反対側に試料の形と相似な倒立像ができる(図1-6(a))．顕微鏡，望遠鏡，カメラなどの光学機器の多くに使われている．この方法の特徴は，2次元画像$I(x, y)$を一度に結像できることである．ここでは，試料の情報を離れた場所に転送するのに，波の伝播[注6]とレンズによる屈折，集光作用という現象を使っている．この結像過程を数学の言葉で言うと，試料への入射波によって試料のすぐ後方にできた波動場を2回，2次元のフーリエ変換すると像面の波動場が得られ，次にこの複素数の波動場の絶対値の2乗をとると像強度が得られるのであ

[注5] 幾何光学としては，この写像は有理1次変換または射影変換と呼ばれる(鶴田，「応用光学I」(培風館，1990) 2章参照).

[注6] 波の伝播は回折現象(まわり込み)を伴うので，波を使った可視化法は分解能の限界を持つ(アッベの分解能).

§1.3 イメージングの基本モード　7

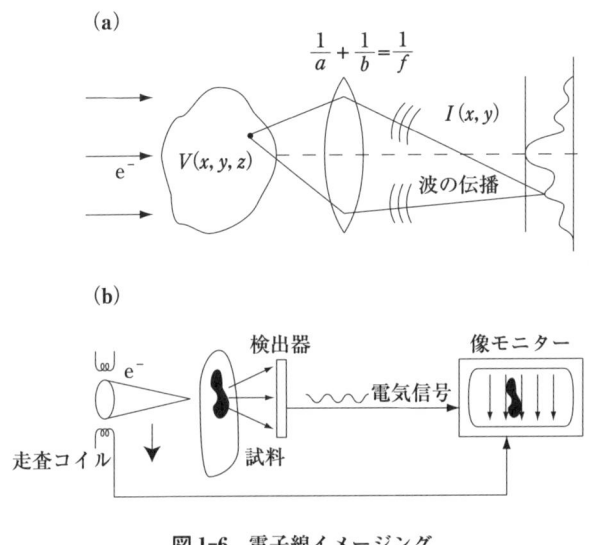

図1-6　電子線イメージング
(a)レンズ法，(b)走査プローブ法

る[注7]．本書の第Ⅰ部で説明する透過電子顕微鏡(Transmission Electron Microscope；TEM)はこの方法を使っている．

　走査法：この方法はテレビジョンやファクシミリで使われている．まず試料を細い光または電子ビームで走査する[注8]．これは1点1点短時間だけ止まって次に移ってゆくと考えてもよい．次に試料のその点から上や下に出てくる光や電子の強度を検出器でとらえ，その信号強度をその点の像強度とする．強度分布を表示するのはテレビでおなじみの陰極線管(CRT)などを用いる(図1-6(b))．この方法では離れた場所へ試料の情報を移すのに波の伝播は使っておらず，CRTまでの電線を使っている．この方法の欠点は，有限の走査時間のため，1枚の像の左上の部分と右下の部分が異

注7) レンズによる結像をフーリエ変換の言葉で説明することは本書の主要な目的の1つである．試料による回折現象が1回目のフーリエ変換，レンズによる結像は2回目のフーリエ変換で表されることは，補遺Bで数式を使って説明する．ここでは波の振幅と位相を一度に表すために複素数を使う．

注8) 走査法では試料の下には結像のためのレンズがないので，像の分解能は走査するプローブの大きさで決まる．ただし，収束(集光)レンズの収差や信号強度などにより，プローブの小ささには限界がある(§8.2参照)．

なった時刻に作られるということである.

この方法を用いた電子顕微鏡は2種類ある. 試料の上方に出てくる2次電子線強度で像を描く走査電子顕微鏡(Scanning Electron Microscope；SEM)と, 試料の下方に出てくる電子の強度で像を描く走査透過電子顕微鏡(Scanning Transmission Electron Microscope；STEM)である. STEM法は最近進展が著しい, 新しい電子線ナノイメージング法であり, 第Ⅱ部で詳しく説明する.

§1.4 ナノイメージングになぜ電子線が必要か？

微小なものを拡大して, 肉眼で見えるようにする道具を顕微鏡という. ドイツのAbbeは,「レンズを使った顕微鏡の分解能(δ)は波長(λ)以下にはならない」ことを19世紀に証明した. レンズの有限な開口と波の回折現象(まわり込み)のために, 1つ1つの点状物体の像が図1-7(a)のようにボケてしまうのである[注6]. このボケは円環状であり, 動径方向の強度変化がベッセル関数で表される. 図1-7ではこの断面が波の模様として描かれている.

分解能は, $2a$離れて近接した2点の像が2点として見えるかで決まる. 上記の2つの円環を近接させたときの考察より, 像の分解能は次の(1-1)式で与えられることがわかっている(§3.3参照). ここで, λ, αはそれぞれ波長とレンズの見込み角の半

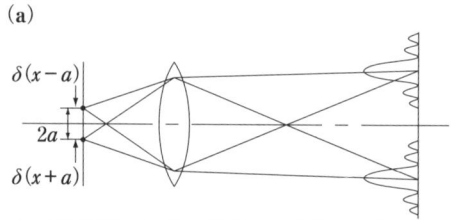

(x は試料面の座標, δ関数は点状物体を表す)

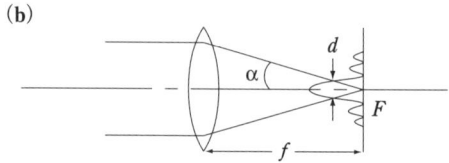

図1-7 レンズを使った顕微鏡の分解能
(a)レンズ法, (b)プローブ法

角である．光の波長はおおむね 300 nm（紫）～700 nm（赤）なので，「写像のための担い手」に光を用いては，ナノの大きさの試料観察は困難である．

$$\delta = 0.61 \frac{\lambda}{\alpha} \tag{1-1}$$

一方，電子線を用いると，それが持つド・ブロイ波の波長は $\lambda = h/p$ で与えられる．ここで，$p(= mv)$ は電子の運動量，h はプランク定数で $h = 6.62 \times 10^{-34}$ Joule·sec である．特殊相対性理論を考慮したエネルギー保存則は，古典力学の $mv^2/2 = eE$ に代わって

$$mc^2 - m_0 c^2 = eE \tag{1-2}$$

である[3]．E は加速電圧，$-e$ が電子の電荷，m_0 は電子の静止質量である．この式とド・ブロイの式および運動量の式 $p = mv$ を組み合わせると

$$\lambda = \frac{h}{\sqrt{2 m_0 eE \left(1 + \frac{eE}{2 m_0 c^2}\right)}} \tag{1-3}$$

が得られる．分母の $eE/(2 m_0 c^2)$ は相対論補正項である（→ 補遺 L）．$m_0 c^2 = 511$ keV[注9] なので 1000 kV の加速電圧ではこの補正項がほぼ 1 になる．通常の電子顕微鏡で使われる 200 kV の電圧で電子を加速すると，(1-3)式よりそのド・ブロイ波長は 0.0025 nm と計算される．もし，収差のないレンズができれば，上記のアッベの式から，原子の大きさの 1/100 の大きさ！の試料が観察できることになる．

次に，電子ビームを絞って走査法でイメージングすることを考えてみよう．このときは図 1-7(b) のように電子線をレンズの左側から入射して，右側の焦点面にビームを絞り，そこへ試料を置くことになる．このスポットの半径 (r) も (1-1) 式のアッベの式で与えられる．図 1-7(b) で $d = 2r = 2\delta$ である．(1-1) 式の証明については後に §3.3 で説明する．

つまりレンズ法と走査プローブ法，どちらのイメージング法を用いるにしても，1 nm 以下の分解能を得るには電子線を用いるほかないのである[注10]．

注9) 1 eV（電子ボルト）= e（電子の電荷）× V（加速電圧）= 1.6×10^{-19} (Coulomb) × 1 (Volt) = 1.6×10^{-19} (Joule) である．

注10) 電磁波の一種である X 線も短い波長を持つが，現在では，ナノまたはサブナノの大きさの物体を可視化できる X 線用レンズは存在しない．

§1.5　ナノサイズの原子を見る3つの方法

原子は，周りを周回する電子の雲も含めて 0.2〜0.3 nm の大きさを持つが，この原子を可視化する場合には，その原子核の周りの静電ポテンシャル分布 $V(x, y, z)$ や電子の密度分布 $\rho(x, y, z)$[注11] を見ることになる．

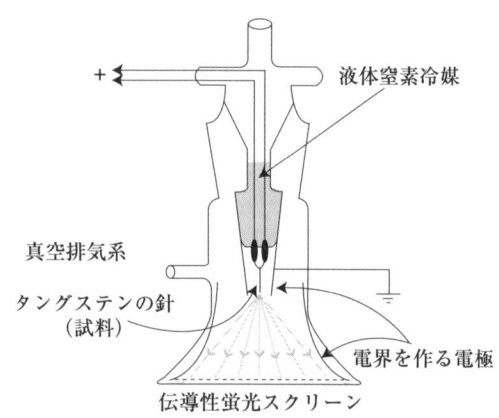

図 1-8　電界イオン顕微鏡(FIM)の構造

人類が最初に原子の像を見たのは，1950 年代初頭に Müller が開発した電界イオン顕微鏡(Field Ion Microscope；FIM)によってである[4]．FIM は図 1-8 のように，電解研磨で尖らせたタングステンや他金属の針の先に不活性ガスイオンを衝突させ，そこからの反射イオンを蛍光板上にとらえる．そして，針の先の大きさ(曲率)と蛍光板の大きさとの比例拡大によって原子の拡大像を得る．これはレンズなしの顕微鏡法である．

次に原子像の観察に成功したのは，第Ⅱ部で解説する走査透過電子顕微鏡(STEM)によってである(10 章の図 10-2 参照)．1970 年に Crewe は，33 kV の加速電圧の自作装置を使って，ウラニル分子で染色した DNA 中のウラニウム原子の観察に成功した．この成果に強く影響されて，1970 年代には通常の透過電子顕微鏡(TEM)でも暗

注11)　X 線回折では電子密度分布，中性子回折では原子核密度を測定できる．しかしこのそれぞれの粒子について高性能のレンズは現存しないので，像にするには多量の計算が必要である．

§1.5 ナノサイズの原子を見る3つの方法　11

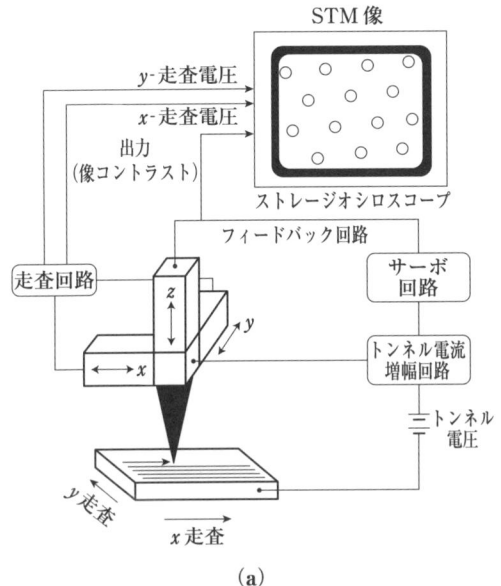

(a)

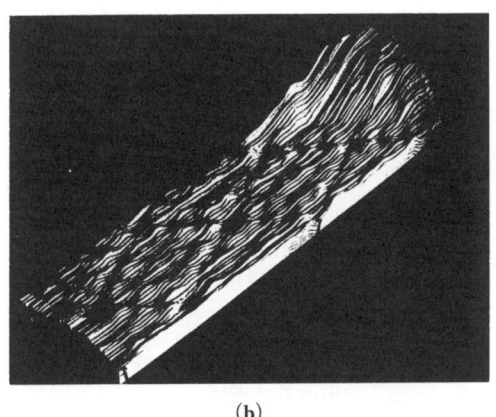

(b)

図1-9　(a)走査トンネル顕微鏡(STM)の構造
　　　(b)シリコン(111)表面の7×7超周期構造のSTM像
図(b)の斜めの実線は探針の走査線．12個の山で作られる菱形の1辺は約 2.7 nm
(G. Binnig and H. Rohler, Helv. Phys. Acta, **55**(1982)726)

視野像,明視野像両方で単原子観察が試みられ,1990年代には,重原子なら明視野像モードで確実に単原子像が得られるようになった.現在では,単層ナノチューブに内包されたカリウム($Z=19$)金属原子までは見えるようになってきている[5].このうち TEM による方法は,顕微鏡としては正当な,レンズを使って拡大像を得るという方法を使っている.

3番目に原子を見ることに成功したのは,1980年代初頭に開発された走査トンネル顕微鏡(Scanning Tunneling Microscope;STM)によってである(図 1-9(a))[6].この方法は,走査法を使うことと,電子を使っている点では走査透過電子顕微鏡と同じであるが,電子レンズで絞った電子プローブではなく,尖った針から試料に向かって流れる数 eV のエネルギーを持った真空トンネル電流を使っている.走査はピエゾ素子を用いた機械的駆動を用いている.試料と針の間の nm 程度の真空のギャップを流れる微弱なトンネル電流を使ってイメージングしたことや,ピエゾ素子を使って原子レベルの x,y 面の走査ができたことは,ナノ可視化技術として大きな進歩である.

初めはシリコン(111)清浄表面の7×7超周期構造の観察(図 1-9(b)参照)や,グラファイトの(0001)面の炭素原子配列の観察が試みられたが,現在では銅などの金属の表面も原子レベルで観察されている[6].STM がさらに進化したものは,尖った針と試料の間の原子間力の変化量を可視化する原子間力走査顕微鏡(Atomic Force scanning Microscope;AFM)である.最初は試料の表面を"こする"ものであったが,現在は探針を試料表面から少し離して振動させ,原子間力によってその振動周期が変化することをとらえて画像化する.現在この方法でもシリコンの原子1個が見えている.

本書は電子線を用いた最先端のナノイメージングを解説することが目的であるが,走査法(SEM,STEM,STM,AFM)を用いると,試料上の各点でプローブが短時間止まるので,種々の局所分析も同時にできる.またプローブが試料に接近しているときに,外から強い電圧や電流の刺激を与えるとナノ領域の「加工」ができることも特筆すべきことである[2].今後この方面の技術は,ナノイメージングからナノファブリケーション(加工)へ発展してゆくのは確実である.

第1章 参考文献

(1) M. S. Dresselhaus *et al*., "Science of Fullerenes and Carbon Nanotubes"(Academic Press, 1996)
(2) 田中信夫,「ナノテクのための物理入門」,日本表面科学会編(共立出版,2007)8章

（3） L. Reimer, "Transmission Electron Microscopy"（Springer-Verlag, 1984）2 章
（4） E. W. Müller and T. T. Tsong, "Field Ion Microscopy"（Elsevier, 1969）
（5） L. Guan *et al.*, Phys. Rev. Lett., **94**（2005）045502
（6） R. Wiesendanger, "Scanning Probe Microscopy and Spectroscopy"（Cambridge Univ. Press, 1994）

演習問題 1

1-1 炭素フラーレン（C_{60}）分子を 1 m の大きさに拡大して可視化したら，そのとき人間の体（身長 1 m）はどのくらいの大きさになるか？ このことから逆にナノの小ささを実感しよう．

1-2 物理学辞典などを調べ，フェムト（10^{-15}）秒，アト（10^{-18}）秒の極短時間でおこる現象にはどのようなものがあるか調べてみよう．ここから物理学への新しい興味が開けるかもしれない．

第2章
透過電子顕微鏡の構造と結像

§2.1 透過電子顕微鏡の構造

　本節では，ナノを観察するための透過電子顕微鏡(TEM)の基本構造を説明しよう[1～4]．

　図2-1(a)はTEM結像用の軸対称静磁場を使った凸レンズである(電子レンズ)．この働きは左上小図の円電流Iがつくる磁場Bが電子に与える力で説明できる．右小図はその断面図である．左から入射した電子(速度v)には紙面の裏から表方向にローレンツ力$(-e)v×B$が働き，その成分$F_θ$により回転運動がおこる．この回転運動の速度成分$v_θ$が磁場Bを再び感じて電子は光軸方向に収束力(F_r)を受ける．円電流の右側ではBの動径方向成分の符号が逆になるので回転運動は減速されるが，速度は持続するので収束は続く．実際の電子レンズは中央図のようにこの円電流をコイルとして束にし，かつ磁場を内側に集中させるための鉄製磁気回路と切れ込み(ポールピース；図2-3参照)から構成される．Pから微小な角度でこの磁場中Bに入射した電子(白丸)はガラスの凸レンズを通ったように反対側遠方のP′に集まる．点Pが光軸から少し上側になるとP′は光軸から少し下側になる．すなわち倒立像を結ぶのである(図2-1(b))．電子顕微鏡では静磁場のこのような凸レンズ作用を使って微小なものを結像し拡大する[注1]．

　電子レンズ内では収束作用と同時に像の回転作用もあるが，この中央図では説明の最初としてこの図示を省略してある．

注1) 光学レンズや電子レンズには波長の異なった波に対して正しく像を結ばない性質，すなわち色収差がある(§3.2参照)．また，単色の波でもレンズへの入射角が大きい波は正しく像を結ばない性質(球面収差)もある．軸対称の静磁場を使った電子レンズでは凸レンズのみしかできないことが証明されているので，光学レンズで行っているように，凹レンズと組み合わせてこの球面収差や色収差を除くことができない(3章の参考文献[1]参照)．これらの収差が現在の電子顕微鏡の分解能を制限している．このことはTEMとSTEM共通である．

§2.1 透過電子顕微鏡の構造　15

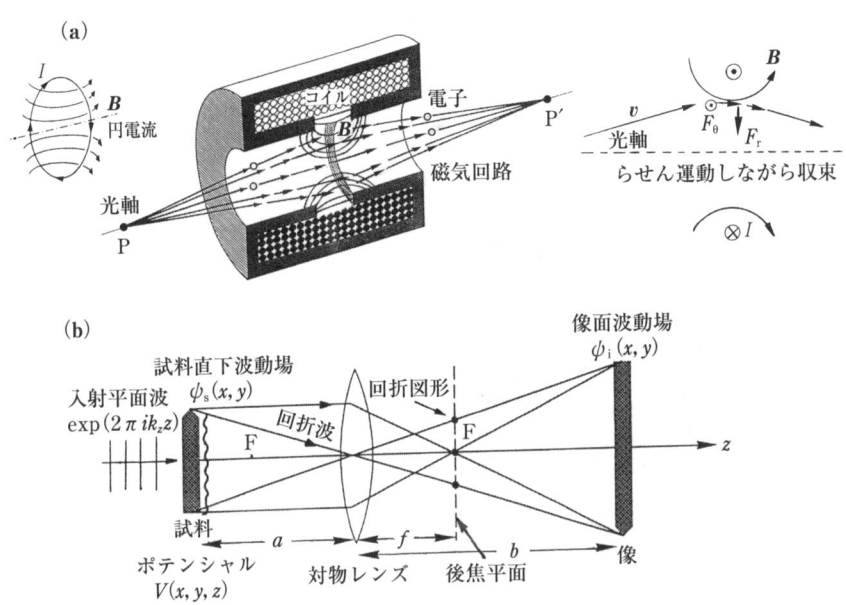

図 2-1　電子レンズの基本構造(a)と凸レンズの結像作用(b)
(a)図で電子の軌道は磁場中で光軸に沿って回転運動も伴うが，理解を容易にするため省略してある（図 2-4 参照）

図 2-2 は，電子顕微鏡と光学顕微鏡の構成図を示す．左と右で各レンズは完全に対応しており，光学顕微鏡で接眼レンズにあたるものが電子顕微鏡では投影レンズと呼ばれる．

電子顕微鏡では図 2-2(a)にあるように多段のレンズを使って拡大像を得る．それぞれの役割は次のようである．

対物レンズ：試料に焦点を合わせ，その下の中間レンズの物面に 50〜100 倍の拡大像を作る．このレンズの結像過程は薄肉レンズの公式 $1/a+1/b=1/f$ でよく理解することができる（図 2-1(b)参照）．a がレンズから試料までの距離で，b がレンズから像面までの距離である．現代の 200 kV の加速電圧の装置の対物レンズの焦点距離(f)は約 1 mm である．装置は光学顕微鏡よりはるかに大きいのに，レンズの焦点距離は数 mm 以下の長さである！　電子顕微鏡の最終的な像分解能はこのレンズで決まる．その理由は，これより下の中間，投影レンズは対物レンズで作った像を拡大す

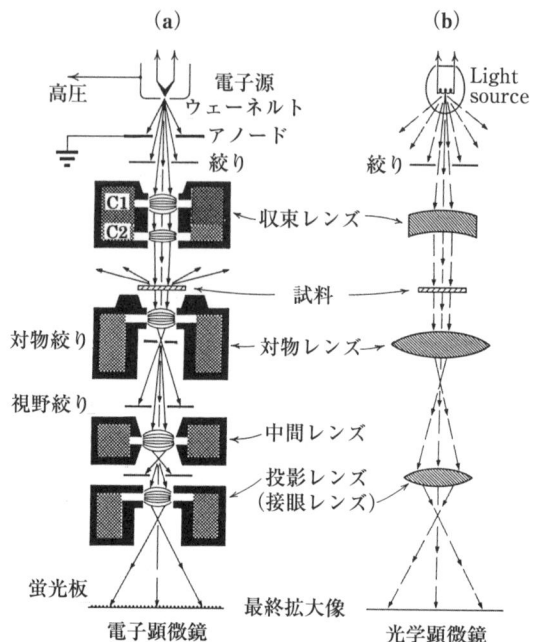

図 2-2　電子顕微鏡と光学顕微鏡の構造

るだけだからである[注2]．

　また図 2-1(b)にあるようにレンズの後焦平面に試料の回折図形(＝試料が持つ間隔(空間周波数)の分布)ができることが重要である．この位置に数十 μm の大きさの円形の対物絞りを入れて，外側の回折斑点をさえぎって結像に参加させなくしたり(明視野像)，特定の回折斑点の強度のみを取り出して結像する(暗視野像)．

　中間レンズ：対物レンズで形成された像を下の投影レンズの物面に結像する(図 2-2(a)参照)．電子顕微鏡ではこのレンズの焦点距離を変えて像の倍率を変化させる．また電子レンズの励磁電流を小さくし焦点距離(f)をさらに長くして，像の代わりに，上で述べた対物レンズの後焦平面にできた回折図形を下の投影レンズへ伝達する働きも行う．この切り替えはあらかじめ設定された励磁電流値にスイッチで切り替える．このスイッチを電子顕微鏡では「回折モードボタン」と呼ぶ．

注2)　最初のレンズでボケてしまった像は拡大してもボケたままである(§3.1 も参照)．

また対物レンズの像面の位置にもう1つの丸孔絞りが出し入れされる．この位置には対物レンズで100倍程度拡大した試料の像ができている．したがってここに絞りを入れれば試料中から特定な領域や粒子を選ぶことができる．これを「制限視野絞り」という．この状態で中間レンズを回折モードにすると，この制限した領域のみからの回折図形が得られる．これを「制限視野回折法」という．1台の装置で，1個の原子まで観察できる高分解能像と，サブミクロンの微小領域について，X線回折法と同様な情報を与える電子回折図形が同時に得られることが電子顕微鏡の持つ大きな特徴である．

最後に**収束**(コンデンサー)**レンズ**について付け加える．図2-2(a)の試料の上の収束レンズは電子銃フィラメントの像を試料面上にほぼ結像する条件で試料を照明するのが普通である．これを臨界照明という．このフィラメントの像は実際の像ではなく，フィラメントからの放出電流を制御するウェーネルト電極[注3]のすぐ下に放出電子が集まってできる「クロスオーバー」と呼ばれるものの像である．通常の装置では2段の収束レンズを用いる．1段目(C1)で試料を照明する領域の大きさを決める(「スポットサイズ」のつまみ)．スポットサイズが小さいと照明は暗くなるが電子波の干渉性は上がり，格子像などが撮影しやすくなる(§5.3参照)．2段目の収束レンズ(C2)で実際の観察時の照明領域を決める(「明るさ」のつまみ)．数十万倍の高分解能像を撮影するときは，C2でビームを絞り，観察する領域を明るくする．そのときの照射角は10^{-3} rad程度であり[注4]，結像を理論的に考えるときにはほぼ平行照射と見なすことができる．

1980年代後半から，収束レンズの下にさらに小型のレンズを付加し，試料への電子線の収束と平行照射を両立させられる電子顕微鏡が開発された(TEMプローブ法)．この装置では，球面収差を低下させ像の分解能を上げるために強く励磁された対物レンズの前磁場も収束レンズとして使っている．したがってC1，C2，ミニレンズ，前磁場の4段の収束系を持つと考えることができる．透過電子顕微鏡の構造のさらに詳しい説明は「電子顕微鏡」(共立出版，実験物理学講座)を参照．

注3) 図2-2(a)で電子源のフィラメントを囲む円筒形のキャップである．ここに弱い負の電圧をかけて負の電荷を持つ電子との反発による収束効果を発生させ静電レンズの役割をさせる(注9も参照)．

注4) 収束レンズの上側の焦点に点光源(点電子源)をおくと，レンズから出てくる波は光軸に平行に進む平面波になる．この条件より少しレンズの焦点距離を短くすると，少し収束した波が試料に照射される．このうち一番外側の波の方向(光線)が光軸となす角を照射角という(§6.1.5と§6.3.3およびその注15を参照)．

18 第2章 透過電子顕微鏡の構造と結像

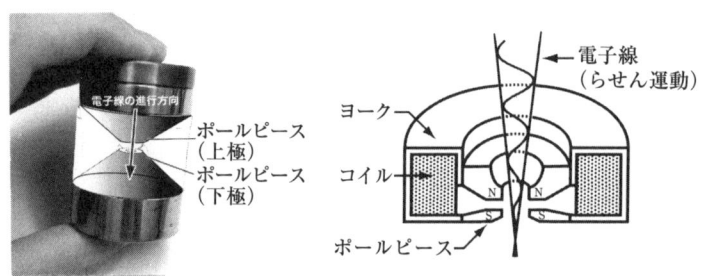

図 2-3 電子レンズ内のポールピースの実物写真(左)と電子レンズ全体の構造(右)

§2.2 電子レンズの構造

本節では，電子レンズについてもう少し説明しよう．

電子顕微鏡の発明にとって電子レンズの存在は本質的であった．1920年代にベルリン工科大学で陰極線オシログラフの輝点を増大させる研究がなされ，軸対称の静磁場が凸レンズの役割をすることが見出されたことが開発のスタートであった．

電子レンズの要点は，図 2-1(a) ですでに示したように，円電流が作る軸対称の磁場である．磁場をさらに強くするため，ポールピース(磁極)と呼ばれる真ん中に丸孔のあいた円錐状の突起のある2枚の純鉄製の厚円板をコイルの中心部に挿入する(**図 2-3**)．この磁場中での電子の運動を記述するためには，**図 2-4** のように光軸を z 方向にとった円筒座標 (r, θ, z) を用いる．

軸対称磁場 (B_r, B_θ, B_z) があるとすると，この磁場中の電子の運動は，量子力学ではなくニュートンの古典力学の式とローレンツ力 $(-e)\boldsymbol{v} \times \boldsymbol{B}$ で正確に記述できる ((2-25)式参照)[注5]．軸対称性から $B_\theta = 0$ なので，他の成分 B_r, B_z によるローレンツ力を使って，運動方程式は

注5) 原子の大きさなどと比べてポテンシャル(磁場)がゆっくり変化する場合の電子の運動は，量子力学ではなく近似的に古典力学で扱ってもよいという事実は，量子力学のWKB(Wentzel, Kramers, Brillouin)近似の項を学習すると理解できる．これは波動光学から幾何光学への近似において，波長が小さい場合にはアイコナール近似という概念が使われるのと同様の理論である．例えばボーム，「量子論」(みすず書房，1964)の12章参照．アイコナール近似については村田，「光学」(サイエンス社，1979) 7章も参考になる．

§2.2 電子レンズの構造　19

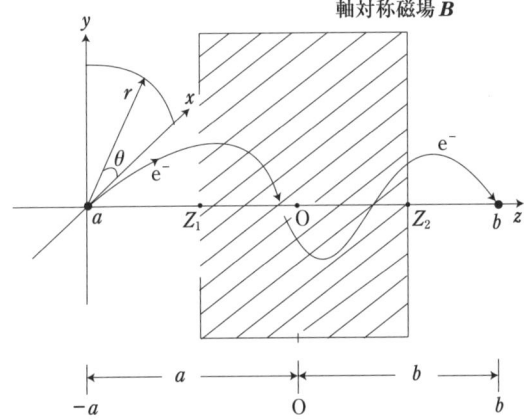

図 2-4 電子のらせん運動の軌道を記述する円筒座標 (r, θ, z)

$$m(\ddot{r} - r\dot{\theta}^2) = -e\dot{v}_\theta B_z \tag{2-1}$$

$$m\frac{1}{r}\frac{d}{dt}(r^2\dot{\theta}) = -e(v_z B_r - v_r B_z) \tag{2-2}$$

となる．ここで文字の上の点は時間微分を表す．

B_z を光軸上 $r=0$ の磁場 $B(z)$ で置き換え，$r \cong 0$（近軸光線近似）とすると，$\dot{\theta} = \frac{e}{2m}B(z)$ が得られ，次いで $v_z = \sqrt{\frac{2eE}{m}}$ に注意して積分すると，$\theta = \sqrt{\frac{e}{8me}} \times \int_{z_1}^{z_2} B(z)dz$ となり，電子は $z_1 \sim z_2$ の磁場内でらせん運動をすることがわかる（図2-4）．電子顕微鏡像は拡大とともに回転するのである[注6]．

次に r 方向の変化を考える．$v_\theta = r\dot{\theta}$ と (2-1)式を使うと $\ddot{r} = -\frac{e^2 B^2(z)}{4m^2}r$ となり，(1-3)の近似式より導かれる $\frac{d}{dt} = \sqrt{\frac{2eE}{m}}\frac{d}{dz}$ を使って

$$\frac{d^2 r}{dz^2} + \frac{eB^2(z)}{8mE}r = 0 \tag{2-3}$$

が得られる．この式が，焦点距離などを決める，光軸からの距離である r 方向の軌道

注6) 倍率変化のために B を変えると像や回折図形が回転するのでは使いにくいので，現代の装置では電子レンズを組み合わせて観察蛍光板上での回転量を最小限にしている．

方程式である.

次いでレンズの焦点距離をもとめよう. 物空間の点 A($z = -a$) から像空間の点 B($z = b$) までの軌道では電子はらせん運動をするが, r の変化のみを追跡すればよいので, (2-3)式を z で積分する.

$$\left(\frac{dr}{dz}\right)_b - \left(\frac{dr}{dz}\right)_{-a} = -\frac{e}{8mE}\int_{-a}^{b} rB^2(z)dz \tag{2-4}$$

もし磁場の領域が狭いならば ($z_1 < z < z_2$), その間にローレンツ力をうけて電子は方向を変えるが r はあまり変わらないと考える. これを薄肉レンズ近似という. レンズを通過する $z_1 \sim z_2$ 間で $r(z) = r_1$ とすると

$$a\left(\frac{dr}{dz}\right)_{-a} = -b\left(\frac{dr}{dz}\right)_b \tag{2-5}$$

この式は A 点での $r(z)$ 軌道の傾きは r_1/a で表されることから導かれる.

$$\frac{1}{b} + \frac{1}{a} = \frac{e}{8mE}\int_{-a}^{b} B^2(z)dz = \frac{e}{8mE}\int_{z_1}^{z_2} B^2(z)dz \tag{2-6}$$

($-a \to -\infty$) とすると b の位置が焦点になるので, 次の式が得られる.

$$\frac{1}{f} = \frac{e}{8mE}\int_{z_1}^{z_2} B^2(z)dz \tag{2-7}$$

(2-6)式と(2-7)式はガラスの薄肉凸レンズの公式と同じである. ただし強励磁した対物レンズの場合の焦点距離などは光学の"厚肉レンズの式"に沿って考える必要もある[1,5]. また, レンズの中での電子のらせん運動の回転角や焦点距離には光軸上の磁場の z 成分がきいてくることがわかる. $B(z)$ の分布は現在では, ポールピースの形状を磁気ポテンシャルの形で表した方程式を有限要素法を用いて計算機で解くことで精度よく求めることができる. ただ次式のような釣鐘型の磁場分布を使った議論でも十分役立つ.

$$B(z) = \frac{B_0}{1+(z/a)^2} \tag{2-8}$$

ここで, a は $B(z)$ が $0.5B_0$ になる幅である.

これらの軌道方程式と幾何光学におけるレンズ収差論の知識と合わせると, 高分解能電子顕微鏡で重要な電子レンズの球面収差や色収差の議論も可能であるが, 詳細は専門書にゆずることにする[5].

§2.3 透過電子顕微鏡の結像のしくみ

§2.3.1 3次元の波動の記述のしかた

本節から電子顕微鏡の結像についての説明を始めるが，その理解のために，まず3次元空間を伝わる波の数学的記述を復習しておこう．

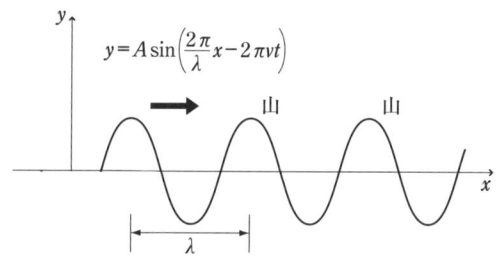

図 2-5 1次元の波 $y = f(x, t)$ の様子

図 2-5 のような波については，高等学校以来何回も学習している．波の変位 y は (2-9) 式で表される．

$$y = A\sin\left(\frac{2\pi}{\lambda}x - 2\pi\nu t\right) \tag{2-9}$$

A を振幅といい，三角関数の括弧の中を位相という．振幅が最大のところを"山"といい，山と山の間隔を波長 λ という．(2-9) 式では，時間 t の進行に応じて山の位置が右方向へ進む．一方，左方向に進む波は $+2\pi\nu t$ となる．ν は振動数である．固体物理学の本では $2\pi/\lambda = k$ と置き，波数と呼ぶ．同様に $2\pi\nu = \omega$ を角周波数（角振動数）という．電子顕微鏡学や回折結晶学の本では，2π は括弧の外へ出して $1/\lambda = k$ で定義された波数を使うのが普通である．したがって座標に関する変位の項は $A\sin(2\pi kx)$ となる．ここでは，正弦関数 (sin) を使ったが，余弦関数 (cos) を使ってもよい．

三角関数では2つの関数の積の式が複雑になるので，複素指数関数を使って波動を記述することが行われる．これは，(2-10) 式のド・モアブルの定理から容易に理解される．

$$\exp(i2\pi kx) = \cos(2\pi kx) + i\sin(2\pi kx) \tag{2-10}$$

この式の右辺の実数部を実際の波であると考える．光の干渉を考える場合でも，す

22   第 2 章　透過電子顕微鏡の構造と結像

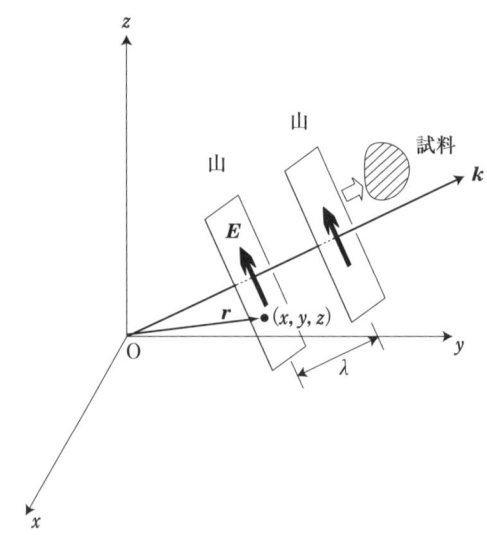

図 2-6　3 次元空間を進む波

べての計算を指数関数の式で行って，最後にその実数部をとれば正しい答が得られることがわかっている．指数関数はかけ算が引数のたし算になることの他に，微分しても関数の形が変わらないので便利である．この複素指数関数を使うと (2-9) 式は

$$y = A\exp\left[i(2\pi kx - \omega t)\right] \quad (2\text{-}11)$$

となる．

　電子顕微鏡の結像を考えるためには，図 2-5 の"蛇のような"1 次元波のイメージのみでは不十分である．そこで (2-11) 式を 3 次元空間を進む波に拡張しよう（**図 2-6**）．ベクトル k で表される波の進行方向に垂直な平面を考え，この平面が順に右斜め上方向に進み，斜線で示した物体（電子顕微鏡では試料）に当たると考えよう．光の波（＝電磁波）の場合は，この平面内に図 2-6 に黒太矢印で示されるような電場ベクトル E や磁場ベクトル B が乗っている（電磁波は横波だから $k \perp E, B$）．この電場のベクトルの大きさが最大になる平面を"山の平面"と呼ぼう．もちろん山の平面の間には振幅が最小になる"谷の平面"がある．

　(2-11) 式では 1 次元表示であったので，座標成分は x のみでよかった．3 次元の場合はベクトル $r = (x, y, z)$ で空間中の場所を表さなくてはならない．大事なことは，上で定義した平面上のどの点でも"山"または"谷"であるということである（波の

§2.3 透過電子顕微鏡の結像のしくみ　23

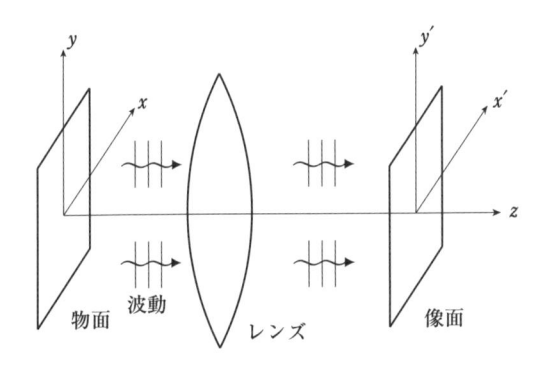

図 2-7 光学における座標の記述

位相が同じ）．そのため，2つのベクトルの内積が一方のベクトルの方向への投影の性質を持っていることを思い出そう．内積 $\bm{k}\cdot\bm{r}$ を使って $(2\pi\bm{k}\cdot\bm{r}-\omega t)$ という量を作ると，ちょうど(2-11)式の指数関数の中と同じ働きをすることがわかる．

直角座標系の x, y, z 方向の単位ベクトルを $\hat{\bm{i}}, \hat{\bm{j}}, \hat{\bm{k}}$ ベクトルとして，ベクトル $\bm{k}$ と $\bm{r}$ を成分に分けると

$$\bm{k} = k_x\hat{\bm{i}} + k_y\hat{\bm{j}} + k_z\hat{\bm{k}} \tag{2-12}$$

$$\bm{r} = x\hat{\bm{i}} + y\hat{\bm{j}} + z\hat{\bm{k}} \tag{2-13}$$

であり

$$\bm{k}\cdot\bm{r} = k_xx + k_yy + k_zz \tag{2-14}$$

となる．そして $2\pi\bm{k}\cdot\bm{r} - \omega t =$ 一定とおくと，これは原点から一定の長さの垂線を持った平面の方程式（ヘッセの標準形）を表し[注7]，波の等位相面になる．したがって3次元に伝わる波の表現は

$$\phi = A\exp[i(2\pi\bm{k}\cdot\bm{r} - \omega t)] \tag{2-15}$$

となる．

もし図 2-6 に示した電磁波のようなベクトル波のときは，電場の波動は振幅項をベクトル $\bm{E}_0$ にして

$$\bm{E} = \bm{E}_0\exp[i(2\pi\bm{k}\cdot\bm{r} - \omega t)] \tag{2-16}$$

で表される．ここで $\bm{E}_0$ は電場の最大ベクトルである．本書でこれから扱う電子の波

注7) ヘッセの標準形については，例えば，戸田，「ベクトル解析」(岩波書店, 1989) §1-3 を参照．

動関数(ド・ブローイ波)はスカラー波だから，(2-15)式を使えばよい．

最後に，結像に特有なことを付言しよう．光学では**図 2-7** に示されたような配置で光の現象が議論される．すなわち光波は z 軸に沿って進み，その軸を光軸という．この光軸に垂直に物面(試料面)，レンズ面，および像面などを配置する．そしてこの面上に x-y 座標をとる．波の進行はほぼ光軸に沿って進むので，この平面波については波数ベクトルの x, y 成分は $k_x = k_y \cong 0$ であり，波の変化の様子は(2-17)式のように

$$\phi = A(x, y)\exp\left[i(2\pi k_z z - \omega t)\right] \tag{2-17}$$

で k_z と z で記述できる．この振幅 A が 2 次元の関数 $A(x, y)$ となり，ここに試料を透過したあとの像や回折図形の振幅分布が現れ，それが $2\pi k_z z$ の項で光軸方向に伝播する，というしかけである．すなわち，光学では座標 x, y と z とは別扱いにするのである．

§2.3.2　電子を使った顕微鏡でなぜ光学顕微鏡同様の結像ができるのか

図 2-2 で見たように，光(電磁波)→ 電子(ド・ブローイ波)，ガラス製の凸レンズ → 軸対称静磁場レンズ，眼 → フィルムと置き換えれば，TEM の構造は光学顕微鏡とおおむね同等であると考えられる．光学顕微鏡では電磁波の一種である光を試料に当てると，光は試料中で吸収され，試料下面に振幅変化を持った波動場が得られる((2-17)式の $A(x, y)$)．x, y について振幅変化を伴ったこの波動場をガラス製の凸レンズで拡大して像面に転送(写像)して観察するのである．この場合の光の伝播や試料との相互作用を記述する基本理論は，電磁波の変化を記述するマックスウェル方程式である．

電荷や電流のない場合のマックスウェル方程式から，自由空間中の電場ベクトル $\boldsymbol{E}$ と磁場ベクトル $\boldsymbol{B}$ に関する波動方程式を，それぞれ(2-18)，(2-19)式のように導くことができる．

$$\left(\nabla^2 - \frac{1}{c^2}\frac{\partial^2}{\partial t^2}\right)\boldsymbol{E}(\boldsymbol{r}, t) = 0 \tag{2-18}$$

$$\left(\nabla^2 - \frac{1}{c^2}\frac{\partial^2}{\partial t^2}\right)\boldsymbol{B}(\boldsymbol{r}, t) = 0 \tag{2-19}$$

(ただし，$\nabla^2 = \dfrac{\partial^2}{\partial x^2} + \dfrac{\partial^2}{\partial y^2} + \dfrac{\partial^2}{\partial z^2}$，$c$ は光速である)

これはベクトル方程式であるが，その 1 成分のみ注目し，またその時間変化項を

§2.3 透過電子顕微鏡の結像のしくみ　25

exp $(-i\omega t)$ とおけば，次の(2-20)式のヘルムホルツ方程式が得られる．例えば **E** の x 成分の $E_x(r)$ を $\phi(r)$ と置きなおしたと考えればよい．

さらに絞りを通った光の伝播を，孔のある壁がある場合のヘルムホルツ方程式の境界値問題として解くことによって，光学の基本式であるキルヒホフの公式を電磁気学の式から導くことができる．この詳細は補遺 B で説明するが，物理光学の本[6, 7]も参照してほしい．

$$\nabla^2 \phi + k^2 \phi = 0 \quad \left(k = \frac{\omega}{c}\right) \tag{2-20}$$

他方，電子線は，1897 年に発見されたときは，負の電荷 $-e$ を持つ粒子線として認知された．それが波の性質も併せ持つことは 1921 年の de Broglie の理論的研究で示された．すなわち運動量 $p(= mv)$ を持つ電子は，$\lambda = h/p$（h はプランク定数）の波長を持つ波として振る舞うのである．これを物質波またはド・ブローイ波と呼ぶ．この波は(2-21)式のシュレディンガー方程式と同じ形の方程式を満足することがわかっている[注8]．

$$i\hbar \frac{\partial \phi}{\partial t} = \left(-\frac{\hbar^2}{2m}\nabla^2 - eV\right)\phi \tag{2-21}$$

ここで，$\hbar$ はプランク定数 h を 2π で割ったもの，V は電子が感じる，原子や結晶の持つ静電ポテンシャル（単位：ボルト）で，e の値は 1.6×10^{-19} C である．(2-21)式についても，時間変化項を exp $(-i\omega t)$ と置くと，時間に依存しないシュレディンガー方程式は，プランク定数を h にして

$$\nabla^2 \phi + \frac{8\pi^2 me}{h^2}(E + V)\phi = 0 \tag{2-22}$$

となる．ここで，E は加速電圧であり，eE がシュレディンガー方程式のエネルギー固有値，$(-e) \times V$ がポテンシャルエネルギーになる．真空中のように，ポテンシャル V がないときは(2-22)式もヘルムホルツ方程式になる．したがってフレネル回折式[6, 7]なども光の伝播の式と同様に電子波に関しても導くことができる．したがって電子波も光波と同様に波動関数を使って(2-17)式のように

注8) (2-21)式のシュレディンガー方程式を満足する波動関数は電子の存在確率を表すものである．したがって，この波動関数をたし合わせて局在する波である「波束」を作っても，実際の電子の運動とは対応しないのではないかという長い論争があった(Born-Einstein 論争)．現在では「量子化した波動関数の一粒子状態」という考え方でこの溝をうめる解釈ができている(Einstein-de Broglie 場)．これについては朝永，「量子力学 II」(みすず書房，1952)の精読を勧める．また電子の軌道を確率過程論で考える解釈もある．長澤，「シュレーディンガーのジレンマと夢」(森北出版，2003)を参照．

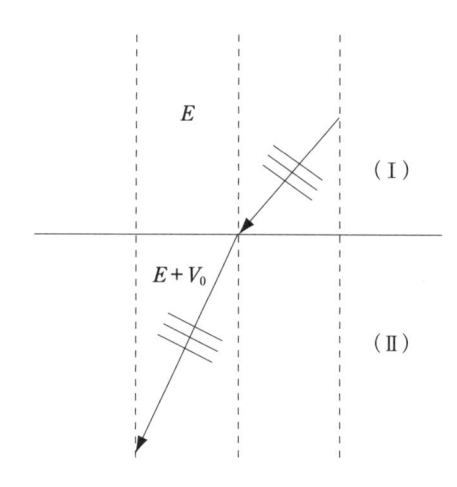

図2-8 静電ポテンシャルの差が V_0 ある境界での電子波の屈折
E は，電子に運動エネルギーを与えた加速電圧

$$\phi(\boldsymbol{r}) = \phi(x,y,z) = A(x,y)\exp[2\pi i(k_z z - \nu t)] \tag{2-23}$$

の形に表されると考えてよい．

この電子の波が図2-8のように静電ポテンシャルが V_0 だけ異なる2つの媒質の境界を通過すると屈折する．片方の媒質1を真空とすると，屈折率は光の場合と同様，波長の比をとり，1章の(1-3)式の波長の式に関して相対論補正項を無視すれば

$$n = \frac{\lambda_1}{\lambda_2} = \sqrt{\frac{E+V_0}{E}} \tag{2-24}$$

となる．ここで，E は加速電圧であり，真空中を電子が走るときの運動エネルギーの源になる．V_0 は結晶中の平均内部電位と呼ばれ，静電ポテンシャル $V(\boldsymbol{r})$ をフーリエ級数展開した第1項(定数項)である(フーリエ級数については補遺Aを参照)．V_0 の値は通常10～20ボルトである．この式は，(2-22)式からも導かれる．$\phi = A\exp(2\pi i \boldsymbol{k}_1 \cdot \boldsymbol{r})$ や $A'\exp(2\pi i \boldsymbol{k}_2 \cdot \boldsymbol{r})$ を(2-22)式に入れて $\boldsymbol{k}_1, \boldsymbol{k}_2$ を求め，比をとってやればよい．

E は 10^5～10^6 ボルトなので，高速電子線の場合の屈折率は平方根の式を1次の近似式にして $n \cong 1+(V_0/2E)$ となる[注9]．$V_0 \ll 2E$ なので屈折率は1よりわずかに大きい1.0001程度である．ちなみに結晶にX線(電磁波)が入射する場合は，屈折率は1よりわずかに小さいので逆の方向に屈折することになる．

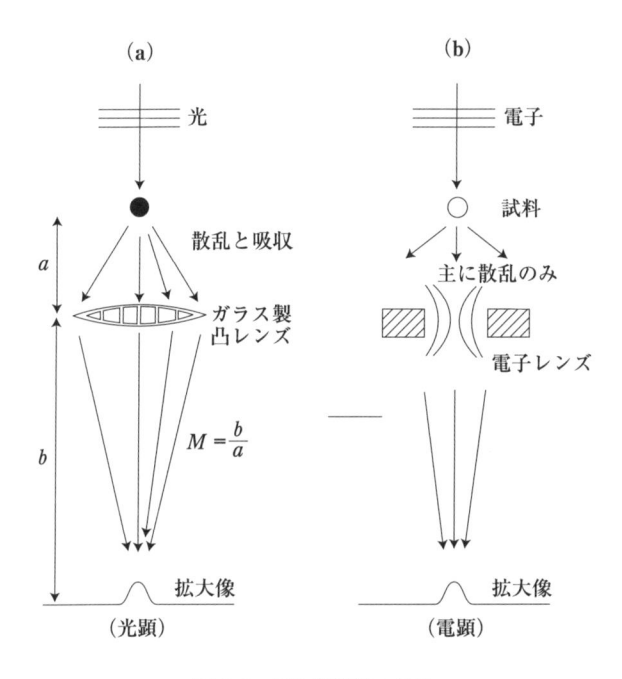

図 2-9 電子顕微鏡の結像

(2-23)式とこの屈折の式を基礎にすれば電子顕微鏡の中で電子が伝播したり，電場中で屈折される様子は光学顕微鏡の結像過程と同様に記述できることになる．

§2.3.3　電子顕微鏡でなぜ像が拡大できて原子が見えるのか

光学顕微鏡では台形のガラス製プリズムを光軸から種々の動径方向に積層したと考えられる凸レンズによって点光源からの発散光を別の場所の，光軸と直交する平面上に再び集光させて点像を作る（**図 2-9**(a)）．この過程では薄肉レンズの公式 $1/a + 1/b = 1/f$ が成り立つ．f を焦点距離といい，$b/a = M$ が像の拡大倍率となる．

一方，平面波の電子を試料に入射すると試料下面の1点からはブラッグ反射波も含めて種々の方向に散乱された電子波が出る．これをガラスのレンズと同様，別の場所

注9）静電ポテンシャルによるこの屈折効果をレンズとして用いることができる．図2-2(a)の電子銃のウェーネルト電極はこの型の軸対称静電レンズであり，フィラメントから放出される電子を収束し，クロスオーバーと呼ばれるフィラメントの像を作る(注3参照)．

の 1 点に集めることができれば電子の顕微鏡ができることになる(図 2-9(b)). 前者の過程は X 線回折と同様の「電子(波)の回折の問題」である. 後者の結像過程は, §2.2 で「軸対称の静磁場 ⇔ 電子にとっての凸レンズ」という対応ができたので, ガラス製の凸レンズによる結像の問題と同じものになる.

すでに説明した図 2-1(a)の P 点に 1 個の原子を置いてみよう. 左側から(2-23)式で記述したような電子の平面波を入射させれば, 原子の持つ静電ポテンシャルで散乱される(これは量子力学的現象). 次いでこの原子の右横にある凸レンズの働きをする電子レンズでこの原子からの散乱波を 1 点に集めることができる(ここは古典力学が適用できる. §2.2 参照)ので 1 個の原子の像が得られることになる. ガラスレンズの場合と同様, 反対側にできるものは倒立像になることは数式で証明できる. したがって試料と像のレンズとの距離の a, b を変化させれば $M = b/a$ 倍の原子の拡大像が電子の波で得られることになる.

実際, 1921 年の de Broglie による電子が波であることの予言, 1927~28 年の試料の下に X 線回折と同様にブラッグ回折波がでるという Thomson と Kikuchi の透過電子回折の実験, および §2.2 で述べたベルリン工科大学での静磁場レンズの研究が組み合わさり, 1931 年に Knoll と Ruska により電子顕微鏡が発明されたのである.

この電子レンズの基礎は, §2.2 で説明した, 静磁場中を運動する電子に働く $(-e)\boldsymbol{v}\times\boldsymbol{B}$ のローレンツ力であり, 電子の運動の方程式は(2-25)式のニュートンの運動方程式である[1~4]. この式を円筒座標で記述した(2-1), (2-2)式はすでに説明した.

$$m\frac{d\boldsymbol{v}}{dt} = (-e)\boldsymbol{v}\times\boldsymbol{B} \qquad (2\text{-}25)$$

さて, §2.3.2 では電子を量子力学で扱い,「波」であるといったのに, ここでは古典力学的な「粒子」として扱うのは不思議に思われるだろう. これは量子力学が明らかにした物質の二重性の結果である. 電子は相互作用をする場の強さと広がりによって「波」となったり,「粒子」となったりするのである. この場合は, 電子はマクロな大きさのレンズの磁場を感じて運動するので, 粒子(古典力学的)として取り扱ってよいのである[注5].

電子の運動を(2-25)や(2-1), (2-2)式を使い詳細に見てゆくと, 球面を真空との界面としたガラスのレンズの幾何光学と同様な式が成り立ち, レンズによる像のボケの議論もできる. これを電子レンズの収差論という[注10].

この収差論によると, 像のボケは, ガラスのレンズと同様に, レンズを見込む角度(α)や電子がレンズを通過する光軸からの距離が大きいと大きくなる. 今, 光軸上に 1 個の原子を置く場合は入射電子の散乱角(結晶性試料の場合は回折角になる)のみが

問題になる．像のボケ(ΔL)は

$$\Delta L = \Delta f \alpha + C_s \alpha^3 + C_5 \alpha^5 + \cdots \quad (2\text{-}26)$$

とαのべき級数で表される．ここで第1項が焦点はずれ(Δf)によるボケ，第2項が3次の球面収差(収差係数C_s)，第3項が5次の球面収差(C_5)によるボケである．偶数の項は光軸周りの対称性により消えている[注11]．現在の電子レンズの3次の球面収差係数は1 mm以下であるし，$C_s = 0$にできる補正装置も商品化されている(§7.4，球面収差補正装置参照)．

透過電子顕微鏡(TEM)は，幸運なことに試料への透過力への要請から，数万ボルト以上の高加速電圧の装置から開発がスタートした．この加速電子のド・ブロイ波の波長は，0.005 nm以下の極微小量である(§1.4の(1-3)式参照)．原子の大きさや結晶中の原子の配列間隔は，$d = 0.2 \sim 0.3$ nmである．したがって，ブラッグ反射の式$2d \sin \theta = \lambda$より$\sin \theta \cong 10^{-2}$，したがって，散乱角$\alpha = 2\theta$は$10^{-2}$ rad ($\cong 0.5$度)[注12]ほどの微小角になる．一方，光学顕微鏡で観察する間隔は$d \cong 0.5 \sim 1 \mu$mであり，光の波長を0.6 μm(赤色光)とすると$\sin \theta \cong 0.5$程度で，$\alpha = 2\theta$は数十度の大きな角度になる．したがって，(2-26)式のC_sを極小化しないと像のボケは大きくなる．

電子顕微鏡では散乱角が極小なので，(2-26)式のαは10^{-2} rad以下であり，$C_5 \alpha^5$などの項によるボケは，0.1 nm分解能までは無視できる．実際$C_s \cong 1$ mm(悪いレンズ!)，$\alpha = 10^{-2}$ radの数値を入れると，像のボケは$0.1 \sim 0.2$ nmになる．したがって光学レンズの観点からは非常に悪いレンズである電子レンズを用いても，高倍率像では十分単原子が観察できるのである．ここが高分解能電子顕微鏡学のおもしろいところである．

注10) 収差計算を3次項までとると，歪像，球面，湾曲，非点，コマの5つの収差がでる．これをザイデルの5収差または広義の球面収差という．本書で主に問題にするのは，このうちの狭義の球面収差(C_s)と非点収差である(裏，「ナノ電子光学」(共立出版，2005)参照)[5]．

注11) 像の収差 = (正確な電子軌道方程式) − (2次以上を無視した軌道方程式)である．磁場中の電子軌道は光軸上の磁場$B(z)$を使って，光軸からの距離(r)のべき級数で表したベクトルポテンシャルで解くことができる．この式は奇数べき項のみである(上田編，「電子顕微鏡」(共立出版，1982) 5章参照)．

注12) 1 rad(ラジアン)は，$2\pi^{\text{rad}} = 360°$より，約57°である．

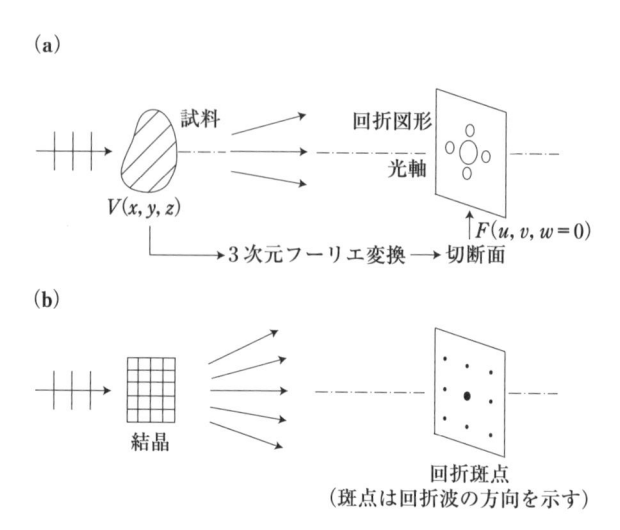

図 2-10 回折現象とフーリエ変換の関係

§2.3.4 像と回折図形の関係

§1.3 で像(image)と結像(imaging または image formation)について定義した．そして天下り式ではあるが，レンズを用いた光学顕微鏡や TEM の結像とは，試料の下にできた波動場に 2 回の 2 次元フーリエ変換を行うことであることを説明した(この数式的詳細については補遺 A と B を参照)．

試料に光や電子の平面波を入射すると，十分遠方の波の様子(= 波動場)はフラウンフォーファー回折の式で記述されることは光学の教科書に書かれているし[6,7]，後に補遺 B でも説明する．数学的には，この波動場は電子顕微鏡の試料を表す静電ポテンシャル分布 $V(x,y,z)$ や，光学顕微鏡では光を吸収する密度分布 $\rho(x,y,z)$ を 3 次元フーリエ変換したものを光軸(z 軸)に垂直な面で切断したものである(図 2-10 (a))．この波動場の強度分布を回折図形(diffraction pattern)[注13]という．もし試料が結晶や回折格子のときはブラッグ反射の式($2d\sin\theta = \lambda$)によって回折波は特定の方向に出る．これを遠方で観察すると鋭い斑点列になる(図 2-10(b))．

すでに図 2-1 で示したように，凸レンズを用いると $1/a + 1/b = 1/f$ の式の b の位置に試料の形などを反映する倒立像ができ，レンズから f の距離の後焦平面に上記の

[注13] 多くの本では，この回折図形のことを回折像と記しているが，これは誤りである．像(image)は実空間での概念であり，回折図形は逆空間の概念である(→ 補遺 E)．また，英語の diffraction pattern からも「像」という意味は出てこない．

遠方場である回折図形（フラウンフォーファー回折図形）ができる（→ 補遺 B）．この
ことは透過電子顕微鏡像を理解するうえで大事なことの 1 つである．この原理のおか
げで，TEM では中間レンズのスイッチ 1 つの切り替えで結晶の格子面までも見える
高分解能像と X 線回折でおなじみの回折図形が同時に得られるのである（§2.1 参
照）．

次にレンズの公式を逆に使って，図 2-1(b) の右側の倒立像を試料の方へ戻してみ
よう．すると試料の直後に波線で示した波動場 $\phi_s(x, y)$ を考えることができる．こ
れは高分解能電子顕微鏡像を理解するうえで重要な役割を果たし，試料直下の波動場
(exit wave function) と呼ばれる．

この波動場とフラウンフォーファー回折図形である遠方の波動場は 2 次元のフーリ
エ変換で結ばれている．このことを式で証明してみよう．

フラウンフォーファー回折の式は，上記のように物体（＝静電ポテンシャル
$V(x, y, z)$）の 3 次元のフーリエ変換の 1 断面だから，まずフーリエ変換を

$$F(u, v, w) \propto \iiint V(x, y, z) \exp[-2\pi i(ux+vy+wz)]dxdydz \qquad (2\text{-}27)$$

と書こう．ここで $\propto$ の記号は「比例する」の意味で，積分の前の種々の定数を省略
するために使った．この 3 次元分布 $F(u, v, w)$ の式で z 軸に垂直な面を意味する
$w = 0$ とおいて[注14]

$$F(u, v) \propto \iiint V(x, y, z) \exp[-2\pi i(ux+vy)]dxdydz$$
$$= \iint \left[\int V(x, y, z)dz\right] \exp[-2\pi i(ux+vy)]dxdy \qquad (2\text{-}28)$$

[ ] 内はポテンシャル分布を z 方向に投影したものだから，投影ポテンシャル
$V_p(x, y)$ と呼ぶ．逆に 3 次元のフーリエ係数 $F(u, v, w)$ から $w = 0$ とおいた
$F(u, v)$ をフーリエ変換すれば，$V_p(x, y)$ がでる．これをフーリエ変換の投影定理と
呼ぶ．この u, v を空間周波数といい，実空間の長さの逆数がその単位である．

6 章で説明するように，薄い試料の電子顕微鏡像では，試料直下の波動関数 ϕ_s と
この投影ポテンシャルを

$$\phi_s(x, y) \propto \exp[i\sigma V_p(x, y)] \cong 1 + i\sigma V_p(x, y) \qquad (2\text{-}29)$$

[注14] フラウンフォーファー回折図形は試料の形などを表す実空間 (x, y, z) の関数をフーリ
エ変換したもので (u, v, w) の逆空間の関数で記述される．その z 方向の逆空間断面
は $w = 0$ である．u, v, w を空間周波数とも呼ぶ．

の形で近似的に関係付けることができる.ただし $\sigma = \pi/\lambda E$ (E は加速電圧)である.(2-29)式の3番目の近似式を「弱い位相物体の近似」と呼ぶ.この近似式を使うと,試料直下の波動場の2次元フーリエ変換が(2-28)式の投影ポテンシャルのフーリエ変換 $F(u, v)$ と1対1に対応することになる.(2-29)式は薄い試料の高分解能電子顕微鏡を導くための基本式であり,これからもたびたび登場するので記憶してほしい.次に(2-29)式の両辺をフーリエ変換してみよう.

$$\hat{F}[\phi_s(x, y)] = \hat{F}[1] + i\sigma \hat{F}[V_p] = \delta(u, v) + i\sigma F(u, v) \tag{2-30}$$

ここで,$\hat{F}$ は(2-28)式のような2次元のフーリエ変換を表す.最後の F は試料の結晶構造因子に相当するもの(→ 補遺 E),δ はデルタ関数である.

2つの関数がお互いにフーリエ変換で結ばれているというこのような知識を使うと,試料中やレンズの作用を受けているときの波動関数を (x, y) の実空間表示(像と関連する)か,(u, v) の逆空間表示(回折図形と関連する)かの好みの形式で表現できる[8]).

本書ではそれぞれの波動関数をギリシャ文字の小文字と大文字で書き分けて,$\phi(x, y)$, $\Psi(u, v)$ とする.

逆空間表示の物理量をまとめると,

$$\hat{F}[\phi_s(x, y)] = \Psi_s(u, v):\text{試料直下の波動関数の逆空間表示}$$
$$(\text{添字 s は試料(sample)を表す}) \tag{2-31}$$
$$(\text{この } \Psi_s(u, v) \text{ はレンズの後焦平面にできている回折図形を作る}$$
$$\text{波動関数と類似である})$$
$$\hat{F}[\phi_i(x, y)] = \Psi_i(u, v):\text{像面の波動関数の逆空間表示}$$
$$(\text{添字 i は像(image)を表す}) \tag{2-32}$$
$$I_i(x, y) = |\phi_i(x, y)|^2:\text{像強度} \tag{2-33}$$
$$I_i(u, v) = |\Psi_i(u, v)|^2:\text{回折図形強度} \tag{2-34}$$

「像 ⇔ 回折図形」,「試料直下の波動場 ⇔ 遠方場(= もしレンズがあれば後焦平面の場)」,「実空間 ⇔ 逆空間」,「フーリエ変換で結ばれる2つの空間 $(x, y) \Leftrightarrow (u, v)$」.この対応関係は電子顕微鏡法と電子回折法を「表と裏として」統一的に理解するのにとても大切な知識である.

第 2 章 参考文献

（1） 上田良二編,「電子顕微鏡」(共立出版, 共立実験物理学講座, 1982)
（2） 堀内繁雄,「高分解能電子顕微鏡の基礎」(共立出版, 1981)
（3） P. W. Hawkes, "Electron Optics and Electron Microscopy" (Taylor & Francis, 1972)
（4） 第 1 章の Reimer の本 (第 1 章の参考文献 [3])
（5） 裏克己,「ナノ電子光学」(共立出版, 2005)
（6） 鶴田匡夫,「応用光学 I」(培風館, 1990) 第 1 章
（7） 砂川重信,「理論電磁気学」(紀伊国屋書店, 1973) 第 6 章
（8） J. M. Cowley, "Diffraction Physics" (North-Holland Publishing, 1981)

演習問題 2

2-1 円筒座標でのニュートンの運動方程式から(2-1), (2-2)式を導いてみよう.

2-2 (2-15), (2-16)式の 3 次元のスカラー波やベクトル波の様子をスケッチ図で描いてみよう.

2-3 (2-19), (2-20)の波動方程式やヘルムホルツ方程式をマックスウェル方程式から導いてみよう(参考文献 [7] 参照).

2-4 (2-28)のフーリエ変換の投影定理を証明してみよう(参考文献 [8] 参照).

第3章
透過電子顕微鏡の分解能と像コントラスト

§3.1 分解能の簡単な見積もり

　§1.4で説明したように，光学顕微鏡の分解能(δ)は波長(λ)の程度であることは19世紀にAbbeによって明らかにされた．電子顕微鏡の分解能はどのように決まるのだろうか．顕微鏡の点分解能(point-to-point resolution)は2つの発光する点の間隔が小さくなったときに像面上でどこまで2点として見分けられるかで定義される．この分解能は，周期性を持つ格子などを識別する能力，すなわち，細かい格子像がどこまで見えるか(lattice resolution)とは少し異なる(§6.1.5参照)．

　電子顕微鏡の点分解能は，機械的な外乱や電源の不安定性などの2次的なものを除けば，電子の波長と結像用レンズの収差(球面収差，色収差，非点収差など)によって決まる．特に重要なものは結像の1段目である対物レンズの球面収差とレンズを見込む角(α_{max})によって決まる回折収差，および§3.2で説明する色収差である．中間レンズや投影レンズの収差は§2.1ですでに述べたようにほとんど効かないことに注意しよう．電子顕微鏡では対物レンズ以後のレンズは拡大用に使われるため，試料中に存在する原子面間隔(d)は像として拡大されるにつれ，その間隔に対応する回折波がレンズに入射する角(α)は順に小さくなる(格子による回折角は$\alpha \cong \lambda/d$であるため)．したがって次の(3-1)式の球面収差が無視できるようになるのである．

　球面収差とは，**図3-1**に示すように，平行電子線がレンズに入射すると，レンズを通った後に，角度の大きい電子線は焦点よりレンズ側に収束してしまうことである．焦点位置(F)での像は球面収差の係数をC_s，レンズへの入射角をαとすると

$$\delta_s = C_s \alpha^3 \qquad (3\text{-}1)$$

だけ横方向にボケることになる(点線の丸の半径)．このボケは物体をレンズの左側の有限な位置において右側に像を作る場合でも同様で，像面では(3-1)式にレンズによる倍率Mをかけただけボケることになる．ボケ量の式が3次のべきになることは(2-

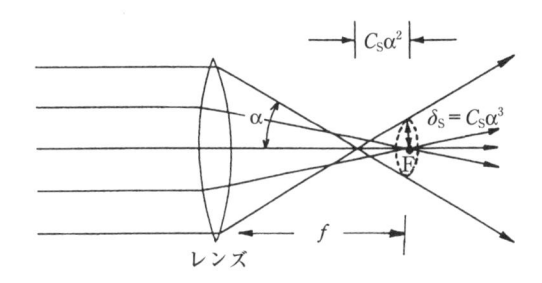

図 3-1 球面収差の説明図
δ_s は光軸からの距離，楕円の点線は収差によるボケが光軸方向から見ると円形になることを示す

26)式を参照．

　軸対称の磁場を用いた電子レンズは，Scherzer が 1930 年代に証明したように，原理的に凸レンズしか存在しないので[1]，光学レンズのように凹レンズと組み合わせてこの球面収差を補正することができない．したがって収差による像のボケを小さくするには，レンズへの入射角 (α) を極力小さくする必要がある．幸い，電子波の波長は 0.0025 (200 kV)～0.0037 (100 kV) nm 程度であり，原子面間隔 (d) は 0.2～0.3 nm 程度なので，散乱・回折角，すなわちレンズへの入射角 (α) は，ブラッグの公式 $2d\sin\theta = \lambda$ と，回折角とブラッグ角の関係式 $\alpha = 2\theta$ を使うと 10^{-2} rad ($\cong 0.5$ 度) 程度である．したがって C_s の値が 1 mm 程度でもボケは 1 nm 以下になり，1 個 1 個の原子コラムや原子面を分解して観察することができる．これが §2.3.3 でも述べた収差のある"悪い"レンズを使った電子顕微鏡でも原子が見える理由である．

　次に回折収差は，電子が波であることとレンズの大きさが有限であるためにおこる．§1.3 および §2.3.4 で説明したように，試料で散乱された電子がレンズを通過して結像する様子は 2 回の 2 次元フーリエ変換で表される[2,3]．実際のレンズは大きさが有限であるため，レンズの外側に散乱された波は結像に寄与せず，フーリエ再合成が完全に行われない．これをフーリエ変換の打ち切り誤差と呼ぶ．この外側の散乱波は，ブラッグの式の近似式 $\alpha \cong \lambda/d$ からもわかるように，試料の細かい間隔の情報を持っているため，結果として再生された像がボケることになる (**図 3-2**)．これを回折収差と呼び，波と有限の大きさのレンズを使って結像する方法では逃れられない収差である．ボケの大きさは，レンズと同じ大きさの丸孔のフラウンフォーファー回折図形である"エアリーディスク"を像のボケを表す関数として考え，その 2 つがどこまで接近しても 2 つのピークとして同定できるかという考察から点分解能は

第3章 透過電子顕微鏡の分解能と像コントラスト

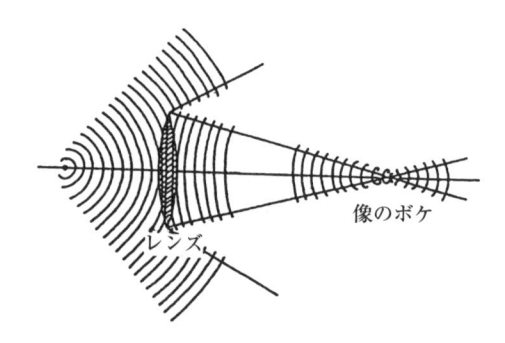

図3-2 回折収差の説明図(故上田良二教授の直筆)

$$\delta_D = 0.61 \frac{\lambda}{\alpha_{\max}} \tag{3-2}$$

で与えられる(詳細は§3.3参照)．ここで $\alpha_{\max}$ はレンズを見込む角(最大の入射角)である．係数 0.61 は，上記の2つピークが重なったときに2点の像として見分けられるためには中央部の強度のへこみをどの程度にとるかによって決まる定数であり，1次のベッセル関数で表されるエアリーディスクの最初のゼロ点に関わる数値 1.22 の半分である(→補遺 A, (A-26)式)．

光学顕微鏡の場合は凸レンズと凹レンズを貼り合わせ，収差を小さくすることによって対物レンズで有効に使える見込み角 $\alpha_{\max}$ は1ラジアン($\cong 57$度)以上にできるので，分解能 δ_D は λ 程度になる．これが最初に述べたアッベの分解能限界である．また(3-2)式は，2つの点からの散乱光が干渉しない，すなわち各々の点像の強度の加算を前提としている．これをインコヒーレント照明条件という[4]．

上記の2つの収差が電子顕微鏡像の点分解能を決める．一方は α の3乗，一方は $1/\alpha$ の関数になっているので，全体のボケを仮に**図3-3**のように2つの収差によるボケを表す強度関数の単純和で考えると，適当な α_{opt} の値でボケの最小値，つまり分解能の最小値を与える．その α 値とそのときの分解能 $\delta_{\min}$ は(3-1)式と(3-2)式の和の簡単な微分計算によって

$$\delta_{\min} = 1.2 \sqrt[4]{C_s \lambda^3} \tag{3-3}$$

$$\alpha_{\mathrm{opt}} = \sqrt[4]{\frac{0.62\lambda}{3C_s}} \tag{3-4}$$

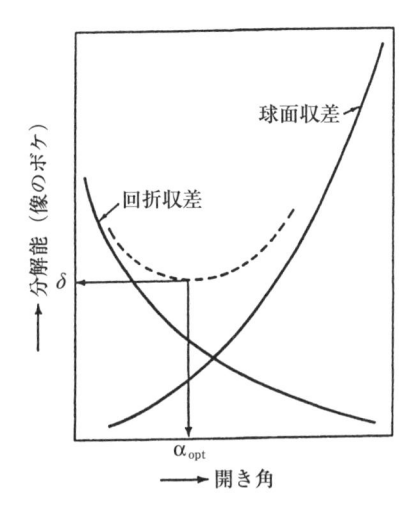

図 3-3 球面収差と回折収差による像のボケを表すグラフ

で与えられる．現在の 200 kV の電子顕微鏡では C_s の値は0.5 mm 程度になっており，$\lambda = 0.0025$ nm であるので，点分解能として 0.36 nm という値が得られる．

ここでの議論は像強度を加算するという単純化されたものだが，1949 年に発表された Scherzer の論文では，2 つの収差によるボケを位相も含めた波の振幅のたし合わせとして扱い，電子顕微鏡で単原子を観察するときの分解能と最適のレンズ取り込み角(= 対物絞りの大きさ)，さらにこれに適するレンズの励磁状態(最適フォーカス)の式を次のように導いた[5]．この式は高分解能電子顕微鏡学では重要な式である．

$$\delta_{\min} = 0.66\sqrt[4]{C_s \lambda^3} \tag{3-5}$$

$$\alpha_{\mathrm{opt}} = 1.5 \sqrt[4]{\frac{\lambda}{C_s}} \tag{3-6}$$

$$\Delta f_{\mathrm{opt}} = -1.2\sqrt{C_s \lambda} \tag{3-7}$$

ここで，最適フォーカス値は正焦点位置によりレンズを弱く励磁した状態(アンダーフォーカス側)にあることに注意しよう[注1], [注2]．

注1) (3-7)式の 1.2 は，正確には 1.18 である(堀内，「高分解能電子顕微鏡」(共立出版，1988) p. 147)．また $\Delta f_{\mathrm{opt}} = -\sqrt{(4/3)C_s \lambda}$ という式もある(Scherzer(1949))．このときは 1.15 となる．後者の式の導き方は補遺 N-1 参照．

§3.2 分解能への他の収差の影響

実際の電子顕微鏡観察では，上記の球面，回折収差のほかに光軸からの距離にも依存する軸外収差の1つである非点収差や軸上色収差も分解能を制限する．非点収差とは図3-4に示すように像面のx方向とy方向とで焦点距離が異なり像がボケる現象である．例えば，径$0.1\,\mu$m程度の小さい丸孔を電子顕微鏡で観察すると，ある方向ではオーバーフォーカス状態[注3]で孔の真空側に黒いフレネル縞が観察され，それと直角の方向はアンダーフォーカスになり白い縞が観察されるようになる．この非点収差はレンズのポールピース材料の不均一性や加工時の工作誤差（"生（なま）"非点収差という）および試料やポールピースの局所的帯電などで生じる．この収差はレンズの周りに4極の補正コイルを置き，観察者が高分解能像を見ながら最終的には補正する．

その補正法は，5万倍以下の像では上記の丸孔の周りに生じる白または黒のフレネル縞がどの方向にも一様に出るようにする．また10万倍以上の高倍率像では対物レ

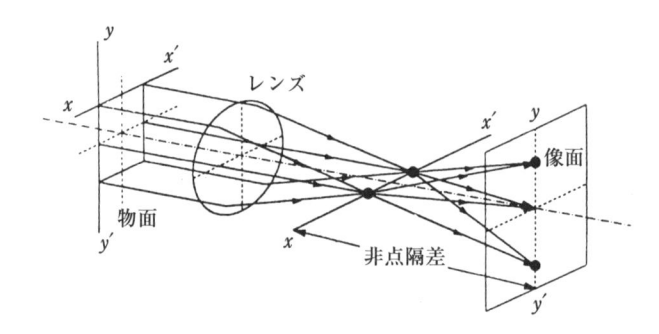

図3-4 非点収差の説明図

物面上の平行光線はx-x'方向は像面上で焦点を結んでいるが，y-y'方向は手前で焦点を結んでいる

[注2] 電子顕微鏡の結像理論の論文では，記述を簡単にするため上記の量を規格化することも行われる．ディフォーカス量は$\sqrt{C_s\lambda}$を1単位として計り，1 Sch（シェルツァー）という．長さの単位は$\sqrt[4]{C_s\lambda^3}$で計り，1 Gl（グレーザー）という．絞りなどの角度は$\sqrt{\lambda/C_s}$を単位にして計る．この無次元化された量を使えば，後述の(4-6)式のレンズ伝達関数の波面収差のχの表記が簡単になる．

[注3] 電子顕微鏡学では対物レンズのフォーカス（ピント）を試料下面に合わせたときをジャストフォーカス（$\Delta f = 0$），それよりも励磁電流が弱いときをアンダーフォーカス（$\Delta f < 0$），強いときをオーバーフォーカス（$\Delta f > 0$）という．

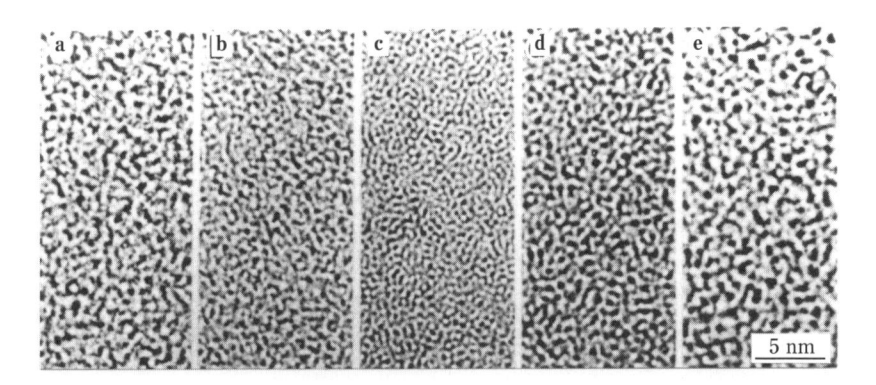

§3.2 分解能への他の収差の影響　39

図3-5　非晶質カーボン膜の高分解能 TEM 像（M. Tanaka のご厚意による）
対物レンズのフォーカス（Δf）によってムラムラ像の間隔（空間周波数）が変化する（a）から（e）へ，-14 nm，-7 nm アンダーフォーカス，ジャストフォーカス（$\Delta f = 0$ nm），7，14 nm オーバーフォーカス

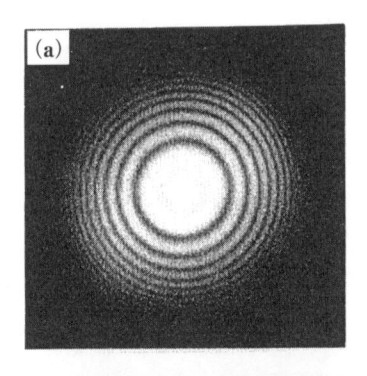

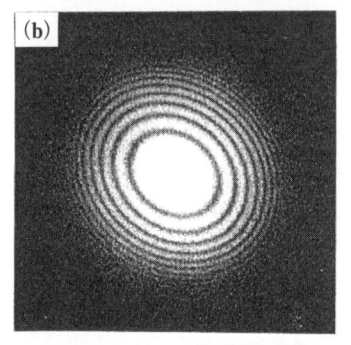

図3-6　図3-5 のフーリエ変換図形の一例
（a）対物レンズに非点収差がない場合，（b）ある場合

ンズの焦点はずれ量を変化させても非晶質カーボン膜の粒状性像(ムラムラ像)が間隔だけが変化して流れないようにする(**図 3-5** 参照).後者の方法については,非点収差が補正されたときにはこの粒状性像の 2 次元フーリエ変換図形が丸くなる(**図 3-6**(a)参照)ことを利用して非点収差量を表示する装置も市販されている.さらに最近では非点収差を上記の球面収差と合わせて自動的にとる装置も実用化されている(収差補正装置§7.4 参照).球面収差と非点収差は 3 次の収差(ザイデル 5 収差)の同類であるからである.

次に色収差とは,顕微鏡の加速電圧の揺らぎや試料中でおこる非弾性散乱で電子線のエネルギーが連続的に変わり,焦点位置が変わってしまうために像がボケることである.(2-7)式に戻ると,薄肉電子レンズの焦点距離は $f \propto E$ の関係があるので

$$\frac{\Delta f}{f} = \frac{\Delta E}{E} \tag{3-8}$$

である.像のボケ δ_c は,α をレンズを使う角(= 散乱角,回折角)とすると,$\delta_c = \alpha \Delta f$ で与えられるから

$$\delta_c = C_c \frac{\Delta E}{E} \alpha = \Delta \alpha \tag{3-9}$$

が成り立つ.この C_c のことを色収差係数といい,上記の導出でわかるように $C_c \cong f$ である.(3-9)式の最後の Δ は焦点揺らぎ幅(defocus spread)という.焦点距離は加速電圧ばかりでなく対物レンズの励磁電流の揺らいでも変化する.このときは Δ を(3-10)式のよう拡張して使う.

$$\Delta = C_c \sqrt{\left(\frac{\Delta E}{E}\right)^2 + \left(2\frac{\Delta I}{I}\right)^2} \tag{3-10}$$

この式の導出は補遺 C の後半で説明する.

§3.3　レーリーの分解能式の導出法

上記の電子顕微鏡の分解能の考察では,①「収差のある像強度の単純和で考える」,②「波動光学的に波の振幅を計算する(Scherzer)」,③(3-2)式の「レーリーの分解能の式」の 3 つの考え方がでてきた.最初の「単純和」のやり方の場合,球面収差の影響はレンズの収差論を使って幾何光学的に考え,回折収差の影響は波動光学の考えから導かれるレーリーの式を使っている.透過電子顕微鏡学も含め,光学では,いろいろなレベルの理論を折衷して使っている場合があることを理解しよう.

本節を終えるにあたり,(3-2)の分解能の式について補足する[6].

§3.3 レーリーの分解能式の導出法　41

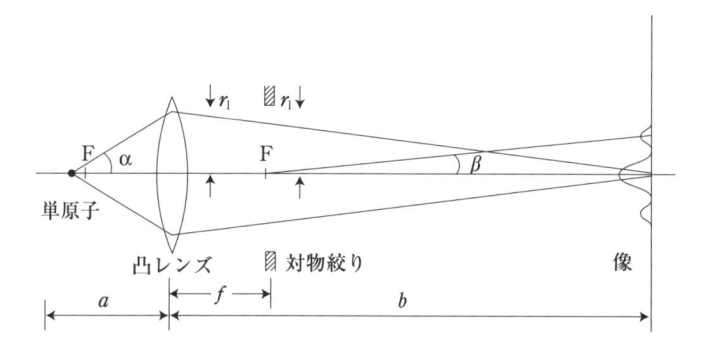

図 3-7 レンズの大きさ（角度 α で指定）による像のボケ
結像するためには単原子を焦点位置(F)の少し外に置く

　エアリーディスクとは丸孔のフラウンフォーファー回折図形である（→ 補遺 A）．一方，分解能は像に関することである．像に関わることに回折図形の強度分布が出てくる理由を**図 3-7**を使って説明しよう．例えば単原子などの点状物体を拡大して観察する場合は，倍率をかせぐためにレンズの前焦点位置のわずか外に置く．レンズの右側では光線（電子線）は平行に近くなり十分遠方の b の距離で像を結ぶ．レンズは有限の大きさ r_1 を持つので，この回折収差により像にはボケが生じるのである．

　補遺 B の(B-11)式で説明するように，レンズの面は実空間ではなく逆空間の情報が現れる．したがってレンズの大きさは無限大と仮定して，同じ逆空間の情報が現れる後焦点面に半径 r_1 の絞りを置いてもほぼ等価と考えられる．

　レンズのすぐ右側の光線はほぼ平行光線なので，これが丸孔にあたって，遠方と見なせる像面まで伝わっていくと考えればよい．したがって遠方場はフラウンフォーファー回折図形になり，その強度分布の最初の零点までの距離は β の角度で表示された回折図形分布（エアリーディスク）に半径 r_1 の丸孔絞りから像面までの距離 $(b-f)$ をかけて，像面上のボケの半径 D は

$$D = \beta(b-f) = 0.61\frac{\lambda}{r_1} \times (b-f) \cong 0.61\frac{\lambda}{r_1}b \tag{3-11}$$

で与えられる．さらに $r_1 = \alpha \times a$, $b/a = M$（倍率）の関係を使うと物面上に換算した像のボケの半径は，M でわって $\delta_D = 0.61(\lambda/\alpha)$ となる．ここで α はレンズの開き角の半角である．これで像のボケについても(3-2)式が得られる．

　次に 0.61 の数字について説明しよう．図 3-7 でもう 1 つの点状物体を物面上で横

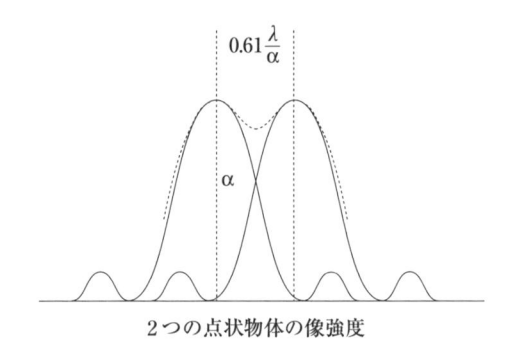

図3-8 2つの点状物体の像強度は2つのベッセル関数の和で表される
2点が近接したときは，和のピーク位置ともとのベッセル関数のピーク位置とは少しずれることに注意

方向に少し離して置くと，**図3-8**のように像面上にはエアリーディスクと同じ強度分布を持つ像が2つ現れる．この強度分布は1次のベッセル関数 $J_1(\beta)$ の2乗で表される．もし一方のベッセル関数の第1零点（$u = 1.22/2r_e$，→ 補遺A, （A-25）式）がもう一方の中心になるようにずらすと，ベッセル関数の数値計算から2つのピークの中心部は最大値より26%下がる．26%ほど下がれば，加算された強度（点線）でも2点の像として読み取れるだろう，というのがレーリーが考えた定義であった．

この判定条件で注意することは，§3.1ですでに述べたように，2つのベッセル関数の2乗（像強度）を単純和していることである．本来は像面には位相を持った波がきており，それが干渉した後，2乗をとって強度に変換するべきである．レーリーは，干渉項はなく単純に強度和になっていると仮定した．現代の言葉で言えば，2つの点状光源はインコヒーレントであり，(3-12)式のように強度の和の項しかなく，$(\phi_1\phi_2^* + \phi_1^*\phi_2)$ の干渉項はないということである．

$$I = |\phi_1|^2 + |\phi_2|^2 \tag{3-12}$$

もしコヒーレントの場合は，2つの光源の持つ位相差に応じて分解能が変わってくる．もし同位相だとこの距離では2点として識別できなくなってしまう．この議論の詳細は久保田，「波動光学」（岩波書店）に記載されているのでぜひ勉強してほしい[4]．

§3.4　透過電子顕微鏡像のコントラスト

　像がコントラストを持つとは，像面上（フィルム上）でもののあるところに対応する場所の光または電子の強度が，もののないところと異なることである．光学顕微鏡では試料中で光が吸収され，像面では対応する場所での光の強度がまわりと比べて小さい，すなわち像は暗くなる．これは肉眼で物体を観察するときの強度の様子と同じなので，われわれは顕微鏡下においてもこの暗いところに何かがあると認識する．

　これに対し，極薄片化された試料中を通過する電子線はほとんど吸収されず微かに曲がるだけである．すなわち電子顕微鏡の試料は屈折率が1よりわずかに大きい透明な物質と考えることができる（(2-24)式参照）．このままだと像面上で強度の差がない―コントラストがない―ことになる．透過電子顕微鏡（TEM）の明視野法では散乱吸収コントラスト法と位相コントラスト法（4章参照）という2つのやり方でものの存在を像面での強度の差にする．ここで明視野TEM像とは，光学顕微鏡像と同じで，背景が明るく，もののあるところに暗いコントラストがつく像である．またこの逆の暗視野像では，背景は暗く，もののあるところに明るいコントラストがつく．次節以降，明視野像と暗視野像のコントラストのつけ方を説明しよう．

§3.5　明 視 野 像

　像にコントラストをつけるためには，電子顕微鏡では対物レンズの後焦面に入れられた絞りを有効に使う．§2.1で対物レンズの後焦平面には，試料の回折図形ができることを述べた．回折図形とは，一種のフーリエ変換スペクトルである．図3-9に示すように，試料の密度や静電ポテンシャルの1次元分布を $\cos x, \cos 2x \cdots \cos nx$ の和で表したときの重み係数 A_1, A_2, A_3 などがスペクトルである[注4]．これを2次元にしたものが回折斑点と考えればよい．したがって回折斑点を全部取り入れて結像すれば，試料直下の波動場が，フーリエ再合成として像面にそのまま再生される．電子線の場合は吸収による振幅変調はほとんどないので，これではもののあるところにコントラストはつかないのである．

注4）　フーリエ級数展開やフーリエ合成とは，周期構造をいろいろな波長を持った平面波の組み合わせで表すことを意味する．このいろいろな平面波が，本書ででてくる回折波に対応する．その"混ぜ合わせる割合"が振幅で，これを2乗したものが電子回折斑点の強度である（図5-2参照）．そして§2.3.4で述べたように，いろいろな回折波をフーリエ合成すると再び試料直下の波動場で得られるのである．

44　第3章　透過電子顕微鏡の分解能と像コントラスト

回折（フーリエ分解）

×A_1

×A_2

×A_3

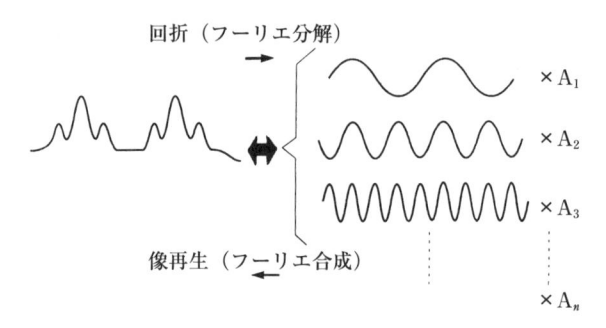

像再生（フーリエ合成）

×A_n

図 3-9　フーリエ分解とフーリエ合成の概念図

　次に対物絞りによって外側の回折波(斑点)をさえぎると，その分の高次の $\cos nx$ の項がなくなるため，像の細いところのフーリエ合成は不完全になるが，もののあるところの全体の像面強度は減る．一方，もののないところのフーリエスペクトルは真ん中の透過波(000波．フーリエ級数では最初の定数項)のみである．したがって絞りを入れても電子線の強度は低下しない．これでもののあるところと強度の差(= コントラスト)がつくことになる．この現象では試料の中で電子線が吸収されたように見えるが，実際は散乱または回折された電子が絞りの外側で止められているにすぎないのである．

　このコントラストは散乱吸収コントラストと呼ばれる．絞りを小さくすればするほど多くの電子波が止められるため，大きいコントラストがつく．ただ，n の大きい $\cos nx$ の項が外側から段々なくなってゆくので細かい構造が再生できなくなる—像がボケる—のである．大事なことは，電子顕微鏡像ではコントラストをつけることと分解能を上げることは二律背反であることである．これは試料が電子波の位相のみを変化させる"透明体"（位相物体）であることが原因である．この矛盾を少しでも解決するために世界の電子顕微鏡研究者は努力を重ねてきた．

　§3.3で述べたように，後焦平面上の絞りの大きさはレンズの大きさと等価なので，絞りの大きさと電子顕微鏡像の分解能との関係は19世紀にAbbeが導いた(3-13)式

$$\delta = 0.61 \frac{\lambda}{\alpha} \tag{3-13}$$

で与えられる．α は，後焦平面に入れた丸孔絞りの端をレンズの中心から見込む半角である．また f を焦点距離として，絞り孔の半径を r とすれば，$\alpha \ll 1$ なので $r \cong f\alpha$ が成り立つ．通常の200 kVの加速電圧を持つ装置では $r = 20 \sim 50\,\mu m$，$f = 1$ mm な

ので，$\alpha = 2\sim 5\times 10^{-2}$ rad である．

絞りを十分小さくして，透過波である000波のみ取り入れて作った像を明視野像(Bright Field image；BF)という(図5-3(a)参照)．このコントラストは，①試料のあるなし，②重元素と軽元素の差(1個の原子の原子散乱因子の差)[注5]，③面心立方(fcc)とか体心立方(bcc)とかの結晶構造の差(結晶構造因子の差)[注6]，④試料の傾斜(試料全体のブラッグ条件の差)，⑤転位などの局所の格子ひずみ(局所的なブラッグ条件の差)，⑥積層欠陥(層の境界での回折波の位相の変化)で決まる．したがって，得られたTEM像の暗いところは，必ずしも重い元素があるわけではない．

図 3-10 は不活性ガス中での蒸発法で作製したベリリウムの薄板微粒子の明視野像である．この像でコントラストの暗いところも明るいところも，ともにベリリウムである．これらの板状結晶の方向によりブラッグ条件が異なるために回折波の出方が違い，外側の回折波(スペクトル)を対物絞りでさえぎったとき，両方の粒子で像の強度の減少が同じにならなかったのである．

散乱吸収コントラストを**図 3-11**(a)を使ってもう少し定量的に説明してみよう．試料は左上にある直方体の微結晶とする．そこへ10の強度を持つ電子が左から入射する．結晶だからブラッグ反射の式 $2d\sin\theta = \lambda$ を満足する種々の方向へ回折波が生じる．この回折波の強度は，入射波の強度を10として，図に示すように，7：1：0.5の比で仮にふりわけられるとしよう．レンズの後焦面にはこの結晶の回折図形が得られる．この回折斑点を全部使って像面に結像すれば，もののあるところは再び10の強度になる．もし透過波のみを通すと(明視野像)，もののあるところの像強度は図3-11(b)に示すように7と小さくなる．一方，もののないところは回折をおこさないので透過波のみがあり，それが10の強度を持っている．対物絞りを入れても像面の強度は10のままである．これでもののあるところとないところで，7と10の強度の差ができ，コントラストがつく．コントラストの値は次式で与えられ，30％になる(図3-11(b))．

$$C = \frac{I_0 - I}{I_0} \times 100(\%) \tag{3-14}$$

この方法では，試料は，レンズの後焦平面上(回折図形上)でスペクトルを"間引く"準備として，入射波を回折波として種々の方向に"ふりわける"ためにある，と

[注5] 原子散乱因子とは1個の原子からの散乱波の振幅(位相も含めた)である(→補遺D)．
[注6] 結晶構造因子とは結晶中の1個の単位胞からの散乱波の振幅である(→補遺E)．

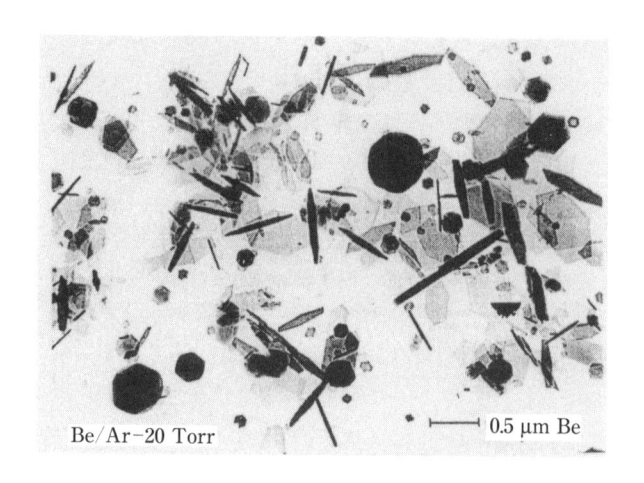

図 3-10 ベリリウム(Be)薄板結晶の TEM 像
(R. Uyeda, in "Morphology of Crystals" (Terra Science Publishing, 1987))

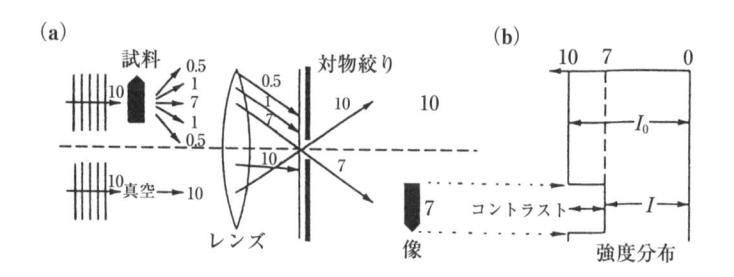

図 3-11 回折コントラストの生成機構の説明図

考えることができる．そしてこの"外側の間引き"によってもののあるところとないところで像に強度差が生じるのである．

　この"ふりわけ方"は電子回折現象そのものであり，上記の①〜⑥の原因で生じる．像のコントラストはこの回折条件と回折波を止める対物絞りの大きさによって決まり，(4-4)〜(4-6)式で説明する位相コントラスト法のように対物レンズの焦点はずれ(ディフォーカス)の影響は少ない．

　この回折コントラストとそれを生み出す材料中の転位などとの関係の説明は本材料学シリーズの坂の著書を参照してほしい[7]．

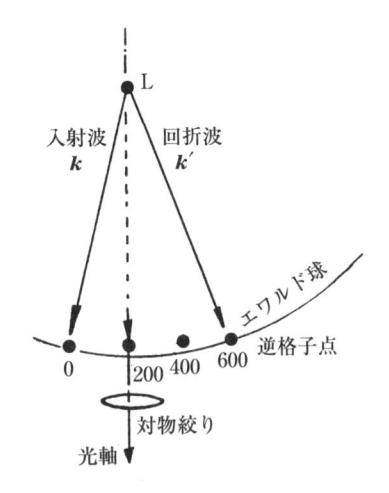

図 3-12 弱ビーム法の原理図

逆格子点とエワルド球の組み合わせ図においては，600 逆格子点のように球と逆格子点が一致すると，その方向への回折波についてブラッグ条件が完全に満足する（$k'-k=g$）．この図では 3 次元の逆格子点の中で，一方向の 200, 400, 600（面心立方構造を想定）逆格子点のみ示している（→ 補遺 E）．弱ビーム法ではこの 200 回折波のようにブラッグ条件を満足していない回折波を用いる

§3.6　暗視野像

図 3-12 のように，小さい対物絞りを 200 などの回折波のところに入れてこの電子波のみで結像すると，もののあるところが明るくなる暗視野像（Dark Field image；DF）が得られる．この回折波の強さも上記の①〜⑥の試料条件によって大きく変化する．また g 波の回折波の強度を I_g とすると

$$I_0 = 1 - \sum_g I_g \tag{3-15}$$

が成り立つので，外側の回折波が強く励起されていない状況（例えば 000 波と 200 波のみが励起されるように試料を傾ける—2 波励起条件という—）では，透過波 I_0 を使った明視野像とこの 200 波を使った暗視野像の回折コントラストは黒白が逆であり，概略相補的になる[注7]．

暗視野像のうち，転位などの研究のために有用なものは「弱ビーム法」（weak

beam method)である[7,8]．図3-12に示すように，例えば600などの高次の回折波が強く出るようにブラッグ条件を合わせておいて，その間にある弱い励起状態の200回折波を小さい対物絞りで選んで暗視野像を撮影する．動力学回折効果によって弱い励起の消衰距離[注8]は短くなるので，この方法を用いるとひずみを伴う転位などの像が，分解能よく観察できる．また220と等価な回折波である，$\overline{2}20$，$2\overline{2}0$ などを使った暗視野像を順次とって転位の像コントラストの変化を見ると，転位の周辺のバーガースベクトル $\boldsymbol{b}$ の決定もできる．これには転位の像のコントラストがないときは $\boldsymbol{g}\cdot\boldsymbol{b}=0$ の関係が成り立つことを利用する．この解析の詳細についても坂の著書を参照してほしい[7]．

第3章 参考文献

（1） O. Scherzer, Z. Physik, **101** (1936) 593
（2） 堀淳一,「物理数学II」(共立出版, 1969)
（3） J. W. Goodman, "Fourier Optics"(McGraw-Hill, 1968)
（4） 久保田広,「波動光学」(岩波書店, 1970) §23
（5） O. Scherzer, J. Appl. Phys., **20** (1949) 20
（6） 第2章の参考文献[1], 3章
（7） 坂公恭,「結晶電子顕微鏡学」(内田老鶴圃, 1997)
（8） D. J. H. Cockayne *et al.*, Philos. Mag., **24** (1971) 1383

演習問題 3

3-1 微分演算によって(3-3)，(3-4)式を導いてみよう．2つのグラフの交点の位置がレンズを使う角度の最適値に単純にならないことに注意しよう．

3-2 光学の教科書でフレネル回折のところを勉強して，なぜ縞が黒白になるかその理由を考えよう．

3-3 ザイデルの5収差の名前を調べて，それぞれをどういうボケか図示してみよう．

注7） 暗視野像では，試料以外のところには回折波が出ないので，強度は0である．(3-14)式のように像コントラストを定義すると無限大になってしまうので，像強度のみで議論するのが普通である．

注8） 結晶中を電子波が進むときに2回以上回折する効果を考慮すると，波の強度は深さに応じて強くなったり弱くなったりする．この強弱がおきる距離は消衰距離(extinction distance)と呼ばれる．これが小さいと，微かな膜厚変化やひずみ変化で黒白のコントラストが反転する(→ 補遺 I, J)．

第4章
高分解能 TEM 観察法とは何か

§4.1 なぜ1個の原子が見えるか—位相コントラスト法の魔術—

3章の後半で散乱吸収コントラストと暗視野像の回折コントラストを説明したので、次は高分解能観察で重要な位相コントラスト法の説明に移ろう。まず1個の原子の位相コントラスト像である。

1個の原子は正電荷を持つ原子核とその周りの負電荷を持つ電子の雲が作る静電ポテンシャルの3次元的な井戸と考えることができる。この近くを電子が通ると正の電荷を持つ原子核とのクーロン力によって内側に引き寄せられて曲がり、光軸から離れていく(**図4-1**(a)点線)。それが対物レンズで再び光軸上に集められ白点(背景より強度増)または黒点(強度減)となる。ここで電子は吸収されずに曲がる(波の描像では屈折する)だけであることが光学顕微鏡の結像と異なる点である。

屈折するとは、図4-1(a)の実線で示すように原子の周りで波面が曲がる(位相が変わる)ことである。平面波の表式は§2.3で説明したように $\exp[2\pi i(\boldsymbol{k}\cdot\boldsymbol{r}-\nu t)]$ と書けるので、この波の位相に場所場所で付加位相が加わることが1個の原子と入射電子の相互作用の結果である。この付加される位相 $\eta(\boldsymbol{r})$ を計算しよう。

電子の加速電圧を E、原子の周りのポテンシャルを $V(\boldsymbol{r})$ とすると、それに入射する電子にとっての屈折率は、(2-24)式で説明したように

$$n(\boldsymbol{r}) = \sqrt{\frac{E+V}{E}} \cong 1 + \frac{V(\boldsymbol{r})}{2E} \quad (ただし E \gg V)$$

である。原子による位相ずれは、原子のないところ(真空)を通過した場合と、あるところを通過した場合の位相の差であるので、$\eta = (2\pi/\lambda)(n-1)\Delta z$(ただし Δz は原子の周りを電子が通過する距離)である。η に上の n を代入すると $\eta = \sigma V(\boldsymbol{r})\Delta z$ となる。ここで $\sigma = \pi/\lambda E$ であり相互作用定数という。これは電子の速度が遅い場合の非相対論の式であり、相対論の式は補遺Jを参照。

したがって、1個の原子直下の入射電子の波動場は

(a)

電子
exp(2πik_zz)

位相変化
$\exp[i\sigma V_p(x,y)]$

|←Δz→|
単原子

(b)

exp(2πik_zz)

$V(r)$

$\delta(u,v) + i\dfrac{f(u,v)}{r}$

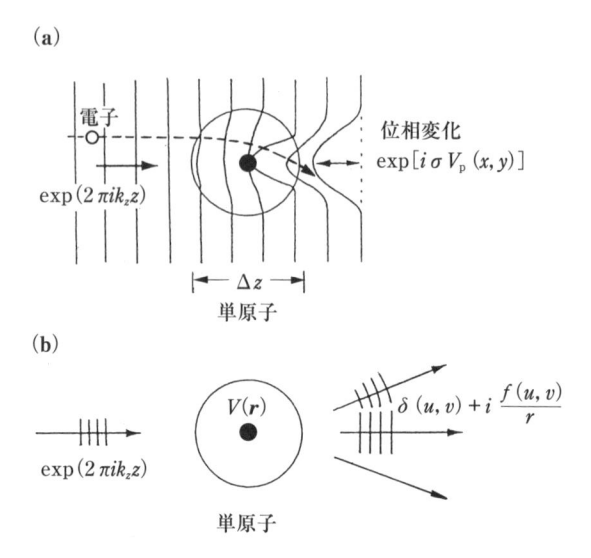

単原子

図 4-1 単原子と入射電子波との相互作用の説明図
(a)実空間表示, (b)逆空間表示. (a)の点線は粒子像で考えたときの電子の軌道の想定図. σは相互作用定数, V_pは原子のポテンシャルを電子線の方向へ投影したもの, δはデルタ関数で透過波を表す

$$\psi_s(x, y) = \exp[i\sigma V(r)\Delta z] \qquad (4\text{-}1)$$

となる．この式は試料を位相のみを変化させるものと考えるので「位相物体の近似」の式という．また(4-1)式には通常の波の式である $\exp[2\pi i(k_z z - \nu t)]$ が省略されていることに注意しよう（(2-17)式参照）．

原子を通過した後の合計の位相ずれ η はポテンシャル $V(r)$ を電子の通過方向に積分したものであるので

$$\eta = \sigma\int V(r)dz = \sigma\int V(x,y,z)dz = \sigma V_p(x,y) \qquad (4\text{-}2)$$

で求められる．このようにすることを投影近似，$V_p(x,y)$ を投影ポテンシャルという．
次にガラスの凸レンズと同じ働きをする電子レンズによって，(4-1)の波動場 ψ_s が拡大されて，像面（フィルム面）に転送される．簡単のため倍率を 1 倍とし，像面の波動場を ψ_i とすると

§4.1 なぜ1個の原子が見えるか—位相コントラスト法の魔術—

$$\phi_\mathrm{i}(x, y) = \phi_\mathrm{s}(-x, -y) = \exp\left[i\sigma\int V(-x, -y, z)dz\right]$$
$$= \exp\left[i\sigma V_\mathrm{p}(-x, -y)\right] = \exp\left[i\eta(-x, -y)\right] \quad (4\text{-}3)$$

となる.ここで η は位相変化を表す.また第2項以降の引数の負号はレンズの働きにより倒立像ができることを表す.フィルム面で記録される像強度はこの波動関数の2乗なので $I = |\phi_\mathrm{i}(x, y)|^2 = 1$ となる.原子のないところの背景の像強度は入射平面波のままなので,$|\exp 2\pi i(k_z z - \nu t)|^2 = 1$ だから,コントラスト(強度差)がつかない.入射電子に位相変調のみを起こす1個の原子は,そのままでは,電子顕微鏡の分解能は十分でも,見えないのである.

同様なことは,無染色の生物試料を光学顕微鏡で観察する場合にもおこる.試料はほとんど透明なので光の吸収はなく,試料直下の光の波動場には像コントラストを作る原因である振幅変調はない.この問題を解決したのが Zernike の位相差顕微鏡である[1].彼は対物レンズの後焦点面に位相板を置いて透過波の位相を $\pi/2 (= \lambda/4$ に相当)ずらして,像面で強度変調がおきるようにした.

一方,透過電子顕微鏡(TEM)でレンズ作用がおこるのは,ポールピースと呼ばれる,孔あき円板状の磁極の間の数 mm 以下の空間である(図 2-3 参照).ここに電子線の位相を定量的に変える位相板を組み込むのは容易なことではない[注1].Scherzer は,レンズの球面収差とディフォーカス(ピントはずし)によって原子からの散乱波に位相変化 $\exp[-i\chi(u, v)]$ を与えるレンズ伝達関数(→ 補遺 C)を導入し,位相差顕微鏡と同じことを TEM でも実行し,単原子の観察が可能であることを理論的に示した.以後この Scherzer 理論を説明しよう.ここでは1次元の表記で記述する.

原子のポテンシャルは小さいと仮定する.(4-1)式の $\sigma V \Delta z = \eta$ とおき,また,倒立像であることを無視し,像面の波動関数は指数関数を展開し1次項までとると,(4-3)式は $\phi_\mathrm{i}(x) = 1 + i\eta(x)$ となる.これを,「弱い位相物体の近似」(Weak Phase Object Approximation;WPOA)と呼ぶ.像強度は複素共役との積をとって

$$I = \phi_\mathrm{i}\phi_\mathrm{i}^* = 1 + i(\eta - \eta^*) + \eta^2 \quad (4\text{-}4)$$

注1) 近年,カーボン膜の中央に小孔をあけ,透過波はそのまま通し,散乱波の位相をカーボン膜厚によって必要量だけ変化させる電子顕微鏡用位相板が日本で開発されている(R. Danev *et al*., Ultramicrosc., **88**(2001)243).また対物レンズの中心に静電レンズに相当するリングを導入した位相板(Boersch plate)の開発もドイツ,米国,台湾などで行われている(E. Majorovits *et al*., Ultramicrosc., **107**(2007)213).

となる．η は実数であるため $\eta = \eta^*$ なので，この第 2 項目はゼロとなり，η^2 を無視すれば，この近似理論では像のコントラストはつかない．上記の「弱い位相物体の近似」は 1 次の近似式なので，(4-4)式の η^2 の項(非線形項)も無視するのが妥当であるからである．

Scherzer が導入したレンズ伝達関数 $\exp(-i\chi)$ は個々の空間周波数(間隔を逆格子空間表示で表したもの)ごとに位相をずらすものである．すなわち逆空間で表示された関数である．そのため，波動関数 $\phi_1 = 1 + i\eta$ をフーリエ変換して逆空間表示にすると(§2.3.4 参照)

$$\hat{F}\{\phi_1\} = \delta(u) + i\hat{F}\{\eta\} \tag{4-5}$$

となる．ここで，$\delta(u)$ はデルタ関数で回折図形の真ん中の透過波の斑点に対応する．$\hat{F}$ は 2 次元フーリエ変換操作を表し，第 2 項全体で散乱波を表す．$i = \exp[i(\pi/2)]$ なので，位相変化を人工的につくり出すレンズ伝達関数の $\exp-i\chi(u)$ を，$\exp[-i(3\pi/2)]$ になるように調節して，散乱波にかけてやれば，実空間では $\phi_1(x) = 1 - \eta(x)$ となり，像強度は $I = (1-\eta)(1-\eta) \cong 1 - 2\eta$ となる．強度が 2η 減少するので，原子のあるところに黒いコントラストがつく．これは $\lambda/4$ 位相板を入れたことに相当する．ここで χ は 1 次元の表記で

$$\chi = 0.5\pi C_s \lambda^3 u^4 + \pi \Delta f \lambda u^2 \tag{4-6}$$

($u = 1/d$：空間周波数，C_s：レンズ球面収差係数，Δf：ディフォーカス

(焦点はずれ量)，$\Delta f > 0$ がオーバーフォーカス状態)

という関数でレンズの波面収差関数と呼ばれる．すなわち，Δf を調節して特定の空間周波数 u の散乱波の位相を変えて単原子に黒いコントラストをつけることができるのである．これが Scherzer の考えたことであった．この波面収差関数の導出は補遺 C で説明される．

この $\chi(u)$ の関数の変化をグラフを書いてみると，多くの空間周波数 u について $\chi \cong 3\pi/2$ になるようなディフォーカス量(Δf)が存在し，それは $\Delta f = -1.2\sqrt{C_s \lambda}$ 近傍(レンズの励磁を弱くするアンダーフォーカス側)であることがわかる．これを Scherzer ディフォーカスという((3-7)式参照)．球面収差係数 C_s が 1 mm の 200 kV の装置では約 -60 nm になる．

以上のことを，単原子による電子(波)の散乱という立場から見直してみよう(詳細は → 補遺 E)．(4-1)式やその 1 次近似の式である $(1 + i\sigma V \Delta z) = (1 + i\eta)$ は，単原子直下の波動場を表したものである．これが遠方へ伝播すると，フラウンフォー

§4.1 なぜ1個の原子が見えるか—位相コントラスト法の魔術— 53

ファー回折現象がおこり，数学的には直下の波動場をフーリエ変換したものになっている(§2.3.4参照)．これが(4-5)式である．透過波を表す$\delta(u)$に，散乱波である$i\hat{F}\{\sigma V_p(x,y)\}$を加えたものである．

補遺Dで説明するように，原子の持つ静電ポテンシャル$V(x,y,z)$を3次元フーリエ変換にしたものは原子散乱因子$f(u,v,w)$と呼ばれ，原子から散乱波として出る球面波の振幅である．したがって原子から遠くで観察すると，(4-5)式の第2項で表される波動場(2乗すると回折図形の強度)が得られることになる．

量子力学の本では電子の散乱現象の記述として，次式のような表式が説明されている[2]．

$$\phi = \exp(2\pi i k_z z) + \frac{e^{2\pi i k r}}{r} f(u,v,w) \tag{4-7}$$

ここで，第1項は透過波であり，波の進む方向をz軸にとったので，$2\pi i k_z z$が引数になる．第2項の振幅fについては，通常は光軸に垂直な面で回折図形を記録するので，$w=0$で，$f(u,v)$となる(§2.3.4参照)．さらに，凸レンズを用いると，レンズの後焦平面が逆空間$(u,v,w=0)$の面になり，球面波の進む距離は，レンズ前方の焦点距離(f)分だけであるので($r=f$)，後焦面には透過波$\delta(u,v)$と，上記の$\dfrac{f(u,v)}{f} = \dfrac{f(2\theta)}{f}$が得られる．ここで$2\theta = \alpha$(散乱角)であり，$\theta$はブラッグ反射角である．この様子を図4-1(b)に示す．(a)と(b)とは電子の散乱現象を実空間と逆空間でそれぞれ見ていることになる．

この節の最後に2個の単原子を物面に配置した場合の数学的取り扱いを記しておこう．「物面上の原点$(0,0)$と(x_j, y_j)に点状の物体がある」ということは，ディラックのデルタ関数を使って，$\delta(x,y) + \delta(x-x_j, y-y_j)$と表される．2個の単原子を考えているのだから，このそれぞれの直下に(4-1)式の形，または，その近似式である$1 + i\sigma V_p(x,y)$型の波動関数ができていると考えればよい．コンボリューションの性質(→ 補遺A)を使って

$$\begin{aligned}\phi(x,y) &= \{1 + i\sigma V_p(x,y)\} + \{1 + i\sigma V_p(x-x_j, y-y_j)\} \\ &= [1 + i\sigma V_p(x,y)] \otimes [\delta(x,y) + \delta(x-x_j, y-y_j)]\end{aligned} \tag{4-8}$$

である．

$\hat{F}\{\sigma V_p(x,y)\} = f(u,v)$(原子散乱因子)だから，定数項の1をのぞいて，かつδ関数のフーリエ変換の表式(→ 補遺A)を使って，$\Psi(u,v) = f(u,v) \times [1 + \exp(-2\pi i \boldsymbol{u}\cdot\boldsymbol{x}_j)]$となる．これは，補遺Eの(E-5)式の結晶構造因子の式$F(h,k,l)$と同

じものである．ここで $x_j = (x_j, y_j)$ の2次元ベクトルである．

§4.2 原子集合体や微結晶のコントラスト

次に10個程度の原子が集まった集合体(クラスター)や微結晶のコントラストを考えてみよう．さらに大きな結晶の場合に，§3.5で説明した散乱吸収コントラストや回折コントラストにつながっていく様子も説明してみよう．Scherzerの考えを発展させた原子クラスターの位相コントラストの理論はUyedaによって1955年に発表されている[3]．

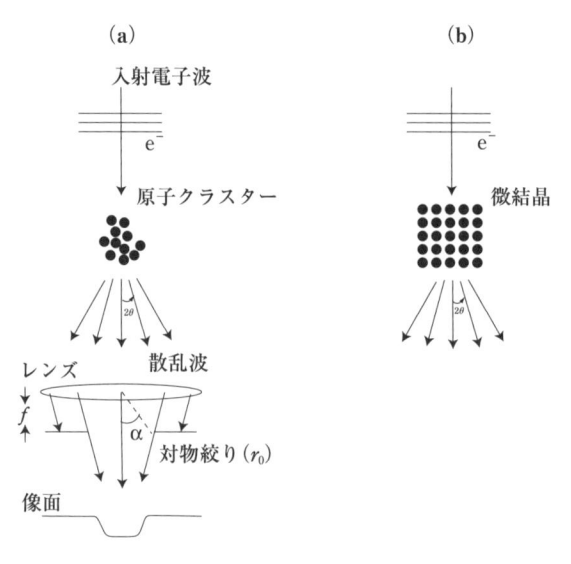

図 4-2 原子クラスターや微結晶の結像

図 4-2(a)のように原子が不規則に配置している集合体を考える．入射電子線によって，1個の原子から散乱波が出て，それがレンズの後焦平面では $f(2\theta)/f$ の振幅を持つことは§4.1に述べた．ここで $2\theta = \alpha$ で散乱角であり，θ はブラッグ角である．この後，焦平面に半径 r_0 の円形の絞りを置くと，レンズの中心から絞りの穴の端を見込む角度 α (これは凸レンズの性質によって試料での散乱角と同じ)は，$\alpha = r_0/f$ となる．角度 α 以上に散乱された電子はこの対物絞りで止められて，図4-2(a)下部に示すように像面にくる電子が(4-9)式の分だけ減る．これは絞りの外へ落ちる分の散乱断面積 σ_α に相当する次の式で表される量である．

$$\Delta I = \sigma_\alpha = \int_\alpha^\infty |f(2\theta)|^2 d\Omega \tag{4-9}$$

(ただし $d\Omega = 2\pi(\sin 2\theta)d\theta$ で θ 方向の立体角)

図 4-2(a) のような N 個の原子の集団を考えるときは,全散乱強度は,場所の違いを考慮して位相を変えたそれぞれの原子からの散乱振幅の和の 2 乗で

$$\Delta I = 2\pi \int_\alpha^\infty |f_1 + f_2 + \cdots|^2 \sin 2\theta d\theta \tag{4-10}$$

となる.積分の中には $f_1 f_2^* + f_1 f_3^* + \cdots$ など,各原子からの散乱波が互いに干渉する項もあるが,原子がランダムに配列しているので,この干渉項は強度への大きい貢献にはならないと考えると,個々の原子による吸収分 $|f_1|^2 + |f_2|^2 \cdots$ が単純加算される.これが絞りで止められるのだから像面では強度がへこむ.強度が振幅コントラストとして認識できるほどの大きな減少になってくるのは,図 4-2(a) のように,原子が縦横高さで数個ずつ合計 10 個前後の集団を組んだときである.原子の大きさは 0.2〜0.3 nm と考えられるので,1 nm 程度の強度のへこみができることになる.

次にこのへこみを,試料中での入射電子の見かけ上の吸収現象として考えてみよう.t の厚さのクラスター試料を dz の厚さの層に切って考える.面内を単位面積で考えると,この中に存在する原子数は $\rho N_A dz/M$ である.ここで,ρ は密度,N_A はアボガドロ数,M は分子量である.この 1 個 1 個の原子が断面積 σ を持つので,z の深さの電子線の断面積当たりの強度を $I(z)$ とすると,その層内での電子線の減少分は

$$dI = -I(z)Qdz \quad (ただし\ Q = \rho N_A \sigma/M) \tag{4-11}$$

である.(4-11)式を 0〜t で積分すると,電子線は

$$I(z) = I_0 \exp -Qt \tag{4-12}$$

で減少してゆくことになる.波動関数の 2 乗が電子線の強度だから

$$\phi(x,y) = \sqrt{I(x,y)} = \left\{\exp\left[-\sigma_\alpha \frac{N_A}{M}\rho_{2D}(x,y)\right]\right\}^{1/2}$$
$$\cong \left\{\exp\left[-\frac{1}{2}\sigma_\alpha \frac{N_A}{M}\rho_{2D}(x,y)\right]\right\} \tag{4-13}$$

ここで,σ_α は (4-9) 式にあるように電子が 1 個の原子で散乱されたとき,α の開き角

の絞りによって止められる割合(＝1個の原子当たりの散乱吸収量)である.
N_A, M, ρ_{2D} はそれぞれアボガドロ数,原子量,2次元の質量密度分布($\rho_{2D} = \rho \times \Delta z$)
である.(4-13)式は非晶質膜の像コントラストを説明するときにも使うことができる[注2].ここで,$\rho \times \Delta z$ を 'mass-thickness' とも呼ぶ.

§4.3 微結晶の回折コントラスト

次に図4-2(b)のような微結晶を考えてみよう.今回は各原子から出る散乱波の振幅 $f(2\theta)$ が,規則正しい原子配列によって強め合うように干渉してブラッグ回折波が出る.この振幅 $F(2\theta)$ と回折強度 $I(2\theta)$ は

$$F(2\theta) = \sum_i f \exp[-2\pi i(hx_i + ky_i + lz_i)], \quad I = |F(2\theta)|^2 \qquad (4\text{-}14)$$

である.この式の導出法は(4-8)式でも説明したが補遺Eも参照してほしい.この回折波を対物絞りで止めることによって,像面には同様の強度のへこみができる.例えば原子が縦横高さ5個ずつ125個並べば,その立方体の断面の四角形分の強度が全体として低下するだろう.したがって像面では1辺が1から1.5 nm ぐらいの四角形部分の強度が低下する.

この場合の微結晶による見かけ上の吸収係数は同様に

$$S = \int_\alpha^\infty |F(2\theta)|^2 d\Omega \qquad (4\text{-}15)$$

として

$$\phi = \exp\left(-\frac{1}{2}S\right) \qquad (4\text{-}16)$$

となる.ただし,$d\Omega = 2\pi(\sin 2\theta)d\theta$ である.2θ は回折角である.

ここで述べたことは,原子集合体や1〜2 nm 程度の微結晶の像コントラストには振幅コントラストが少し生じるということである.この振幅コントラストの議論をもう少し一般化したものは§6.1.6で説明しよう.

[注2] この散乱吸収コントラストの記述は R. Heidenreich, "Fundamentals of Transmission Electron Microscopy" (Interscience Publishers, 1964) に従った.

§4.4 非晶質膜の高分解能像

　原子が不規則に集合したものを非晶質(amorphous)という．この高分解能 TEM 像を考えてみよう．散乱波の強度は(4-10)式の積分の中の項であるが，結晶ではないので特定の空間周波数に鋭いピークは持たず，ゆっくり振動しながら高角側で散乱強度は低下する．この強度変化をフーリエ変換すると，2体の分布関数である動径分布関数(RDF)が得られる[4]．実空間での投影構造としては，構成元素の最近接原子間距離以外に，もう少し大きい間隔も存在する(中距離秩序(MRO))．弱い位相物体の近似((4-4)式参照)が使える炭素の非晶質薄膜を，収差やディフォーカスのある対物レンズで結像すると，§6.1.4で説明するように空間周波数(＝間隔)の"選択結像"がおこり，特定の間隔のみ強調された2次元の粒状性模様(図3-5)が観察される[5]．これは"ムラムラ像"とも呼ばれる．このような像は空間周波数特性が限られている光学系でも観察され，試料の構造よりもレンズの空間周波数特性を表したものである．この性質を使って，対物レンズの非点収差やコマ収差をこのムラムラ像をフーリエ変換した図形から求めることができる．しかし，非晶質といえども局所構造はいくつかの固有の空間周波数を持っているので，それがレンズの選択結像特性と合致したときは，高分解能像の中にその投影構造が強く出てきているのである．ムラムラ像はレンズの不完全な伝達特性の表示のみではないのである．この事実を基礎として，非晶質膜の電子顕微鏡による構造解析が今後進む可能性があるが，現時点では，結晶性試料の場合と同様に，実際の像と原子構造シミュレーション像(§6.2参照)を比較して構造解析をするのが普通である．

§4.5　高分解能電子顕微鏡の結像の要点[注3]

　前節までで単原子が位相コントラストで見える仕組みを説明した．ここで簡単にまとめておこう．試料に平面波を入射すると，その波は試料を通過し x, y 座標で指定される出射面(exit surface)に試料の構造情報を反映した波動場を作る．その波動関数を $\phi_s(x, y)$ とおく．時間 t と進行方向 z で変化する項を省略すれば，それは，次の(4-17)式のような複素数で書くことができる[注4]．ここで複素数を使う理由は波の振幅 A と位相 η という2つの物理量を一度に表現できるからである．

注3) 最初は読まずに先に進んでよい．6章を読んでから知識を整理するためにも使える．
注4) 波の記述で x, y と進行方向 z を分離することについては(2-17)式参照．

$$\phi_s(x, y) = A(x, y)\exp[i\eta(x, y)] \quad (\text{ただし } A, \eta \text{ は実数}) \quad (4\text{-}17)$$

電子線の場合は，試料中の3次元の静電ポテンシャル分布 $V(x, y, z)$ の影響を受けるので，この振幅項について $V(x, y, z) \to A(x, y)$，また位相項について $V(x, y, z) \to \eta(x, y)$ の関係を考察することが高分解能電子顕微鏡像を考えるときの要点である．η については，§4.1で1個の原子の場合を例に説明した．この対応関係は試料中での電子回折現象に起因しているので，「電子回折の問題」とも呼ばれる．

次にこの波動場を凸レンズ（凸電子レンズ）によって像面に転送する．そして(4-18)式の2行目のように，像面の波動関数の絶対値の2乗が像強度になる．これを「結像の問題」といい，この過程は2回の2次元フーリエ変換で表すことができ，光学顕微鏡の結像理論とほとんど同じである（図2-1(b)参照）．

$$\phi_s(x, y) \to \Psi(u, v) \to \phi_i(x, y)$$
$$I_i(x, y) = |\phi_i|^2 = \phi_i \phi_i^* \quad (4\text{-}18)$$

ただし，電子顕微鏡のレンズには収差があり，§4.1後半で述べたように，高分解能TEM像ではわざと焦点をはずして（ディフォーカスして），像コントラストをつけるという方法を使う．したがって，単なるフーリエ変換ではなく，レンズの働きを記述するレンズ伝達関数 $\exp(-i\chi)$ をかけたあと，2回目のフーリエ変換をする（後述§6.1.3も参照）．

最後に電子顕微鏡に特有なことを追記しよう．光学顕微鏡の結像では光が真に吸収される．したがって(4-17)式の関数 A には場所 x, y に応じた強弱ができる．像強度は $I(x, y) = |A(x, y)|^2$ となる．試料のないところはこの振幅変調はないので $A = 1$ である．したがって像のコントラストは $C = (1 - A^2)/1$ となる．これを振幅コントラストによる結像という．

一方，電子線の場合は試料中の原子が作る静電ポテンシャルによって屈折するのみである．すなわち，波の位相（波面と思ってよい）がポテンシャルによって変化する（図4-1(a)参照）．光の場合のように振幅変調はほとんどないので，(4-17)式は位相項の変調のみで

$$\phi_s(x, y) = \exp[i\eta(x, y)] \quad (4\text{-}19)$$

となる．このような試料を位相物体（phase object）と呼ぶことはすでに述べた．光学顕微鏡では，透明なガラス球が試料のときに相当する．たとえ小さい振幅変調 $A(x, y)$ があったときでも，これを無視することを「位相物体の近似」と呼ぶ（(4-1)

§4.5 高分解能電子顕微鏡の結像の要点

式参照).このような試料では,$I = [\exp(i\eta)] \times [\exp(-i\eta)]$ となって像強度に変化がおこらない.すなわちコントラストがつかないことになる.試料下面の波動関数の位相 η を直接読み取る電子線ホログラフィーについては§7.2で説明するが,この η の変化を像面での強度変化にいかに変換するかが高分解能電子顕微鏡の結像理論の中心課題であった.弱い位相物体の近似を使って,かつ球面収差と焦点はずれにより修正した $\phi = 1-\eta$ を使って(4-4)〜(4-6)式のように $I = 1-2\eta$ を得るのもその1つの試みであった(Scherzer).

この事情は対物レンズの球面収差係数が $C_s = 0$ にできるようになった現在でも変わらない.HRTEM像では,少しディフォーカスして初めて原子の存在を示す点状またはリング状のコントラストが得られるのである[注5].像コントラストをつけることと,詳細情報を得るために像をボカしたくないことは,§3.5でも述べたように「二律背反」なのである.

この問題を解決する1つの方法は,1枚の像強度から原子のポテンシャルの詳細情報を得るという考え方を捨てて,ディフォーカスを変えた複数枚の像から試料下の波動関数 ϕ_s を画像処理計算を通して得る方法である(exit wave reconstruction from through-focus images).また試料を傾けた複数枚の像から詳細情報を得るプログラムも開発されている(tilt-series 法)[注6].

一方,光学顕微鏡の場合は入射光が試料中で吸収される(生物試料では光を吸収するように染色する)ので,試料下の波動場は負号が付いた実数の指数関数

$$\phi_s(r) = \exp[-KD(x)\Delta z] \tag{4-20}$$

[注5] ディフォーカス (Δf) すると,試料の下側(または上側)を見ることになるので,後述の図6-2にあるようなフレネル縞が原子の周辺に出る.このコントラストを使って単原子の「存在」を見るのである.ディフォーカスするので当然像はボケる.そのボケの量はフレネル縞の間隔 $\sqrt{\lambda \cdot \Delta f}$ のオーダーである.

[注6] 前者についての論文は,A. Thust *et al.*, Ultramicrosc., **64**(1996)211,後者についての論文は,A. I. Kirkland *et al.*, J. Electron Microsc., **1**(1997)11 がある.さらに,近年,電子波が試料を通りレンズ空間を経て像面に達するまでの波動関数の変化を,時間に依存するシュレディンガー方程式(→補遺K)を数値的に解いて求める方法が開発された.この方法を使うと,数枚の電子顕微鏡像を入力することによって,任意の z 位置の複素波動場が求められる.これは一種の逆問題が解けたことになっている.これは Transport of intensity equation(TIE)法と呼ばれている.原著論文は,D. Paganin and K. A. Nugent, Phys. Rev. Lett., **80**(1998)2586.最近の研究は,A. V. Martin *et al.*, Ultramicrosc., **106**(2006)914.

となり，したがって

$$I = \exp\left[-2KD(x)\Delta z\right] \qquad (4\text{-}21)$$

となる．ここで K は吸収係数である．D は(4-13)式の投影密度 ρ と同様のものである．ディフォーカスして像をボカさなくても像にコントラストがつくことがポイントである．この点が HRTEM 像と根本的に違うところである．ピントが合った像で種々の議論ができるのは，光学顕微鏡の最大の利点の１つである．

第 4 章 参考文献

（1） F. Zernike, Z. Tech. Phys., **16** (1935) 454
（2） 例えば，砂川重信,「量子力学」(岩波書店, 1991) 3 章
（3） R. Uyeda, J. Phys. Soc. Jpn., **10** (1955) 256
（4） 小川四郎編,「薄膜・微粒子の構造と物性」(丸善, 1974) 6 章
（5） F. Thon, Z. Naturforsch, **21a** (1966) 476

演習問題 4

4-1 (4-4)式→(4-5)式で入射平面波に相当する $1(x)$ (一定値)をフーリエ変換すると，デルタ関数 $\delta(u)$ (= 透過波の回折斑点)になることを確認しよう (→ 補遺 A)．

4-2 非晶質膜の中に無秩序に配列した原子によって高角に散乱された入射電子が対物絞りで止められる量が像の上での電子線強度の吸収量になると考えて，(4-12)式を自分で導いてみよう．

第5章
結晶格子像と結晶構造像

§5.1 2波の干渉の復習

本章ではもう1つの代表的な高分解能電子顕微鏡像である格子像について，2つまたは3つの波の干渉という立場から説明する．

まず，3次元の波の干渉について復習しよう．光学の教科書などでは波の干渉は

$$\begin{aligned} y &= y_1 + y_2 \\ &= A\cos 2\pi k_1 x + A\cos 2\pi k_2 x \\ &= 2A\cos 2\pi (k_1+k_2)x \times \cos 2\pi (k_1-k_2)x \end{aligned} \tag{5-1}$$

と記述され，最後の式の $\cos 2\pi (k_1-k_2)x$ の項により「うなり」の現象が説明されている[1]．格子像の結像を考えるときは，3次元空間を伝わる波の干渉を考える必要がある（図 5-1）．

§3.1で説明したように，3次元の波動の表式については，波の進む方向に $1/\lambda$ の大きさを持つ波数ベクトル $\boldsymbol{k}$ と，3次元の場所を表すベクトル $\boldsymbol{r}$ の内積を使うところがポイントであった（(2-15)式参照）．そしてある時刻の等位相面に対応する「内積＝一定」の式は3次元空間中の平面の方程式になった．共通の時間変化項を省略した(2-15)式を使うと，(5-1)式に対応する干渉の結果は指数関数の表示で書いて

$$\phi = A_1 \exp (2\pi i \boldsymbol{k}_1 \cdot \boldsymbol{r}) + A_2 \exp (2\pi i \boldsymbol{k}_2 \cdot \boldsymbol{r}) \tag{5-2}$$

となる．像の強度は

$$\begin{aligned} I &= \phi \phi^* \\ &= |A_1|^2 + |A_2|^2 + 2|A_1||A_2|\cos 2\pi (\boldsymbol{k}_1-\boldsymbol{k}_2) \cdot \boldsymbol{r} \end{aligned} \tag{5-3}$$

第3項が干渉縞を形成し，$(\boldsymbol{k}_1-\boldsymbol{k}_2) \cdot \boldsymbol{r} = n$（$n$ は整数）の式が，3次元空間中にできる干渉縞の最大強度を与える平面の方程式になり，図 5-1 の右図の点線で示すような，光軸にほぼ平行でかつ y 方向に法線を持つ平面群となる．これを，z 軸に垂直な像面

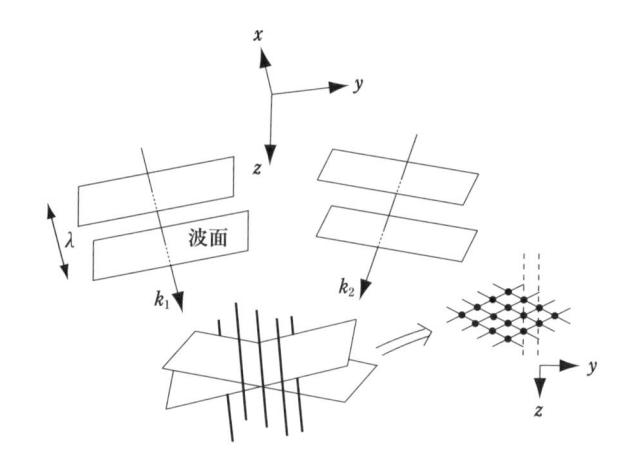

図 5-1　3 次元空間中の 2 つの平面波の干渉の様子
太い黒い直線は波が強め合った節を表す

(＝フィルム面)で観察すると直線群(干渉縞)になる[注1].

§5.2　2 波干渉格子像

電子顕微鏡で格子像を得るためには，透過波と回折波(ブラッグ反射波)を干渉させる．§2.3.4 で説明したようにレンズの後焦平面には試料のフラウンフォーファー回折図形に相当する電子回折図形ができ，試料が単結晶の場合には，各回折波は鋭い斑点となっている(**図 5-2**)．

ここへ丸孔型の対物絞りを入れて，透過波と干渉させる回折波を選択する．**図 5-3** に，§3.5 で説明した明視野像(a)，晶帯軸入射格子像(b)，暗視野像の格子像(c)，およびこの後に説明する構造像(d)のための絞りの入れ方を示す．

注1) 補遺 E で説明するラウエ条件より，g を試料結晶の任意の逆格子ベクトルとすると，ブラッグ条件が合っているときの波数ベクトルの差(＝散乱ベクトル)は $k_1 - k_2 = g$ である．間隔 d の格子面でのブラッグ反射でこの $k_1(=k_g)$ と $k_2(=k_0)$ の波ができるとする．$d = |1/g|$ の間隔を持つ平面のベクトル方程式を思い出すと，本文中のベクトル内積の方程式は $(k_1 - k_2)$ 方向を法線に持つ平面群で，間隔は d となる．さらに r はもとの k_1 や k_2 の波面にのっていなくてはならないので，その両方を満たすものは図 5-1 の左下図の太い直線群となる．有限時間の観察条件では，k_1, k_2 の波は下へ向かって進行しているので，強度最大のところは図 5-1 の右下図の点線で示したように平面群になる．

§5.2 2波干渉格子像 63

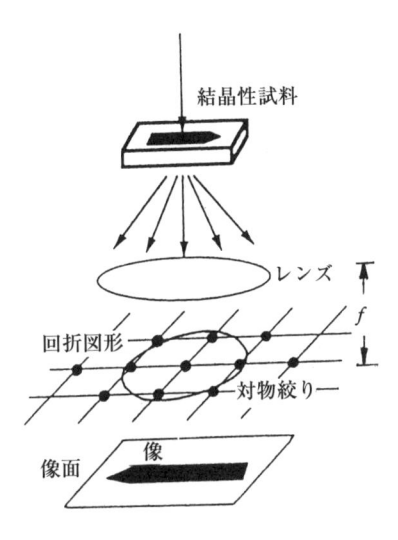

図 5-2 対物レンズの後焦平面には回折図形が現れている

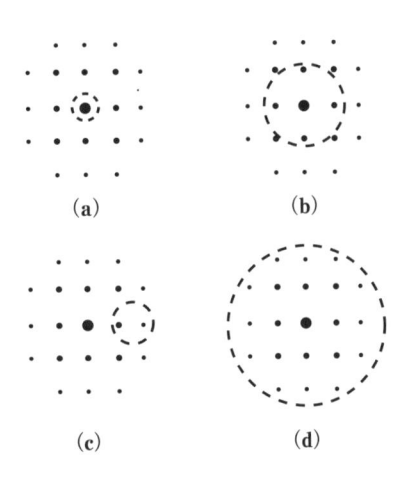

図 5-3 回折図形と対物絞りの入れ方
(a)明視野像, (b)格子像, (c)暗視野の格子像, (d)構造像

薄い結晶に電子線(波長：λ)を入射すると結晶中の原子面の配列(間隔：d)によってブラッグ反射がおき，**図 5-4**(a)の上部に示すように，結晶下面より(5-4)式のブラッグ反射の式で決まる方向(回折角 $\alpha = 2\theta_{hkl}$)に回折波が出る．

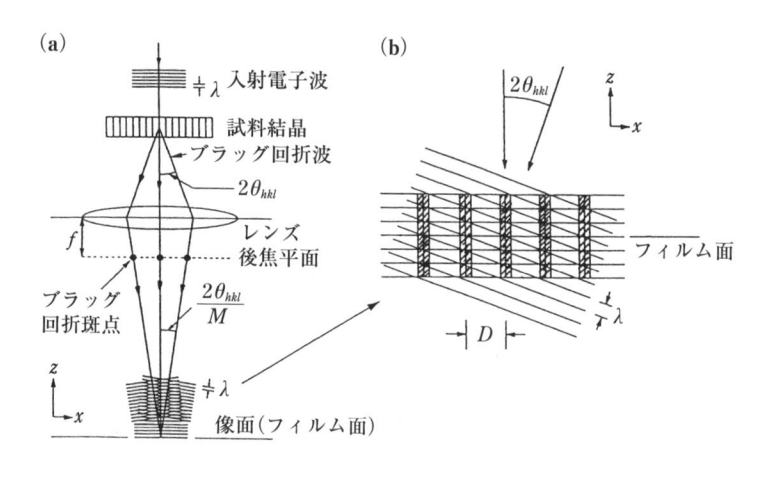

図 5-4 ブラッグ反射と格子像の関係

$$2d\sin\theta_{hkl} = \lambda \quad (\theta_{hkl} \text{ は}(hkl)\text{原子面からの回折のブラッグ角}) \quad (5\text{-}4)$$

この式はX線回折と同じであり、詳細は補遺Eを参照してほしい。ここで整数 h, k, l は原子面を指定するミラー指数である。立方晶の結晶のときは、次の簡単な式で格子定数 a から原子面間隔 d を求めることができる。

$$d_{hkl} = \frac{a}{\sqrt{h^2+k^2+l^2}} \quad (5\text{-}5)$$

このブラッグ回折波を対物レンズに取り入れて結像すると、図5-4(a)の下部に示すように、凸レンズの作用によって、像面で再び1点に集まってくる。このとき像面近傍を見ると、図5-4(b)のようにまっすぐきた透過波と右の方から少し斜めの角度できた回折波が重なるので、図5-1で説明した3次元空間中に干渉縞が生成される。この干渉縞の山の間隔を計算してみよう。顕微鏡の倍率が1倍のとき、試料を出る回折波の角度 $\alpha(=2\theta_{hkl})$ と像面に入射してくる角度は同じである。したがって図5-4(b)と $\sin\theta_{hkl} \cong \theta_{hkl}$ の関係を使った(5-4)式の近似式より

$$\text{波の山の間隔 } D \cong \frac{\lambda}{\alpha} \cong d \quad (5\text{-}6)$$

となる。山の間隔 D は図5-4(a)の上部の試料結晶中に存在する原子面間隔 d と同じになる。すなわち試料中の原子面間隔と同じ間隔の縞が像面上に再生されることにな

る．倍率 M を 1000 万倍にすれば，例えば金の 0.20 nm の(200)原子面間隔が 2 mm の間隔の縞となりフィルム面上に記録されることになる．この干渉縞を格子像という．

(5-3)式と同様に，この 2 波干渉の関係を式で書くと

$$I(\boldsymbol{r}) = |\varphi_0|^2 + |\varphi_g|^2 + 2|\varphi_0||\varphi_g|\cos 2\pi(\boldsymbol{g}\cdot\boldsymbol{r}+\varepsilon) \tag{5-7}$$

となる．ここで，φ_0, φ_g は透過波と $\boldsymbol{g}$ 方向へのブラッグ回折波の振幅である．$\boldsymbol{g}$ は (5-3)式の $(\boldsymbol{k}_1-\boldsymbol{k}_2)$ に相当する回折ベクトルで，$\boldsymbol{g}$ の方向は電子線の進行方向にほぼ直角である．この回折ベクトルが結晶のある逆格子ベクトル $\boldsymbol{h}$ と一致することが強いブラッグ反射がおきる条件である．これをラウエ条件と呼ぶ（→ 補遺 E）．$\boldsymbol{r}$ は像面の座標で，$\boldsymbol{r}=(x,y,z)$ である．いうまでもなく(5-7)式の第 3 項目が干渉縞になる．$2\pi(\boldsymbol{g}\cdot\boldsymbol{r}+\varepsilon) = 2n\pi$（$n$：整数）のベクトル方程式から 2π 周期で繰り返す"山"の面の位置が求まる（図 5-4(b)の斜線部）．この多数の平面群をある z の値を持ったフィルム面（x-y 平面）で切ると，切断面には等間隔の縞が現れる．$2\pi\varepsilon$ は回折波が透過波に対して持つ位相差である．もし，観察試料が厚さ数 nm 以下の結晶の場合は，§4.1 で説明した弱い位相物体近似が成り立つので，この位相差はほぼ $\pi/2$ である．結晶が厚くなると，動力学的回折効果（→ 補遺 I）により $2\pi\varepsilon$ は $\pi/2$ からずれてくることがわかっている．また§4.1 で説明したように，レンズに球面収差や焦点はずれ量があると(4-6)式の $\exp(-i\chi)$ によって余分な位相変化が回折波に導入されるので，$2\pi\varepsilon$ がさらに $\pi/2$ からずれてくる．したがって図 5-4(b)の山の位置が 3 次元空間中で変化し，結果として格子像の縞の位置がずれることになる．

§5.3 3波干渉格子像とフーリエ像

次に図 5-4(a)に示すように試料から左側へ出た回折波も含めた 3 波の干渉を考えてみよう．ここでは回折をおこす原子面に平行に入射波を入れている．(5-7)式と同様に像の強度式を書くと

$$\begin{aligned} I(\boldsymbol{r}) &= \||\varphi_0|\exp[2\pi i\boldsymbol{k}_0\cdot\boldsymbol{r}] + i|\varphi_g|\exp[2\pi i(\boldsymbol{k}_0-\Delta\boldsymbol{k}+\boldsymbol{g})\cdot\boldsymbol{r}] \\ &\quad + i|\varphi_{-g}|\exp[2\pi i(\boldsymbol{k}_0-\Delta\boldsymbol{k}-\boldsymbol{g})\cdot\boldsymbol{r}]\|^2 \\ &= |\varphi_0|^2 + |\varphi_g|^2 + |\varphi_{-g}|^2 + 4|\varphi_0||\varphi_g|\cos 2\pi\boldsymbol{g}\cdot\boldsymbol{r}\sin 2\pi\Delta\boldsymbol{k}\cdot\boldsymbol{r} \\ &\quad + 2|\varphi_g||\varphi_{-g}|\cos 4\pi\boldsymbol{g}\cdot\boldsymbol{r} \end{aligned} \tag{5-8}$$

となる．$\boldsymbol{k}_0$ は入射波の波数ベクトル，$\Delta\boldsymbol{k}$ は**図 5-5** で示すようにこの回折に関係する

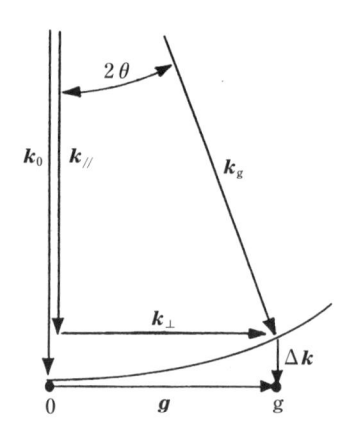

図 5-5 (5-8)式のフーリエ像の波数ベクトルの関係

逆格子点とエワルド球の距離（＝励起誤差）である．原子面に平行に入射波を入れると"ジャストブラッグ条件"にならないのである．ϕ_0, ϕ_g, ϕ_{-g} は，入射波および $\pm g$ 回折波の振幅であり，左右対称なので $|\phi_g| = |\phi_{-g}|$ である．虚数 i は回折波（＝2次波）の位相が $\pi/2$ 変化したことを表す．ここで 2 行目の式の第 4 項目が通常の格子像になる干渉縞である．**図 5-6** のように z 方向に平行に Δk をとると，$\sin 2\pi \Delta k \cdot r$ は $\sin 2\pi |\Delta k| z$ となる．また幾何学から $|\Delta k| = \lambda/2d^2$ である．ちょうど $\pi/4$ の位相変化に対応する $d^2/2\lambda$ ずつの z 方向変化によって 3 波干渉の格子像の強度が変化するのはこの項によっている．また第 5 項目は g 波と $-g$ 波の干渉による項で，これは原子間隔の半分の間隔の干渉縞を生じさせる（半周期格子像）．この項は Δk は含まないので，この干渉縞は z 位置（＝ディフォーカス量）に依存せず，いつも同じコントラストで観察される．これは非線形格子縞とも呼ばれる（→補遺 C 後半）．

図 5-6 はこの強度変化を z 方向（＝対物レンズのディフォーカス状態）に沿って図示したものである．正焦点（$z = \Delta f = 0$）では干渉縞は見られず，試料の下の $d^2/2\lambda$ の位置を見る（レンズから見るとオーバーフォーカスの状態）と試料の原子面に対応するところが白いコントラスト（白丸印）となり，d^2/λ で再び干渉縞は見えなくなり，$3d^2/2\lambda$ で原子面に対応するところが黒いコントラスト（黒丸印）になる[2]．もし半周期格子像を観察するためには，通常の格子像が消える正焦点付近（レンズ収差がないとき）で撮影すればよい．このコントラストの変化は"フーリエ像"と呼ばれる．

近年は顕微鏡の性能が向上したためにほとんどの格子像は結晶面と入射波が平行な，すなわち晶帯軸入射条件で撮影されている．したがって，フォーカスを変えると

§5.3 3波干渉格子像とフーリエ像　67

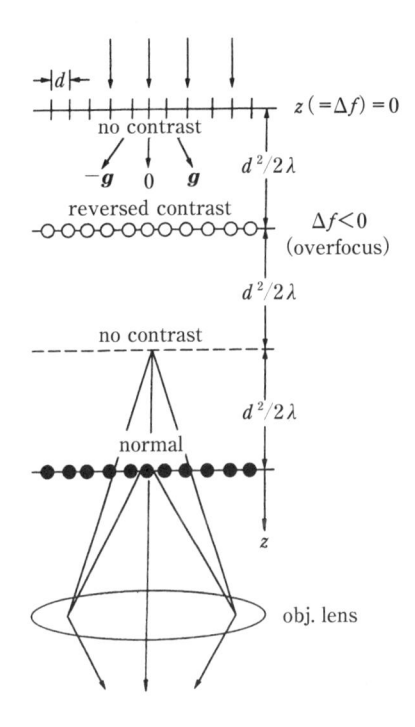

図5-6 3波干渉による格子像の強度のz方向($=$ディフォーカス量)の変化(フーリエ像)(N. Tanaka and J. J. Hu, J. Electron Microsc., **47** (1998) 217)
この断面中,黒丸点は最上部の位相格子の位置と同じ場所が黒いコントラスト(白丸点は逆)になることを示す

干渉縞が半周期だけ横へ動くように見える(黒→白のコントラスト変化).したがって黒い格子縞がいつも原子面に対応するとは限らない.このことは表面や界面の格子像を解釈するとき注意を要することである.

ただし,格子像を用いると試料の局所局所である原子面がどの程度の大きさで広がり,かつどの方向に向いているかを判別することができるので,多結晶材料の組織の評価に非常に便利である.また薄膜の電子回折ではX線回折と異なり結晶がブラッグ条件から少しはずれていても十分強い回折波が出る[注2].これに対応して電子線がちょうど晶帯軸入射になっていない結晶粒でも十分なコントラストで格子像が観察で

注2) 電子線と結晶の強い相互作用によりエワルド球と逆格子点が少し離れていてもブラッグ反射がおきる.また極薄膜の場合は,(E-4)式で説明するように,膜面に垂直方向に逆格子点が伸びるためブラッグ反射がおきやすい.

きる．このことが TEM の格子像法が多結晶薄膜の粒界や組織を判別するのに大変有効な理由である[注3]．

以上をまとめると，晶帯軸入射の格子像は概略フーリエ像を見ていることになる[注4]．入射波と g 回折波が光軸に対して対称でないため，格子縞の位置が試料からの距離（ディフォーカス量）によって移動する．ただしこの軸上格子像の場合でも，試料が弱い位相物体として取り扱えるときは，この後§6.1.2 で説明するように，観察したい格子間隔 $d(=1/u)$ について位相コントラスト伝達関数を $\sin\chi(u)=-1$ となるようにすれば，格子の投影ポテンシャルの最大の位置と縞との対応をつけることができる．これを構造像という．

また試料が厚くなると動力学的回折効果によって回折波の位相が上記の $\pi/2$ から変化し，それは格子縞の移動をもたらすため（(5-7)式の位相項 $2\pi\varepsilon$ が変化する），この対応関係はくずれる．動力学的回折効果を考慮して最適な Δf 量を少し修正する方法も知られているが[3]，これを行うには厚さを既知として，位相項 $2\pi\varepsilon$ の事前の評価を動力学的回折理論から計算しておかなくてはならない．

また g 波と $2g$ 波などの回折波のみを対物絞りの中に入れて結像する格子像法も可能であり，暗視野格子像法と呼ばれる（図 5-3(c)）．この場合縞のコントラストと試料の原子面との対応を実現する結像条件は，「$\sin\chi(u)=-1$」のような簡単な関係では得られず，通常は d という間隔が存在していることが主張できるのみである．

§5.4　構造像とは何か

格子像は透過波と少数の回折波の干渉で形成され，例えば面心立方構造を持つ結晶の(200)原子面が試料中のどこに存在するかを可視化できる方法である．結晶性試料は単位胞の繰り返しでできているが，この内部の原子配列を直接見る方法はないだろうか．これを実現するのが格子像の撮影条件をもう少し精密に制御して得られる構造像(structure image)である．フタロシアニン薄膜の構造像は Uyeda（植田）らによって最初に撮影され，次いで Iijima（飯島）と Cowley らが酸化ニオブ結晶でも構造像を得

注3）　第Ⅱ部で説明する暗視野 STEM 像では原子コラムに沿ってのチャネリング現象を用いているので厳密に晶帯軸入射にすることが必要である．このことは格子像レベルのデータの取りやすさでは TEM が優位であることを意味する．

注4）　さらに 400 波などの高次の回折波もレンズに取り入れる場合は $\overline{4}00, 000, 400$ の 3 波格子像を考え，$\overline{2}00, 000, 200$ の 3 波格子像に加算するという近似的取り扱いをする（N. Tanaka and J. J. Hu, J. Electron Microsc., **47**(1998)217）．

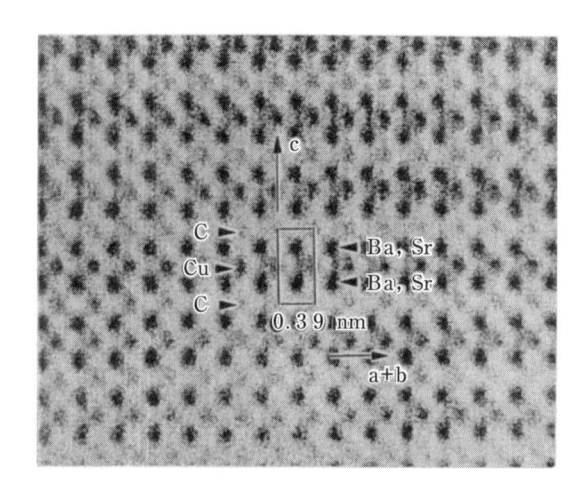

図 5-7 Ba-Sr-Cu-O-(CO$_3$)高温超伝導体の構造像
(F. Izumi et al., Physica C, **196**(1992)227)

た[4]．その結像理論については，1970 年代に§6.2 で説明する像シミュレーション法を援用して解明がなされた[2]．

構造像を撮影する条件は，次の 6 章で説明するように，①試料の厚さがほぼ 5 nm 以下(弱い位相物体の近似が成立)，②電子線は対称性の高い晶帯軸に沿って入射させる(原子コラム情報が投影で得られる)，③対物絞りの中に多数の回折波を対称的に取り入れる(格子像より高次の回折波を結像に参画させる)，④000 波を対物レンズ光軸に完全に平行に入れる(対物レンズの収差の極小化のためで，②とは異なる条件)，⑤レンズの非点収差を完全に補正する，⑥焦点はずれ量を適当に設定し，広い空間周波数(多数の回折波)について(4-6)式の $\exp(-i\chi)$ が i または $-i$ であり，電子波がレンズを通るときに大きな位相ずれを起こさずに結像される，などである．

図 5-7 は Matsui(松井)らによって得られた高温超伝導材料の構造像であり，この像から Ba，Sr や Cu の原子の位置が決定できるので原子直視像といえる．現在の 200 kV の加速電圧の電子顕微鏡では対物レンズの球面収差によって，最適焦点条件[注5]でも 0.2 nm 程度の面間隔に相当する回折波までしか正しく伝達されない[注6]．したがって図 5-3(d)のように高次の回折波までを多数レンズに取り込むことができ，単位胞内の原子配列が正しく写し出される構造像は，複合酸化物や超伝導材料のような単位胞の大きい(格子定数 $a = 2～3$ nm)試料に限られる．このような試料では 400 や 600 回折波など高次の回折波も対物レンズを通して正しく伝達されるからである．

§5.5 結晶構造像の理論式

上記の①〜⑥の撮影条件が満たされると，試料の静電ポテンシャルを $V(x, y, z)$ を電子線の入射方向にほぼ投影した情報が構造像から得られる．後述6章の高分解能電子顕微鏡の結像理論によると，このときの像強度は

$$I(x, y) = |\phi_i(x, y)|^2 \propto 1 + 2\sigma V_\mathrm{p}(x, y) \otimes \hat{F}[\sin\chi(u, v)] \qquad (5\text{-}9)$$

で与えられる．ここで，$\sigma = \pi/\lambda E$，V_p は(4-2)式の投影ポテンシャル，$\hat{F}$ は2次元のフーリエ変換操作，$\otimes$ はコンボリューション演算操作(→ 補遺A)を表す．$\sin\chi$ はすでに説明したレンズ伝達関数 $\exp(-i\chi)$ の虚数部である．

この伝達関数 $\sin\chi$ が高周波数側まで100％の伝達率を持つような特性なら，そのフーリエ変換は δ 関数に近くなる．δ 関数に近い関数を V_p にコンボリューション演算してもほどんどボケないため，投影ポテンシャルの情報が像強度から直接得られることになる．これが構造像の基本原理である．

(5-9)式は，4章で説明した，試料結晶を位相物体として考えるやり方を延長して導かれる結論である．一方，本章では格子像を逆空間表示である回折波の干渉(実空間での)という立場で説明した．この観点からは，構造像は最適化された多波格子像―原子コラムの投影像を示す―ということになる．

注5) 薄い試料(弱い位相物体)の原子構造を観察するための最適焦点位置をシェルツァーディフォーカスと呼び，$\Delta f = -1.2\sqrt{C_\mathrm{s}\cdot\lambda}$ (アンダーフォーカス側)で与えられる((3-7)式参照)．ここで C_s は対物レンズの球面収差係数で，最近の装置では約1 mm，λ は電子の波長で，200 kVの場合0.0025 nmである．この値を入れると，レンズの励磁を弱めて(アンダーフォーカス)，焦点距離を正焦点位置から約60 nm長くしたときがその最適結像条件になる．

注6) 近年，球面収差補正装置を対物レンズの下に付加したTEMが実用化した．この装置では点分解能が向上し，空間周波数伝達特性は200 kVの加速電圧の装置でも約0.1 nm以下に達する(§7.4参照)．

第5章 参考文献

(1) 例えば, 櫛田孝司,「光物理学」(共立出版, 1983)
(2) J. M. Cowley, "Diffraction Physics"(North-Holland Publishing, 1981) 1 章
(3) 堀内繁雄,「高分解能電子顕微鏡の基礎」(共立出版, 1981)§6.3
(4) N. Uyeda *et al.*, Proc. 7th Int. Cong. Electron Microscopy (1970) Vol. 1, p. 23
および S. Iijima, J. Appl. Phys., **42** (1971) 5891

演習問題 5

5-1 (5-1)式の強度変化を紙にグラフとして描いてみよう．振幅の変調がかかった波というものを理解するのに役立つだろう．

5-2 3波干渉の式である(5-8)式を導いてみよう．

5-3 4章を復習して(5-9)式を自分で導いてみよう．解答は6章で与えられる．

第6章
高分解能電子顕微鏡像の結像理論と像シミュレーション

§6.1 透過電子顕微鏡の線形結像理論

前章では，結晶性試料からのブラッグ回折波と透過波との干渉縞という観点から格子像と構造像を説明した．本節では，§3.1 および§4.1 で説明した Scherzer の論文 (1949)に源を発し，1970 年代前半に Hanszen らによって完成された線形伝達関数理論[1] に基づく高分解能透過電子顕微鏡の結像理論を説明しよう．この考え方は結晶性試料に限らず原子クラスターや非晶質試料にも適用できる[注1]．

§6.1.1 試料による位相変調の記述

10 万ボルト以上で加速された電子は，0.003〜0.002 nm のド・ブローイ波長を持つ．この波が z の距離だけ伝播する間に横方向に広がる程度は，光波の伝播と同様に，フレネル回折の第 1 半周期帯の大きさより $\sqrt{\lambda z}$ 程度である[注2]．高分解能電子顕微鏡観察の場合 $\lambda = 0.0025$ nm$(E = 200$ kV$)$，$z = 10〜20$ nm なのでこの量は極微小量である．したがって電子波に照らされた試料の下には，試料の原子配列を電子線の方向にほぼ投影した情報を持った波動場が得られる(投影近似)[注2]．

結晶などの静電ポテンシャル $V(x, y, z)$ を入射方向に投影したポテンシャル $V_p(x, y)$ を考えると，試料下の出射面の波動関数は，2 次元座標表示で，(6-1)式のように位相変調の形で書くことができる．波の位相だけが変化するのでこれを位相格子(物体)近似の式という．

$$\phi_s(x, y) = \exp[i\sigma V_p(x, y)] = \exp[i\eta(x, y)] \qquad (6\text{-}1)$$

[注1] フーリエ変換の式を駆使した別の TEM の結像理論が Cowley によって提案されている(→ 補遺 N)．本章と補遺 A の読後であれば容易に理解できる．

[注2] 投影情報なので，透過電子顕微鏡像では 1 つの原子コラム中の不純物原子の深さなどの情報は得られにくいということである．$\sqrt{\lambda z}$ の広がりの導出については補遺 J-1 を参照．

§6.1 透過電子顕微鏡の線形結像理論 73

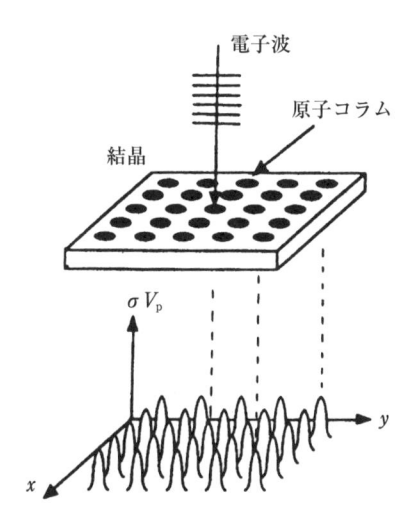

図6-1 薄い結晶を通過した電子波の位相変化(縦軸)
V_p は結晶のポテンシャルを電子波の進行方向に投影したもの．$\sigma = \pi/\lambda E$ で相互作用定数

ここで，$\sigma = \pi/\lambda E$ は非相対論の場合の相互作用定数，$\eta(x, y)$ は試料のあるところで電子波の位相が進んだことを表す．(6-1)式は，すでに§4.1で説明したので，関連の式を再記すると

$$n(x, y, z) = \sqrt{\frac{E + V(x, y, z)}{E}} \cong 1 + \frac{V(x, y, z)}{2E} \qquad (6\text{-}2)$$

$$\eta = \frac{2\pi}{\lambda} \times (n-1) \times dz \qquad (dz ; 伝播距離) \qquad (6\text{-}3)$$

$$V_p(x, y) = \int V(x, y, z) dz \qquad (6\text{-}4)$$

である．

(6-1)式で表された試料直下の波動場は，x, y の2次元座標表示でかつ縦軸を位相変化量ととると単結晶試料の場合は**図6-1**のように図式的に表すことができる．位相のみが変調されたこの波動場は対物レンズによって，フィルムやTVカメラのある像面に転送される．この過程は凸レンズが無収差の場合は，数学的には2回のフーリエ変換で記述される(→ 補遺B)．2次元座標で表された試料下の(6-1)式の波動場をフーリエ変換したスペクトルが対物レンズの後焦平面上にでき，これは電子回折図形になることはすでに§2.3.4で説明した．

試料が軽い元素の単原子や非晶質薄膜（おおむね $t < 5\,\mathrm{nm}$）の場合は，(6-1)式の位相変化量 $\eta(x,y)$ は大きくないので，指数関数を展開して1次の項までで近似することができる．これは(4-4)式で述べたように「弱い位相物体の近似」という．

$$\phi_\mathrm{s}(x,y) = 1(x,y) + i\eta(x,y) = 1(x,y) + i\sigma V_\mathrm{p}(x,y) \tag{6-5}$$

ここで，$1(x,y)$ は透過波による"像"で，像面のどの場所でも振幅1のバックグラウンドがあることを意味する．$i\sigma V_\mathrm{p}$ は試料で散乱され，位相が $\pi/2$ だけ変化した波から作られた試料直下の波動関数を表す[注3]．像の強度は(4-4)式と同様

$$I = (1 + i\sigma V_\mathrm{p})(1 - i\sigma V_\mathrm{p}^*) = 1 + i\sigma(V_\mathrm{p} - V_\mathrm{p}^*) + \sigma^2 V_\mathrm{p}^2 \tag{6-6}$$

となる．試料中での電子線の吸収がなければ V_p は実数なので，$V_\mathrm{p} = V_\mathrm{p}^*$[注4] となり，強度の弱い2次の非線形項 $\sigma^2 V_\mathrm{p}^2$ を無視すれば，像の強度は1となり試料のないところとの差，すなわちコントラストがつかない．

§6.1.2 対物レンズの不完全性効果の取り入れ方

レンズに収差が存在したり，焦点をはずすと，フィルム面上に(6-1)式のような $\exp i\eta(x,y)$ が正確に再現されず，試料に相当する位置のまわりに"余分な振幅変調"ができる．これがすでに述べた位相コントラストである．単原子の像や不透明体の端から真空側に現れるフレネル縞もこの例である．図6-2は立方体の酸化マグネシウム（MgO）結晶の端に現れたフレネル縞である（矢印）．

このことを数式で記述してみよう．電子波にとって対物レンズの効果は，2次元の逆空間座標を u,v で表した場合，回折角 2θ に対応する空間周波数 u,v（$\sqrt{u^2+v^2} = 2\theta/\lambda = 1/d$）に対して波の位相に変化を与えることである（→ 補遺C）．この位相ずれによって平面波が球面波に変わり収束作用が生じる．レンズに収差やディフォーカスがあるとさらに位相ずれが付加される．この関数は，Scherzer(1949) により次の(6-7)式になることが示された．本書ではこの関数をレンズ伝達関数（Lens Transfer Function；LTF）と呼ぶ[注5]．この式は(4-6)式ですでに出ているが，2次元の表記で書いてみると

[注3] この近似は電子回折の運動学的回折理論（kinematical theory）に相当する（→ 補遺E）．
[注4] ＊は複素共役量を表す．これとは別にポテンシャルを複素数にして電子線の吸収効果を記述する理論は，名古屋大学の吉岡により提案された（J. Phys. Soc. Jp., **12**(1957), 618）．
[注5] 対物絞りの効果を表す $A(u,v)$ も含めて瞳関数という場合もある．

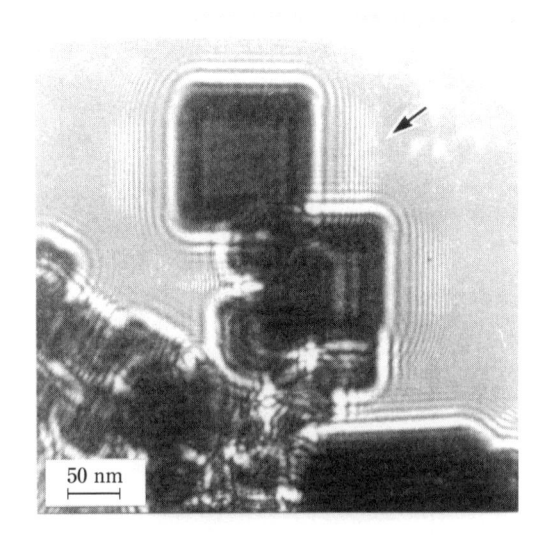

図 6-2 酸化マグネシウム(MgO)の像(黒い四角部分)の端に見られるフレネル縞(矢印)(田中, in「ミクロの世界・物質編」(学際企画, 1977) p.24)

$$LTF(u, v) = \exp[-i\chi(u, v)]$$
$$\chi(u, v) = 0.5\pi C_s \lambda^3 (u^2+v^2)^2 + \pi \Delta f \lambda (u^2+v^2) \tag{6-7}$$
$$(\Delta f < 0 ; アンダーフォーカス(レンズを弱める))$$

すなわち逆空間表示で u, v 方向の回折波にこの伝達関数 LTF が掛けられることになる．ここで χ を波面収差関数という．この関数の中にはレンズの球面収差係数(C_s)や焦点はずれ量(Δf)やその他の収差の影響が入っており，これがフレネル縞や格子縞のコントラストが対物レンズの収差や焦点はずれ量に敏感である理由である．

§6.1.3 レンズの不完全性を使って像コントラストをつける

電子顕微鏡では§4.1で述べたように，(6-7)式のレンズ伝達関数によって散乱波の位相をずらし，位相差光学顕微鏡と同じことを行うことができる．

レンズ伝達関数の効果は，実空間の波動関数をフーリエ変換して逆空間表示にしたものに $\exp(-i\chi)$ をかけることであった．「2つの関数の積のフーリエ変換はそれぞれの関数のフーリエ変換をコンボリューション演算したものであると」いう定理(→補遺A, (A-18)式)を使うと，レンズ収差の効果を取り入れた像面での波動関数 ϕ_i や

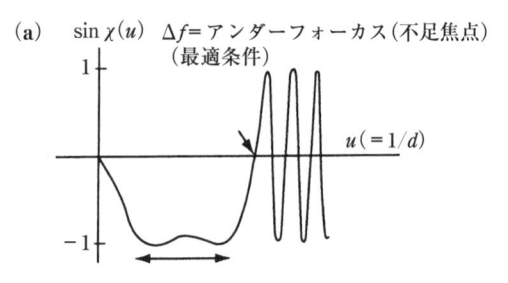

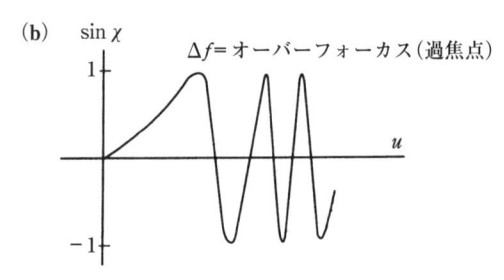

図 6-3 位相コントラスト伝達関数($\sin \chi$)のディフォーカス量(Δf)による変化
u は空間周波数($=1/d$)

像強度 I_i は

$$\phi_i = 1(x, y) + i\sigma V_p(x, y) \otimes \hat{F}[\exp -i\chi(u, v)] \tag{6-8}$$

$$\begin{aligned}I_i(x, y) &= (1 + i\sigma V_p \otimes \hat{F}[\exp -i\chi(u, v)])(1 - i\sigma V_p \otimes \hat{F}[\exp i\chi(u, v)]) \\ &\cong 1 + 2\sigma V_p(x, y) \otimes \hat{F}[\sin \chi(u, v)]\end{aligned} \tag{6-9}$$

ここで,$\exp(+i\chi) - \exp(-i\chi) = 2i \times \sin \chi$ の公式を使った.また,$\hat{F}$ と $\otimes$ はそれぞれ 2 次元のフーリエ変換およびコンボリューション演算操作を表す.(6-9)式は §5.4 の構造像のところで説明した(5-9)式と同じである.

(6-9)式は,像強度は投影ポテンシャル V_p にほぼ比例することを表しており,高分解能電子顕微鏡像の直観的解釈の基礎を与える.より正確には,像強度は,V_p が $\sin \chi(u, v)$ をフーリエ変換した関数(「点広がり関数」という)によるコンボリューション演算によって変調されているものである.$\sin \chi$ は,位相コントラストのつき方を決めるので,「位相コントラスト伝達関数」と呼ばれる.この関数は**図 6-3** に示すように,焦点はずれ量(ディフォーカス量)によって大きく変化し,ある空間周波数での値が $+1$ になったりする.これは,ディフォーカスによって位相コントラストが

黒から白へ反転することに対応する．$\sin\chi$ がすべての (u,v) に関して 1 に近い値をとるなら，そのフーリエ変換はデルタ関数 $\delta(x,y)$ となる（→ 補遺 A，(A-20)式）．$V_\mathrm{p}(x,y)$ にデルタ関数をコンボリューション演算をしてもかわらないので，このときは像強度 I_i と V_p が定数項を除いて一致することになる．

一方，収差のない理想的なレンズ（$C_\mathrm{s}=0$）を用いてかつ正焦点（$\Delta f=0$）で像を観察するときは，(6-7)式より $\sin\chi=0$ であるので(6-9)式の 2 行目の第 2 項はなく，強度は 1 で像のコントラストがつかない．結晶は電子にとって位相物体だからこのようなことがおこるのである．すでに何度も強調したが，レンズの不完全性を表す収差と焦点はずれは電子顕微鏡像にコントラストをつけるのに本質的に役立っているのである．

§6.1.4 逆空間表示からの考察

(6-9)式の意味をもう少し考察してみよう．像強度の式をフーリエ変換して逆空間の表示にすると（§2.3.4 参照），

$$I_\mathrm{i}(u,v) = \hat{F}[I_\mathrm{i}(x,y)] \propto \delta(u,v) + 2\sigma F(u,v)\sin\chi(u,v) \quad (6\text{-}10)$$

となる．$I(u,v)$ は像強度に含まれる間隔（= 空間周波数）の分布になる．$F(u,v)$ は §2.3.4 で説明したように試料結晶の投影構造の構造因子 $F(h,k)$ と同じものだから，**図 6-4** に示すようなブラッグ反射によるピークの配列が原子散乱因子 f を包絡関数として変調された形をしている[注6]．アンダーフォーカス条件のときの $\sin\chi$ は 1 次元の表式では図 6-3(a)のような関数である．u が小さいところではほとんど 0 で，u が 0.2 nm より小さい間隔に対応する大きい空間周波数では -1 と 1 の間をわずかな u の変化によって振動する．そして途中で $\sin\chi$ は何回も 0 になる．(6-10)式を見ると，このような関数が構造因子 $F(u,v)$ に乗算されるので，実際の結晶に種々の間隔があっても $\sin\chi$ が 0 に近い空間周波数 u,v については実質的な構造因子は 0 になり像に寄与せず，その間隔を持つ構造が結像されないことが起こることになる．これを弱い位相物体における選択結像（selective imaging）の現象という[2]．また $\sin\chi$ は Δf をオーバーフォーカス側に変化させると図 6-3(b)に示すように伝達特性が変化する．

図 6-3(a)に示すように $\Delta f = -\sqrt{C_\mathrm{s}\lambda}$ 程度のアンダーフォーカス状態のときには横

[注6] 図 6-4 は単純立方格子の結晶を仮定している．面心立方構造などについては単位胞内の原子配列による回折波の消滅則が生じるが，この図には表示していない（→ 補遺 E）．

78　第6章　高分解能電子顕微鏡像の結像理論と像シミュレーション

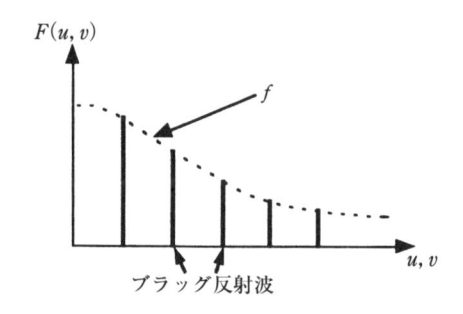

図6-4 逆空間であるレンズの後焦平面の回折図形の様子を1次元表示したもの
結晶を想定しているのでブラッグ反射波が現れている

矢印で示した比較的広い空間周波数の範囲で $\sin\chi$ は -1 に近い値をとる．この空間周波数(間隔)の範囲では試料の原子面間隔がそのまま結像されることになる．このため複雑な結晶構造を観察するときは少しアンダーフォーカス側に焦点をはずして観察する．このディフォーカスによって(6-5)式で記した散乱に伴う $\pi/2$ の位相ずれも打ち消され，かつ像に黒いコントラストがついて結像される．このフォーカス位置は，すでに何回も出てきた，"Scherzer defocus" である((3-7)式参照)．

一方，図6-3(a)で斜め矢印で示した点より大きい空間周波数では $\sin\chi$ は激しく振動を始める．1をとると投影ポテンシャルの分だけ像強度が背景の1より大きい，すなわち蛍光板上では像が明るくなる．これを逆転したコントラストと呼ぶ．この領域では正しいコントラストと逆転したコントラストがわずかな空間周波数の変化で交互に現れるので，対物レンズとしては意味をなさない．そのため，逆空間の面である，対物レンズの後焦点に入れられた絞りで外の回折波を止めてしまうのが普通である．またこの絞りによってコントラストがつく利点も生じる(§3.5，§4.3参照)．したがって高分解能像といえども，適当な対物絞りを入れて観察するように教えられるのである．

この位相コントラスト伝達関数 $\sin\chi$ は高分解能電子顕微鏡の結像特性を表すものと考えられ，横軸を空間周波数の u で描いたグラフは電子顕微鏡のカタログにも多く見られる．

§6.1.5　開き角のある入射波や加速電圧の揺らぎの分解能への影響

ここまでの説明では，入射電子線の波長が一定でかつ試料に平面波の電子線が入射した場合を想定していた．入射電子線に開き角(β)があるときや，加速電圧やレンズ

の励磁電流が不安定で実効的に電子波の波長に揺らぎがあるときは，(6-7)式の伝達関数にレンズの高角側で減衰する次式の $E(u,v)$ と $B(u,v)$ をかける必要がある(→補遺 F-3)．このことは次の§6.3で説明するように，入射波の干渉性が低下するという．

$$E(u,v) = \exp\left[-0.5\pi^2\lambda^2\Delta^2(u^2+v^2)^2\right] \tag{6-11}$$

$$\text{(ただし } \Delta = C_c\sqrt{\left(\frac{\Delta E}{E}\right)^2 + \left(2\frac{\Delta I}{I}\right)^2}\text{)}$$

$$B(u,v) = \exp[-\pi^2(u_0^2+v_0^2)] \times [(C_s\lambda^2(u^2+v^2)+\Delta f)\lambda(u^2+v^2)^{1/2}]^2 \tag{6-12}$$

ここで，(6-11)式の Δ は加速電圧の変動(ΔE)に伴う波長の揺らぎや対物レンズ電流の変動(ΔI)の効果を対物レンズの焦点はずれ量の揺らぎに換算したもので"defocus spread"という(→補遺 C と F)．また(6-12)式の u_0, v_0 は電子源を見込む角度(β)を逆空間の座標で表したものである[注7]．これらの関数を(6-9)式の $\sin\chi$ にかけたものが，原子レベルの試料を観察する場合の実効的な位相コントラスト伝達関数になる．

(6-5)，(6-9)，(6-11)，(6-12)式の定式化は，5 nm 以下の厚さの試料で弱い位相物体の近似(weak phase object approximation)が成立する場合に用いることができ，線形結像理論[1])と呼ばれる．この理論では透過波と回折波(散乱波)の干渉項で像コントラストが形成されると考えている．この干渉項を線形項ともいう．非線形項と呼ばれる，回折波同志の干渉項をも含めた理論は2次の伝達関数理論と呼ばれ，開き角や電圧揺らぎの効果は(6-11)，(6-12)式のような簡単な式の積の形では表すことはできない．この説明のためには，TEMの結像における入射電子波の干渉性の知識や照射系も考慮に入れた結像理論の理解が必要である(§6.3と補遺 F 参照)．

試料が厚い場合は，(6-1)式のような投影近似でなく試料の各々の深さにおける波の広がりや結晶格子による多重回折の効果を考慮する必要がある．試料直下の波動場は(6-1)式のような位相変調だけでなく，マルチスライス動力学的回折理論で振幅の変調も含めて計算しなくてはならない(§6.2参照)．

ただし電子顕微鏡の装置分解能は，$\sin\chi$，$E(u)$ と $B(u)$ をかけたもので表されると考えても大きな誤差は生じない．アンダーフォーカス条件で $\sin\chi$ が蛍光板上で黒い像を与える負の値から最初に0を切る u の値を「シェルツァー分解能」(「点分解能」に相当．**図 6-5** の矢印 A)，$E(u,v)$ か $B(u,v)$ が正値から0になる u の値を

注7) $(u_0^2+v_0^2) = \left(\dfrac{\lambda}{\beta}\right)^2$ であり，この角 β は試料を照射する角度と同じになる(注15も参照)．

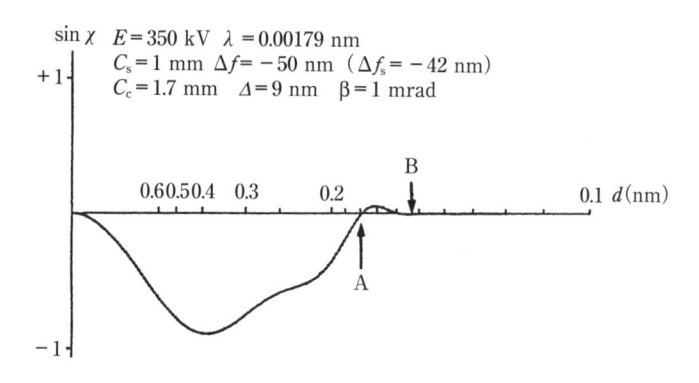

80   第6章　高分解能電子顕微鏡像の結像理論と像シミュレーション

図 6-5　実際の条件での位相コントラスト伝達関数
0.4 nm 程度の大きさの試料が最大の黒いコントラストで結像されることを示す
A がシェルツァー分解能, B が情報限界分解能を示す

「情報限界分解能」(矢印 B), 実際に格子像が見える限界を「格子像分解能」という. 3番目の格子像分解能は加速電圧などの安定度の他に試料ステージなどの機械的安定度でも決まり, 球面収差係数などには依存しない. 電子顕微鏡の分解能を議論するときには, この3つの定義を区別しておく必要がある. 2008年現在での格子像分解能の最小値は金の回折波同志の干渉による 31.8 pm である. しかしこれは後に述べる回折波同志の干渉による非線形格子像である[3]．

この「シェルツァー分解能」,「情報限界分解能」,「格子像分解能」を実験的に測定するには, 図3-5のような, 非晶質膜の像を含んだ高分解能 TEM 像のフーリエ変換図形を用いる. 図3-6(a)の多数のドーナツ円の最大強度を持つ空間周波数は $\sin \chi$ が 1 か -1 のところ, 黒いところは $\sin \chi$ が 0 のところである. 中心から第1の黒リングまでがシェルツァー分解能(図6-5のA), それより外でリングのコントラストが消えるまでが情報限界分解能(図6-5のB), さらにその外に格子縞の間隔の逆数に相当するスポットが見えていたら, それが消えるところが格子像分解能である. 格子像分解能領域の輝点に対応する格子縞の多くは§5.3ですでに述べた半周期格子縞に代表される非線形結像による格子縞であり, 試料の原子配列の投影に対応しない場合が多い(→ 補遺C, 図C-2).

§6.1.6　弱い振幅物体に関するコントラスト伝達関数

次に, (6-1)式に弱い振幅変調があったときのことを説明しておこう. (4-17)式で小さな $A(x, y)$ の存在する場合に相当する. 電子顕微鏡像の場合, $A(x, y)$ は, §4.2

§6.1 透過電子顕微鏡の線形結像理論　81

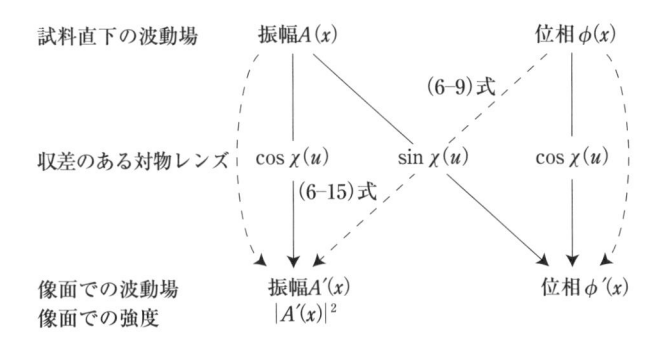

```
試料直下の波動場       振幅A(x)                       位相φ(x)
                          ＼＿＿＿＿＿＿＿＿／
                                (6-9)式
                          ／＼            ／＼
収差のある対物レンズ   cos χ(u)   sin χ(u)   cos χ(u)
                        │     (6-15)式
                        ▼
                          ＼＿＿＿＿＿＿＿＿／
像面での波動場       振幅A'(x)                       位相φ'(x)
像面での強度         |A'(x)|²
```

図 6-6 試料直下の振幅，位相変調が $\cos\chi$ と $\sin\chi$ によって像面の振幅と位相に伝達される様子（Lichte の図）

で説明したように，対物絞りで電子が止められておこる散乱吸収で主に生じると考えられるので

$$A(x, y) = \exp[-KD(x, y, z)\Delta z] = \exp[-KD_p(x, y)] \quad (6\text{-}13)$$

と書くことができる．ここで，$D(x, y, z)$ は仮想的に電子を吸収するものが試料中にあると考えた場合の分布関数である．D_p はその投影関数であり，K は吸収係数である．式の簡単化のために，$KD_p(x, y) = \mu(x, y)$ とおき，$\mu(x, y) \ll 1$ とすると，(6-5)式の代わりに

$$\phi_s(x, y) = (1-\mu(x, y))(1+i\sigma V_p(x, y)) \quad (6\text{-}14)$$

この式に(6-8)，(6-9)式と同様にレンズ伝達関数をかけてみよう．後の位相変調の部分を省略し，ここでも2次の項を無視すると像強度は I_1 は

$$\begin{aligned}
I_1(x, y) &= \{1-\mu(x, y) \otimes \hat{F}[\exp(-i\chi(u, v))]\}\{1-\mu(x, y) \\
&\quad \otimes \hat{F}[\exp(+i\chi(u, v))]\} \\
&\cong 1 - 2\mu(x, y) \otimes \hat{F}[\cos\chi(u, v)]
\end{aligned} \quad (6\text{-}15)$$

となる．すなわち，試料直下の波動場の振幅変調 $A(x, y)$ の成分は $\cos\chi$ をフーリエ変換したもののコンボリューションによって像面の強度へ伝達されるのである．このような計算を振幅変調と位相変調について行うことによって，薄い試料に適用できる線形結像理論では**図 6-6** で示すような重要な結論が導かれる．

通常の TEM で観察できる左下の像面の強度分布 $|A'(x)|^2$ は試料直下の波動場の振

幅分布$A(x)$を$\hat{F}[\cos\chi]$で変調したもの(左側縦実線；(6-15)式)と試料下面での位相変調$\phi(x)$を$\hat{F}[\sin\chi]$で変調したもの(斜め破線；(6-9)式)が加算されたものになる．

　結晶内の静電ポテンシャルは入射電子波に対して位相変化のみをおこすので，そのままでは振幅変調は存在しない(図6-6の$A(x)=0$)．しかし§3.4，§3.5で説明したように散乱された電子が対物絞りによって止められておこる「散乱吸収コントラスト」によって見かけ上の振幅変調が出現する．これが$\hat{F}[\cos\chi(u,v)]$で変調されたものも像コントラストに現れるのである．微結晶などを観察する場合，外形および結晶の存在を示す一様な黒色コントラストは左側縦実線の$\cos\chi$の伝達でおこり，一方結晶の中に見える格子縞などの位相コントラストは斜め破線の$\sin\chi$の伝達でおこっている．そしてこの$\cos\chi$と$\sin\chi$による伝達の切り替え点は§4.2，4.3で説明した振幅コントラストが出現する大きさの，1 nm前後に対応する空間周波数である．

　一方，§7.2で説明する電子線ホログラフィーでは右下に示す像面での位相分布$\phi'(x)$を記録できるので，$\hat{F}[\cos\chi]$で変調された試料直下の位相分布$\phi(x)$が得られることになる．図6-6をLichteの図ともいう[4]．

§6.1.7　非弾性散乱波の高分解能TEM像への影響

　結晶性試料に電子線が入射すると，ブラッグ反射がおこり回折波が出る(**図6-7**(a)の実線)．このブラッグ反射を波数ベクトルの関係から見ると，ラウエの条件の$\boldsymbol{k}_g-\boldsymbol{k}_0=\boldsymbol{g}$(散乱ベクトル)$=\boldsymbol{h}$(逆格子ベクトル)が成り立っている(→補遺E)．この過程では入射電子のエネルギー損失はないので弾性散乱という．

　一方，入射電子線が固体中の電子を励起したり，電荷密度波を起こしたり，また格子振動を励起し，それと引き換えに10 meV〜数100 eVのエネルギーを失いながら入射方向と異なる方向に散乱されることもおこる(**図6-7**(a)点線)．これを非弾性散乱という[注8]．エネルギー損失した大部分の波は小角の散乱なので前方に広がるが，透過波との干渉縞($\Delta E=0$の波と$\Delta E\neq 0$の波)を普通は作らないので，非弾性散乱波は背景の強度を上げるのみである．しかし$\Delta E=10\sim 50$ eVの固体中の電子のプラズマ波励起による非弾性散乱波の場合は干渉性を維持し干渉縞を形成することが知られている．散乱波がどこまで干渉性を維持するかはナノの可視化に関連して今後の重要な研究課題である[5]．

　また，エネルギー損失量ΔEが大きくない場合，試料の上部で非弾性散乱した波が，下の方で弾性散乱波と同様にブラッグ反射をおこす場合もある(図6-7(b))．こ

注8)　非弾性散乱断面積の一般式は後の(7-1)式で与えられる．

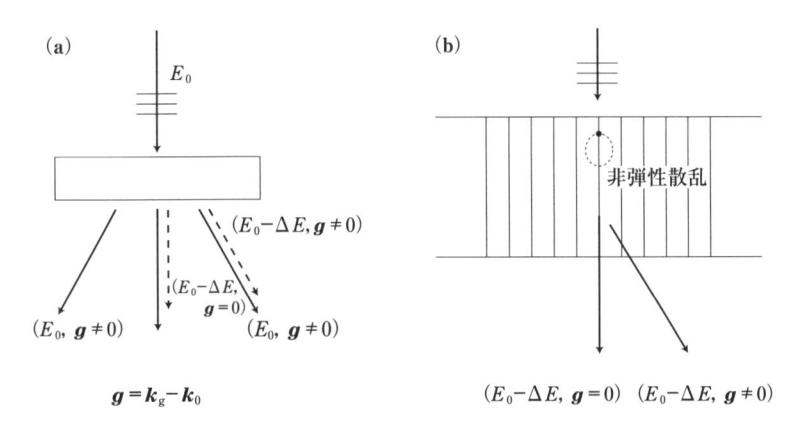

図 6-7 結晶中でおこる非弾性散乱と，エネルギーと運動量の変化

のような場合は上の方でのエネルギー損失 ΔE 分だけ波長を変えて（(1-2)式を参照），格子像や電子回折図形の強度の計算をして，それを弾性散乱波になる格子像に重ねるという方法がとられる．波長はわずかに異なるだけのため，回折斑点も弾性散乱とほとんど同じところに出ると考えてよい．これを準弾性(qusielastic)散乱の取り扱いという．

さらに，§7.1 で説明する TEM の下部に設置したエネルギーフィルターによって数 10 eV 程度エネルギー損失した透過波（$g = 0, \Delta E \neq 0$）と回折波（$g \neq 0, \Delta E \neq 0$）を取り入れて非弾性散乱波の格子像を観察することもできる．ただし，この格子縞は試料中で非局所的に発生した非弾性散乱波（図 6-7(b)の丸点線）が下部で単にブラッグ反射したことをみていることもあるので，像解釈には十分注意する必要がある．また弾性散乱波と同様に，大きい角度に散乱された非弾性散乱波が対物絞りで止められれば，非弾性散乱波の回折コントラストが生じる．

ここで述べた準弾性散乱の理論に基づいたシミュレーション像と実際の像強度を比べると後者が小さく定量的には一致しないことが知られている．これを"Stobbs factor 問題"といい，未解決な問題である[注9]．

§6.2 高分解能像のシミュレーション

§6.2.1 なぜ像シミュレーションが必要か

§6.1 で述べたように，透過電子顕微鏡の結像過程では，①試料の3次元の静電ポ

テンシャル分布 $V(x, y, z)$ から投影ポテンシャル $V_p(x, y)$ および試料直下の波動場 $\phi_s(x, y)$ を求め，②それがレンズ伝達関数によって変調されてフィルム面の波動関数 $\phi_i(x, y)$ となり，最終的に，③強度 $I(x, y) = |\phi_i(x, y)|^2$ が得られる．一方，実験では，未知試料の像強度 $I(x, y)$ から $V(x, y, z)$ を導出することが必要となる．しかし波動関数を2乗した像強度には位相の情報は失われている．また，たとえ試料直下の波動関数が得られても，2次元的な波動関数 $\phi_s(x, y)$ から3次元のポテンシャル $V(x, y, z)$ を求めることは，数学的に解くのは困難な問題である．そのために，仮定したポテンシャルから像強度を求めたシミュレーション像と実際の像とを比較することによって trial and error で構造解析をする方法が考えられた（この問題に関わる最近の進歩については4章の注6も参照）．

§6.2.2　像シミュレーションの原理と方法

　実際の手順は，種々の構造モデルを仮定し，そのシミュレーション像を計算して実際の像と比較することから始める．計算には結像系のパラメーターである対物レンズのディフォーカス量（Δf）や試料の厚さ（t）が必要である．これらの量はメーカーの設計値や別の実験から推定し，モデルを修正しながら実際の像とシミュレーション像が類似になるような構造パラメーターを見つける．

　用いるシミュレーションプログラムは，①モデルの結晶構造から試料下の波動場 $\phi_s(x, y)$ を求めるサブルーチン，②この場を2回のフーリエ変換し，その間にレンズ伝達関数をはさむ操作をして，フィルム面に結像される電子波の強度 $I(x, y)$ を求めるサブルーチン，③ $I(x, y)$ の数値データを2次元の濃淡像にプロットするサブルーチン，の3段階に分かれている．

　4章で説明した弱い位相物体の近似（＝運動学的近似）は 10 nm 以上の厚い結晶では，ほとんど成り立たないので，像シミュレーションプログラムでは動力学的回折理論によって試料下の波動場を計算する．

注9) Stobbs factor については，M. J. Hytch and W. M. Stobbs, Ultramicroscopy, **53**(1994) 191 参照．非弾性散乱を含めた電子回折理論の解説は本書の程度を越えている．1950-60年代の日本の Yoshioka, Kainuma, Hashimoto, Fujimoto およびイギリスの Howie から始まり，1970年代の Ichimiya の吸収の理論，近年では，次節の(7-1)式に相当する Mixed dynamical form factor（MDFF）の理論（L. J. Allen）や，密度行列を電子線の回折に適用した理論（P. Schattschneider）もある．近年までの参考書は，Y. Ohtsuki, "Charged Beam Interaction with Solids"（Taylor & Francis, 1983），および Z. L. Wang, "Elastic and Inelastic Scattering in Electron Diffraction and Imaging"（Plenum Press, 1995）．

§6.2 高分解能像のシミュレーション　　85

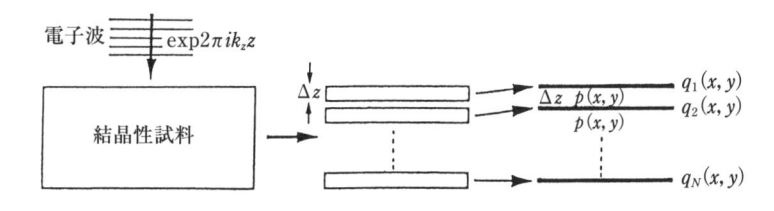

図 6-8　マルチスライス法の原理
Δz はスライス厚さ，q は位相格子関数，p は伝播関数

　動力学的回折理論には様々な定式化があるが，よく使われるのが固有値法（ベーテ法）とマルチスライス法（カウリー-ムーディー法）である．前者は結晶中の電子のバンド理論と同様にシュレディンガー方程式をブロッホの定理と真空と結晶の界面での波動関数の連続性を境界条件として解くものである．この方法は補遺 I で説明する．一方，マルチスライス法は結晶を入射電子線に垂直な薄い層の積み重ねとして表し，その層を順に電子波が波動光学的に伝わっていくとする定式化である．この方法を用いると，格子欠陥や異質な結晶が混在する試料の下の波動場を求めることができる．以下この方法を説明しよう[6]．

　図 6-8 のように結晶を厚さ Δz の N 個のスライスに切り，そのスライス中の3次元的なポテンシャル分布 $V(x, y, z)$ をスライスの上面に投影する．この投影ポテンシャル $V_p(x, y)$ によって厚さのない2次元的な位相格子を作る．1枚目の位相格子を通り抜けた電子の波動関数は(6-1)式と同様に

$$\phi(x, y) = \exp[i\sigma V_p(x, y)] \tag{6-16}$$

となる．次にこの電子波は2枚目の位相格子まで Δz の距離を 10 ボルト程度の平均内部ポテンシャル V_0 を持った一様媒質中をフレネル伝播すると考える（波長が少し短くなる）．これは補遺 B-1 で説明するように，(6-17)式のガウス型関数をコンボリューション演算することによって表される．この関数を伝播関数（propagation function）と呼ぶ．この表式は散乱角が小さい場合であり，伝播する球面波を放物面波で近似している．球面波が伝播するとした，より正確な式は Ishizuka（石塚）によって導かれている[7]．

$$p(x, y) = \frac{-i}{\lambda \Delta z} \exp\left[\frac{2\pi i k (x^2 + y^2)}{2 \Delta z}\right] \tag{6-17}$$

2枚目に達したら再び位相格子 $\exp i\sigma V_\mathrm{p}(x)(=q(x))$ をかける．この操作を(6-18)式のように繰り返すと厚い試料の下の波動場を求めることができ，計算に取り入れるビーム数が十分多ければベーテ法と同じ結果を与えることが証明されている．

$$\phi_\mathrm{s}(x,y) = [\cdots[\{q_1(x,y)\times p_1(x,y)\}\times q_2(x,y)\times p_2(x,y)]\cdots]\times q_N(x,y) \quad (6\text{-}18)$$

　実際のマルチスライス計算は次のように行う．(1)単位胞の格子定数，その中の原子種と原子位置を入力する．(2)1個の単位胞による結晶構造因子 $F(h,k,l)$ を(E-5)式で求める(ここは運動学的！)．(3)これを3次元フーリエ変換して $V(x,y,z)$ を求める．(4)このときフーリエ変換の投影定理により $l=0$ とおいて投影ポテンシャル $V_\mathrm{p}(x,y)$ を求める((2-28)式の逆変換)．(5)これを指数関数の上に乗せて位相格子 $q(x,y)$ を作る．(6)上記の(6-18)式の演算を繰り返す．

　計算機の中での計算は，2次元の関数 $q(x,y)$ と $p(x,y)$ を画素(ピクセル)ごとで表した値の積とコンボリューション演算の繰り返しである．コンボリューション演算は数値計算上も面倒な計算である．そのためこの計算のときだけ高速フーリエ変換(FFT)を使って逆空間に移り，伝播関数も逆空間版((6-17)式と同様なガウス関数)にして

$$p(u,v) = \exp\left[-i\pi\lambda(u^2+v^2)\Delta z\right] \quad (6\text{-}19)$$

(6-19)式の積の演算で済ます方法が使われている．この方法によって試料の下の波動関数が求められれば，それを逆空間の表式にして(§2.3.4後半参照)，次いで対物レンズの作用を表すコントラスト伝達関数をかけ((6-7)式および補遺Cの(C-8)式，(C-12)式参照)，さらにフーリエ変換して像面での波動関数を求めることができる．そして最後に波動関数の複素共役2乗をとり1画素の像強度とする．

　上記の「逆空間の表式にして」ということが，5章の格子像の説明のところでの「回折波を求める」ということに対応するのである((5-9)式以下の記述も参照)．

§6.2.3　スーパーセル法とは何か

　通常のマルチスライス計算では，1個の単位胞の情報を入力して，その構造を電子線入射方向へおおむね投影した像を出している．論文などに見られるシミュレーション像は，それを表示の段階で縦，横方向に繰り返している．すなわち結晶は単細胞が無限に繰り返しているという既知の事実を利用しているのである．

　結晶中の欠陥や表面，界面および微粒子のシミュレーション像を計算するためにはスーパーセル法を使う．図6-9のように単位胞を $8\times 8\times 1$ 繰り返した単位を1つの大

§6.2 高分解能像のシミュレーション 87

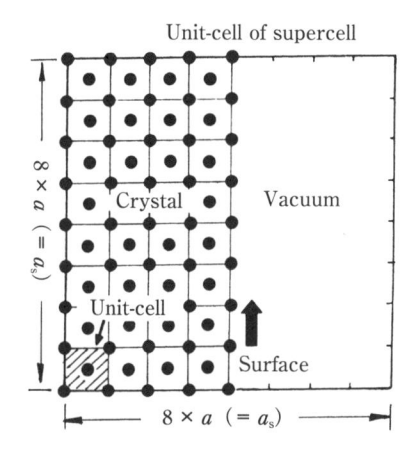

図 6-9 結晶(左側)と真空(右側)の界面のシミュレーション像を計算するための
スーパーセル(電子線は紙面に垂直に入射する(z 軸方向))

きな単位胞と考える．このうち右側部は真空部の表現として原子を何も置かないでおく．左側は通常の原子配置を単位胞 8×4 個分入力する(黒丸印)．この大きな単位胞をマルチスライスプログラムに入れて計算すれば黒太矢印のところで表面の高分解能 TEM 像が得られる．

このスーパーセル計算で高分解能の像を得るためには，マルチスライス計算における回折波の数をスーパーセルの分だけ多くしなければならない．単位胞のみの計算のとき，例えば fcc 構造に [001] 方向から電子波を入射したときの回折波を考えよう．消滅則によって 100 回折波はないので，200, 020, 220, 400, 040 などが回折波の指数である．ここで 220 回折波まで対物絞りの中に入れて結像すると 9 波で計算することになる(図 6-10(a))．一方，8×8 のスーパーセル計算のときは 289 個の回折波が計算できるように配列を確保しなければならない(図 6-10(b))．実空間で縦，横 8 倍大きなものの情報は，逆空間では 100 斑点の 1/8 のところに出る斑点に対応することを考えればよい．通常のプログラムはフーリエ変換に FFT ルーチンを使っているので逆空間でこれだけの波を確保するようにすれば，実空間でもそれと同じ画素数の複素数の配列が自動的に用意される(波の記述には振幅と位相が必要なので複素数配列必要)．図 6-11 はスーパーセルを使って計算した [011] 入射のときのシリコンの (100) 表面のシミュレーション像での一例である((a)無球面収差 TEM 像，(b)通常の TEM 像)．

88   第6章　高分解能電子顕微鏡像の結像理論と像シミュレーション

$\bar{2}20$　020　220

$\bar{2}00$　000　200

$\bar{2}\bar{2}0$　0$\bar{2}$0　2$\bar{2}$0

(a)

020　220

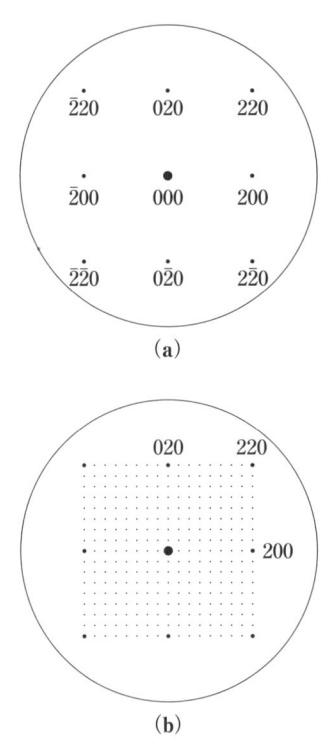

200

(b)

図 6-10　通常の計算(a)とスーパーセル計算(b)の場合の回折斑点の様子(円は対物絞りを表す)

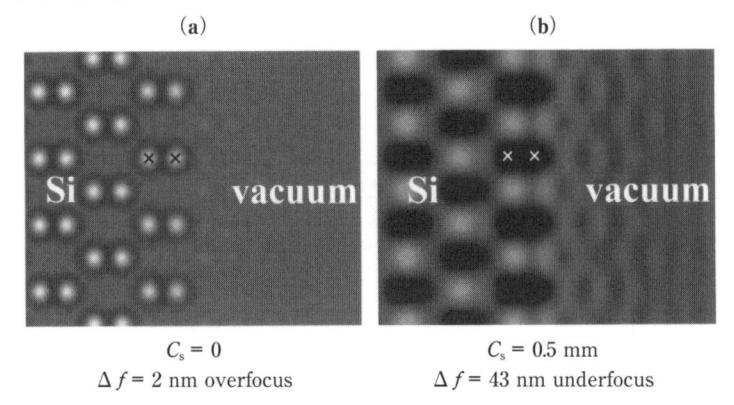

(a)　　　　　　　(b)

$C_s = 0$　　　　　　　$C_s = 0.5$ mm
$\Delta f = 2$ nm overfocus　　$\Delta f = 43$ nm underfocus

図 6-11　スーパーセル法を使ってシミュレーションしたシリコン(100)表面の高分解能 TEM 像([011]方向からの断面観察．×印は原子コラム位置．(a)無球面収差の TEM 像，(b)0.5 mm の球面収差係数の TEM 像）

§6.3　透過電子顕微鏡の結像における干渉性[注10)]

§6.3.1　透過電子顕微鏡の結像と入射波の干渉性

5章で述べた格子像法では，透過波と回折波を像面で干渉させて，それで生じた干渉縞の山または谷のところが結晶中の原子面とが対応するようなイメージングを行った．1次元の式で書くと

$$I(x) = |\phi_0(x) + \phi_s(x)|^2 = |\phi_0|^2 + \phi_0 \phi_s^* + \phi_0^* \phi_s + |\phi_s|^2 \quad (6\text{-}20)$$

である．ここで ϕ_0 と ϕ_s は図 6-12 に示すように試料 A，B 点をそれぞれ透過した波とそこから出た回折波である．3次元的な波の表示で書くと，ϕ_0 は $\exp 2\pi i \boldsymbol{k}_0 \cdot \boldsymbol{r}$ の型の平面波で，実空間座標 $\boldsymbol{r}$ の引数を持っている．$\boldsymbol{k}_0$ は波数である．3番目の式の第1項が像の背景の強度，第2，3項が干渉項で線形項とも呼ばれる．第4項は回折波の

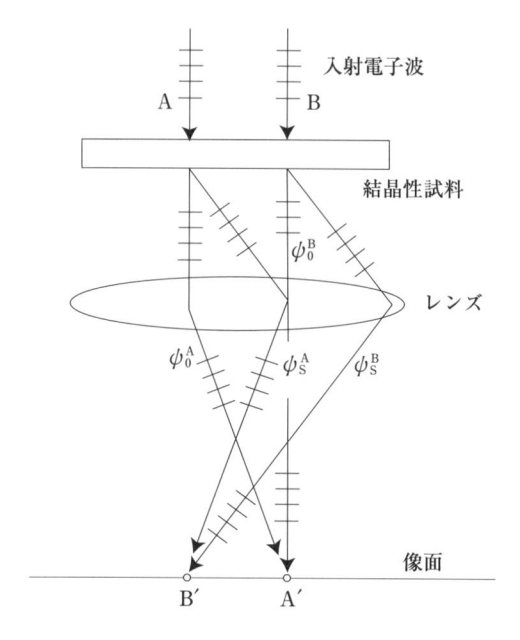

図 6-12　格子像形成のための波の干渉

注10)　最初は省略してよい．この節を理解して補遺 F へと進めば，高分解能 TEM 像理論の理解は完璧になる．

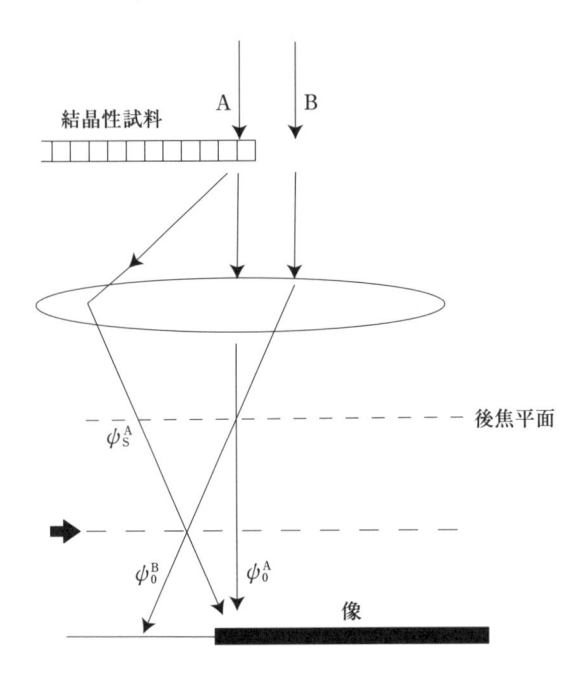

図6-13 半分結晶がある場合の格子像の結像

2乗なので強度が弱く通常は無視でき，非線形項と呼ばれる．この線形項が強度を持つことを干渉性結像(coherent imaging)という．

次に光軸から左側のみに結晶がある場合を考えよう．図6-13のA点に入射した波が結晶によってブラッグ回折して，斜めの方向に飛ばされるが，レンズによって像面で再び合わされて干渉縞を作る．ϕ_0^Aとϕ_S^Aは同じ点からの波が2つに分かれたのだから再び合わさっても干渉する．次に結晶の右側を切り落とす．問題は結晶のない場所Bを通ったϕ_0^Bとこのϕ_S^Aが干渉縞を作るかということである．干渉するなら像面の位置を点線まで上げてやれば矢印の位置で干渉縞(格子像)が観察できる．倒立像であることを考えると，この場所は結晶のないところに対応する．したがって結晶のない場所に格子像が出るという不思議な現象がおこるのである．

この現象は電界放出型電子銃(FEG)を装備したTEMでよく見られる．TEMの結像における干渉性とは試料上で横方向に離れたA，B点から出た透過波や散乱波が互いに干渉するかという問題である．TEM試料の場合は光学顕微鏡の蛍光試料のように自分で発光(電子を出す)することはないので，干渉性はA，B点を上方から照らす

電子波の"横方向と縦方向の干渉性"で決まる．(6-20)式の干渉項が完全に残るものを coherent (可干渉)，完全に消えるものを incoherent (非干渉)，その中間を partially coherent (部分的干渉)な照明または結像という．実はこの試料への照明の具合によって，3章で議論した顕微鏡の点分解能も変わってしまうのである．レーリーの定義の分解能は照明が incoherent な場合である(§3.3参照)．照明が問題であるので電子銃の輝度や大きさ，およびコンデンサー(収束)レンズの励磁の様子で干渉性は変化する．

§6.3.2　干渉縞のコントラストと干渉性の定義[8,9]

図 **6-14** のようなマッハツェンダー型の2光束の干渉を考えよう．左上の半透明鏡の分割器で振幅が半分ずつに分けられた2つの波は光路差により生じた位相差を持って像面で重なり合い干渉する．この位相差は，例えば(2-15)式の波の式の光路による位相項，$2\pi \boldsymbol{k}_0 \cdot \boldsymbol{r}$ から生じるものである．透過波と回折波の位相 η_0, η_s の差をとって $\eta = \eta_0 - \eta_s$ とする．図 6-14 の下部の遅延回路によって2つの光の光路差が ΔD であるときは，時間差(τ)になおすと，振動数を ν として

$$\nu\tau = \nu\frac{\Delta D}{c} = k\Delta D \qquad (6\text{-}21)$$

となる．したがって干渉縞の強度は

$$I = |\phi_0 + \phi_s|^2 = I_0 + I_s + 2\sqrt{I_0}\sqrt{I_s}\cos 2\pi k\Delta D \qquad (6\text{-}22)$$

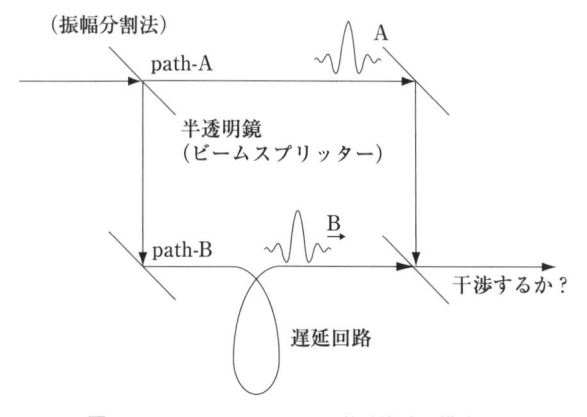

図 **6-14**　マッハツェンダー型干渉計の模式図

となる．この式は2つの光が完全に干渉する場合で，今の場合，光路差 ΔD によって明暗が変化して観察される．実際には(6-22)式の時間平均量が観測値になる．光源の条件によって波連の長さが変わり，遅延をあまりかけると第3項目が全くない非干渉の場合もおこり得る．そのときは明から暗への変化がおこらない．そこで新たに時間差に依存する可干渉度 $\gamma(\tau)$ ($0 \leq \gamma \leq 1$, $\tau = t_1 - t_2$) を導入して

$$I = I_0 + I_s + 2\gamma(\tau)\sqrt{I_0}\sqrt{I_s}\cos 2\pi k\Delta D \tag{6-23}$$

と書こう[注11]．ここで t_1, t_2 は観測した時間である．

一方，5章で説明した別々の方向からの波が1点で干渉してできた格子像も同様に(6-22)式で考えることができる．この場合は2つの波の方向についての幾何学から求めた光路差 ΔD で明暗が生じるのは，高等学校の物理で習ったヤングの干渉縞実験を思いおこせばよい．この最大強度を $I_{\max}$，最小のそれを $I_{\min}$ とすると，(6-23)式から

$$I_{\max} = I_0 + I_s + 2\gamma(t)\sqrt{I_0}\sqrt{I_s}, \quad I_{\min} = I_0 + I_s - 2\gamma(t)\sqrt{I_0}\sqrt{I_s} \tag{6-24}$$

である．干渉縞(格子縞)の鮮明度(visibility)またはコントラスト C を次の(6-25)式のように定義すると，ヤングの干渉実験のように，等しい強度の2つの波の干渉の場合は ($I_0 = I_s$)，

$$C = \frac{I_{\max} - I_{\min}}{I_{\max} + I_{\min}} = \gamma \tag{6-25}$$

となる．すなわち2波干渉実験によって，波の波連の長さによって決まる干渉性である時間干渉性が測定できることになる．

§6.3.3 時間干渉性と空間干渉性

光波の干渉性(干渉度 γ)は，よい近似として2つの波の時間遅延 ($t_2 - t_1$) だけによる成分と空間座標の差 ($r_2 - r_1$) に依存する成分の積の形に分けることができる[注12]．時間的干渉性を再度説明するために，まず波束というものを説明しよう．

実際の光波は，原子の中の電子が下のエネルギー状態に落ちるときに出るものなので，図 6-15(a)のように無限の長さ続く平面波ではなくて，図 6-15(b)のように一定時間しか波は続かない．このように縦，横の進行方向に一定幅しか波がないものを波

注11) 久保田,「波動光学」(岩波書店, 1971)§30, 鶴田,「応用光学 I」(培風館, 1990)3章, および本書の補遺 F を参照.

注12) この場合をコヒアレンス関数 γ が可約であるという (J. W. Goodman, "Statistical Optics" (和訳「統計光学」(丸善, 1992)参照).

§6.3 透過電子顕微鏡の結像における干渉性

(a)

(b)

単色平面波

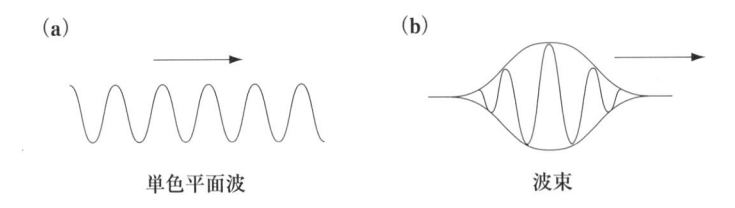

波束

図 6-15 進行波の様子
(a) 通常の単色平面波，(b) 波束

束という．マッハツェンダー型干渉計(図 6-14)のように光を半透明鏡で分け，長さの大きく異なる 2 つの通路を作って再び干渉させてやると，有限の長さの互いの波束は重ならなくなってしまう．この状態を時間的干渉性(temporal coherence)がないという．

波束は(6-26)式のように波数のわずかに異なり，同じ方向に進む平面波を加え合わせて生成できる．これによって波の進行方向に局在化した波束(wave packet)が生まれる．

$$\phi_{\mathrm{wp}} = \int A(\boldsymbol{k}) \exp\left[2\pi i(\boldsymbol{k}\cdot\boldsymbol{r} - \nu t)\right] d\boldsymbol{k} \tag{6-26}$$

この波束の式は $\boldsymbol{k}$ を変数にしたフーリエ変換の式そのものである．有限の積分区間 $-\Delta k_x/2 \sim \Delta k_x/2$ のときの(6-26)式の値の検討より $\Delta x \Delta k_x \leq 1$，$\Delta y \Delta k_y \leq 1$，$\Delta z \Delta k_z \leq 1$ という関係が得られる．この式は量子力学の不確性原理の式とも関係がある[注13]．

次に，電子線の時間干渉性を考えてみよう．議論の簡単のために電子のエネルギーと運動量は非相対論近似の式を使って(低エネルギー電子の場合に適用可能)

$$\frac{p^2}{2m} = eE \tag{6-27}$$

の式で結ばれるとする．ド・ブローイの関係 $p = hk$ ($k = 1/\lambda$) を微分した $\Delta p = h\Delta k$ を使うと

$$\Delta k = \frac{1}{2\lambda}\left(\frac{\Delta E}{E}\right) \tag{6-28}$$

平行ビームに近い照射のときは $\Delta k \cong \Delta k_z$ だから，z 方向に Δk_z ずつ違う波束が重な

[注13] 堀,「物理数学 II」(共立出版, 1969) §6.5 と §7.3 参照．量子力学では，物理量の座標表示と運動量表示はフーリエ変換で結ばれることに注意しよう．

り合い干渉する z 方向の距離は，上記の不確定性関係の $\Delta z \Delta k_z \leqq 1$ の式を参照して，

$$z_1 - z_2 = \Delta z < \frac{1}{\Delta k_z} = 2\lambda \left(\frac{E}{\Delta E}\right) \tag{6-29}$$

でなければならない．

　すなわち，加速電圧 E が変動すると時間干渉性は悪くなる．200 kV の電子の波長 $\lambda = 0.0025$ nm，加速電圧の安定度 $\Delta E/E = 10^{-6}$ を入れると，$\Delta z = 5\,\mu$m となる．TEM に使う電子線は z 方向に $5\,\mu$m 程度の光路差があっても干渉するのである．これは次に述べる横方向の干渉性と比べると TEM のイメージングでは問題にならないほどの大きい距離である．試料の厚さや 3 章や 4 章で説明したレンズのディフォーカス量は数 10 nm であったことを思い出そう．

　次に波の横方向の広がりによる干渉性への影響を考えてみよう．これを空間干渉性 (spacial coherence) と呼ぶ．**図 6-16** (a) のように有限の大きさを持つ光源から光(電子)が放出される系を考える．簡単のためにこの光源上の多数の点から同時に光が出るとする(時間差なし)．この点光源からの光はレンズによって平行になる．しかし，もとの点光源の位置がわずかずつ異なるので，この平面波の入射方向は少しずつ方向が異なり外側の方は波の山と谷が重なって変形してしまう場合もある．"まともな"平面波は光軸に近い横方向の領域しか存在しないだろう．この領域内に 2 個の小孔

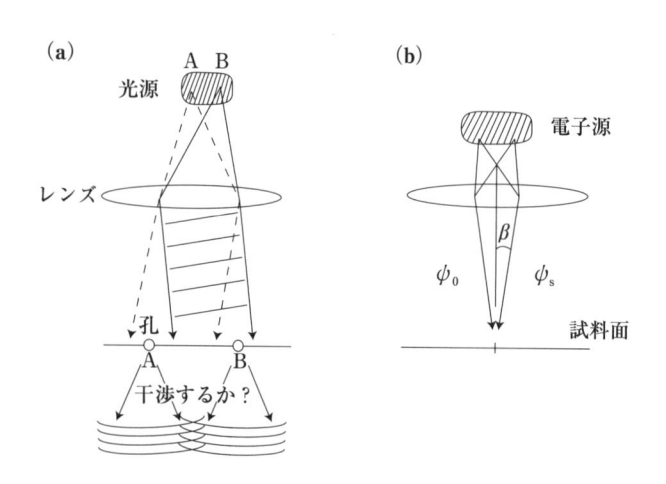

図 6-16　光源(電子源)が大きさを持つ場合の波の干渉の様子
(a)ケーラー照明法，(b)臨界照明法

§6.3 透過電子顕微鏡の結像における干渉性　95

A，Bが存在すれば，次の段階として，A，Bから出た球面波同志が干渉し，十分な強度を持つ干渉縞コントラストを作ることになる．これは光学でよく知られているヤングの2波干渉の実験の電子波版である[注14]．この場合A，Bの照明には空間干渉性があるという．このA，Bの距離である可干渉距離を求めてみよう．

試料面での可干渉距離は図6-16(b)の試料の1点から電子源の大きさを見込む角に置き換えて考えることができる[注15]．この図で電子ビームの収束による横方向の運動量のバラツキは

$$\Delta p_x = 2p\sin\beta \cong 2p\beta \tag{6-30}$$

ド・ブローイの式より $\Delta p_x = h\Delta k_x$ だから，$\Delta k_x \cong 2k\beta$

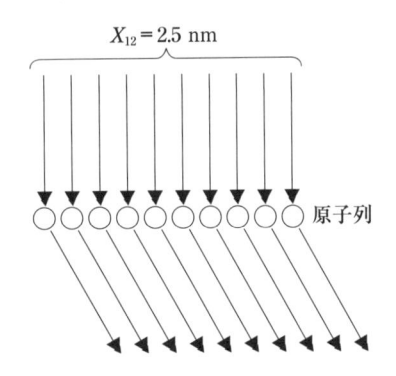

図6-17　横方向の1次元原子列からの回折のイメージ図

注14) 2つのスリットを電子が通過した後にできる"ヤングの干渉縞"についてはどの量子力学の教科書にも記述がある．朝永，「光子の裁判」(弘文堂，1949)の説明も有名である．この現象を通常の波の干渉縞と考えることは正しくない(朝永，「量子力学II」(みすず書房，1952)参照)．また，この現象を確率過程論で説明する理論(長澤，「シュレーディンガーのジレンマと夢」(森北出版，2003))も最近現れた．実験的にも，ポツンポツンとくる電子が干渉縞を作る様子を2次元の単電子検出器で見ることもできる(外村，「量子力学を見る」(岩波書店，1995))．

注15) この置き換えができることは1950年代にHopkinsが証明した．(a)の照明をケーラー(Köhler)照明，(b)を臨界(critical)照明という．HRTEMでは(b)の傾向が強い．ケーラー照明は試料に対して平行照射になることが特徴である(回折図形は鋭い斑点になる)．

$$x_{12} = \Delta x = \frac{1}{\Delta k_x} \cong \frac{\lambda}{2\beta} \tag{6-31}$$

すなわち試料の1点から有限の大きさの電子源を見上げた開き角 β が試料上の照明の空間コヒアレンスを決める．通常の熱電子銃を使った 200 kV の電子顕微鏡では，照射ビームの開き角は $\beta = 5\times 10^{-4}$ rad 程度であり，$x_{12} = 0.0025$ nm$/2 \times 5\times 10^{-4} = 2.5$ nm となる．

透過電子顕微鏡の結像に関して，この横方向の干渉距離についての直観的イメージは，図 6-17 のように結晶中の原子配列のうちおおむね横方向 10 個ぐらいからの散乱波が干渉して強め合い，ブラッグ回折波（したがって格子像）を作っているということである．

試料を照明する条件により光学顕微鏡の点分解能や位相コントラスト像が変化することを正確に記述することは，Van-Cittert や Zernike が 1930 年代から研究し[8,9]，その光学顕微鏡への適用は 1950 年代に Hopkins[10] が完成した．ここではその結果のみを記すと，光源（電子源）の強度分布をフーリエ変換したものが照明された試料面上での干渉度を決める関数になる．これを Van-Cittert & Zernike の定理という．直径 a の円板状の光源の場合，そのフーリエ変換は 1 次のベッセル関数であるので

$$\gamma(x_{12}) = \frac{2J_1(u)}{u}, \quad \text{ただし} \quad u = \frac{2\pi a x_{12}}{\lambda f} \tag{6-32}$$

と書ける．f は光源から試料面の距離である．

したがって干渉縞の強度が 12% 低下する（$\gamma = 0.88$）のは，$u = 1$ のときであるので $\beta = a/f$ に注意すると

$$x_{12} = \frac{\lambda}{2\pi\beta} \tag{6-33}$$

となる．前の (6-31) 式と π だけ異なるのは議論の精度をより上げたためである．

透過電子顕微鏡の照明（照射電子）の干渉性と分解能の関係の理論については 1970 年代 Frank, Fejes, O'Keefe, Ishizuka らによって研究された（→ 補遺 F）．

第6章 参考文献

（1） K. J. Hanszen, in "Advances in Electronics and Electron Physics"（Academic Press, 1971）vol. 4. pp. 1
（2） K. Mihama and N. Tanaka, J. Electron Microsc., **25**（1976）65

（3） T. Akashi *et al.*, Proc. Int. Microsc. Cong-16（2006），vol. 1, 585，および J. Yamasaki *et al.*, J. Electron Microsc., **54**（2005）209
（4） H. Lichte, Ultramicrosc., **38**（1991）13
（5） H. Lichte and B. Freitag, Ultramicrosc., **81**（2000）177
（6） J. M. Cowley, "Diffraction Physics"（North-Holland Publishing, 1981）§11
（7） K. Ishizuka, Acta Cryst., **A38**（1982）773
（8） M. Born and E. Wolf, "Principles of Optics"（Pergamon Press, 1970）
（9） 久保田広，「波動光学」（岩波書店，1971）§30
（10） H. H. Hopkins and P. M. Barham, Proc. Phys. Soc., **B63**（1950）737，および文献[9]の§23-2

演習問題6

6-1 (6-6)式に関して，投影ポテンシャル V_p が実数だと，その共役 V_p^* も同じ値になることを確認してみよう．

6-2 (6-10)式を補遺Aのフーリエ変換の知識を使って確認してみよう．

6-3 (6-17)式を2次元(1次元でやってもよい)フーリエ変換して，(6-19)式を導いてみよう．

6-4 (6-26)式の直後の $\Delta x \Delta k_x \leq 1$ の式を証明してみよう(堀，「物理数学II」（共立出版，1969)参照)．これによってハイゼンベルグの不確定性原理の理解が深まるとよい．

第7章
先進透過電子顕微鏡法

§7.1 エネルギーフィルター透過電子顕微鏡法
§7.1.1 電子エネルギー損失分光法の基礎

　これまで説明した単原子の像や格子像は試料中で弾性散乱した電子(エネルギー損失量 $\Delta E = 0$)を用いて，それを透過波と干渉させて位相コントラスト像を得た．一方，§6.1.7で説明したように，試料中でエネルギー損失した電子も，散乱や回折をして波の方向を変える．

　この2つの現象をまとめて，電子線の散乱過程を散乱の方向である $\boldsymbol{g}$ ベクトル($\boldsymbol{g} = \boldsymbol{k} - \boldsymbol{k}_0$)とエネルギー損失量 ΔE で統一的に記述することができる．その基本式は，入射電子の試料への影響を量子力学の摂動計算をすることによって得られるフェルミの黄金則である[注1]．微分散乱断面積は

$$\frac{\partial \sigma(\boldsymbol{g}, E)}{\partial \boldsymbol{g} \partial E} = \frac{2\pi}{\hbar} \sum_f |\langle F|V|I \rangle|^2 m\hbar k \cdot \delta(E - E_f + E_i) \tag{7-1}$$

で与えられる．ここで $|I\rangle$, $\langle F|$ は散乱の前後における入射電子の状態($\boldsymbol{k}_0, E$)，散乱電子の状態($\boldsymbol{k}, E'$)，および試料中の電子の状態($\boldsymbol{g}_s, E_s$)を合わせた状態ベクトル(ディラックのブラ・ケットベクトル)である．δ 関数はエネルギー保存則を表している．E_i, E_f は系全体の始状態，終状態のエネルギーである．絶対値符号の中は，量子力学でおなじみの，ポテンシャル $V(\boldsymbol{r})$ を終状態と始状態の波動関数ではさんで全空間で積分したものである．また，$m, \hbar, k$ は電子の質量，2π で割ったプランク定数および散乱される電子の波数である．固体物理の本などではここでの $\boldsymbol{g}$ は $\boldsymbol{q}$ で書かれることもある．

　この散乱過程のうち，$\Delta E = E - E' = 0$ の条件で散乱角 $\boldsymbol{g}$ で分類したものが弾性散乱の電子回折図形である．一方，$\boldsymbol{g} = 0$ としてエネルギー損失量 ΔE で分類したも

[注1] フェルミの黄金則の導出については，例えば，砂川，「量子力学」(岩波書店, 1991) 5章，§2参照．

§7.1 エネルギーフィルター透過電子顕微鏡法

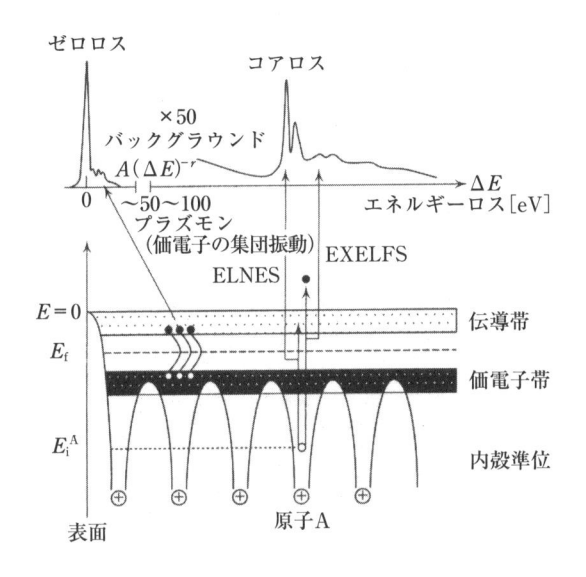

図 7-1 電子線を入射したときの固体中の種々の励起と対応する電子エネルギー損失スペクトル(EELS)(田中,電子エネルギー損失分光,in「ナノ金属」(フジテクノシステムズ)§3.1.2)

のが電子エネルギー損失分光スペクトル(Electron Energy Loss Spectroscopy; EELS)である[注2].**図7-1**上部は横軸を損失エネルギー(ΔE)にとったEELSスペクトルの一例と,それに対応する固体中の励起状態を下部に図示したものである.0～50 eVのロスピークは,固体のエネルギーバンドの価電子帯から伝導帯への励起と自由電子の集団励起(プラズマ波励起)に対応する入射電子線のエネルギー損失に対応している.それより右のロスピークは,内殻準位からフェルミエネルギーより上の空の伝導帯への励起による[1].またピークの下のバックグラウンドはAを定数として$A(\Delta E)^{-r}$で記述できることが知られている.

　散乱角 g で記述した電子回折図形と,場所ベクトル r で記述された試料の像とは,2次元のフーリエ変換で結ばれる表と裏の関係であることは,本書で何度も述べた(§2.3.4参照).電子顕微鏡内では像と回折図形は,図2-1(b)で示したように交互に現れるので,これらの位置に小さな絞りとエネルギー分光器をおいて散乱電子を分光すれば,像上の $r = r_0$(局所)でのEELSや,回折図形上の $g = g_0$(ある角度の散乱

注2) もちろん $\Delta q \neq 0$,$\Delta E \neq 0$ の複合した場合も考えられる.

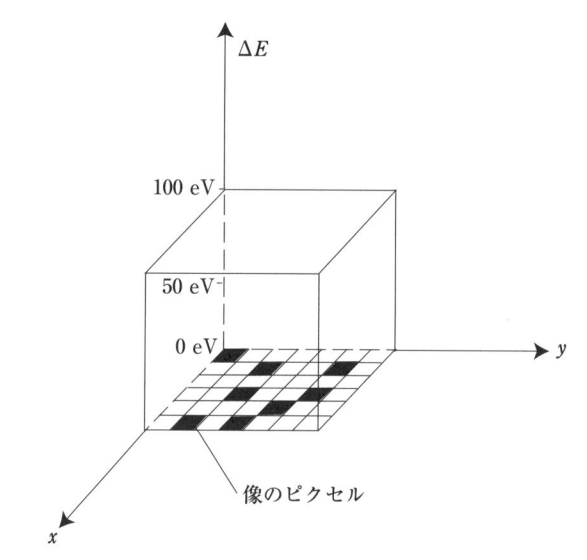

図 7-2　エネルギーフィルター像の説明図（ΔE は損失エネルギー）

波）における EELS が可能である．

　実際の EELS で入射絞りを小さくするもう 1 つの理由は，その後のエネルギー分光用のプリズムの収差を避けるためである．分光器入口の横方向の入射場所によって，プリズムを通った後のあるエネルギー損失電子の収束点が微妙に違うのである．このプリズムの収差の問題を解決してやれば，像全体や回折図形全体を分光器に入射させ，像や回折図形の幾何学的な性質を保ったまま，別の軸方向であるエネルギー損失軸に沿ってのエネルギー分光もできる．これがエネルギーフィルター像であり，またエネルギーフィルター電子回折図形である．

　電子顕微鏡像や電子回折図形は，§6.1 で説明したように，試料構造の概略の投影情報を表した 2 次元の図形なので，これにエネルギー損失量（ΔE）を 3 番目の軸として 3 次元の立体で試料の非弾性散乱の様子を表現することは有用である（**図 7-2**）．近年，電子エネルギー損失分光器と結像レンズを合体化した装置が商用化されている．この装置を使ってエネルギー損失した電子を使って試料の像の可視化をするのがエネルギーフィルター TEM 法である．

§7.1.2　実際のエネルギーフィルター透過電子顕微鏡

　試料を透過した電子のエネルギー損失分布を測定するためには，磁場セクター型の

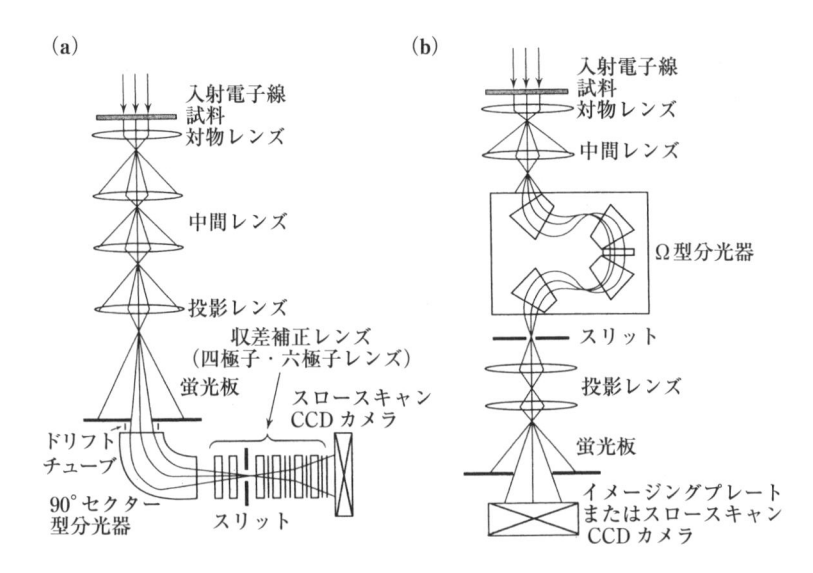

図 7-3 エネルギーフィルター電子顕微鏡(田中,電子エネルギー損失分光, in「ナノ金属」(フジテクノシステムズ)§3.1.2)
(a)ポストコラム型, (b)インコラム型

エネルギー分光器を用いる[2,3]. カメラ室の下に取り付ける90°磁場セクター型は商品化されている(**図 7-3**(a)). 近年は中間レンズと投影レンズの間に90°磁場セクターを4個配置したΩ型の分光器も使われている(図 7-3(b)). これらの分光器のエネルギー分散率は数 $\mu m/eV$ である. エネルギー分散面上の所定の損失エネルギーのところへ数 eV～10 eV に相当する幅のスリットを入れると, その損失エネルギーを持った像や回折図形が得られる. これをエネルギーフィルター像(回折図形)という. この像は前述のように分光プリズムの収差によって像や回折図形が歪んでいるので, そのあとに4, 6, 8極の収差補正単極レンズを入れてひずみを補正する.

§7.1.3 元素分布像とは何か

電子線エネルギー損失スペクトル(EELS)の内殻のエッジピークを使うと試料中に存在する元素の同定ができることは分析手法としてよく知られている[1]. エネルギーフィルター内でこのピークを選んで試料全体の像を得れば, その元素の存在するところが光る元素マッピング像になる. **図 7-4** はフィルター像で眼の細胞中のカルシウムの存在を可視化した例である. 鮮明な像を作るためには高エネルギー側に向かって減

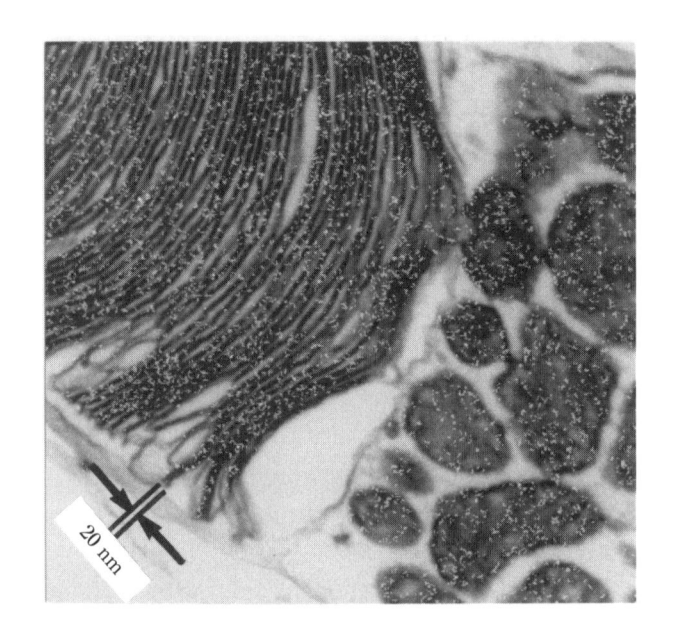

図7-4 眼の細胞中のカルシウム分布(白点)を示したエネルギーフィルターTEM像
(臼倉治郎教授のご厚意による)

衰するバックグラウンドを除去しなければならない．EELSは結像に用いるコアエッジスペクトルのほかに，前のピークからのすそ野に相当する$(\Delta E)^{-r}$の形のバックグラウンドとイオン化励起のバックグラウンドを持っている[注3]．これを除去して可視化しないと元素の定量的な分布状態が得られない．そのためコアエッジの前の2つのエネルギー位置でとった像とコアエッジ像を差し引きする方法が使われている(3ウィンドー法)[注4]．

§7.1.4 エネルギーフィルター像の分解能
　　　　　　―原子レベルのエネルギーフィルター像は可能か―

エネルギーフィルター像はある特定エネルギーだけ損失した散乱電子によって結像

[注3] EELSについての参考書は，R. F. Egerton, "Electron Energy Loss Spectroscopy in the Electron Microscope" (Plenum Press, 1996)である．

[注4] エネルギーフィルター像についてはL. Reimer, "Energy-Filtering Transmission Electron Microscopy" (Springer, 1984)が参考書である．

される．その特定エネルギーを ΔE_0 として，散乱ベクトルが $g = 0$ の透過波も含め，いろいろな g 値の非弾性散乱電子から形像したのだから，もののあるところが光る暗視野像が得られる．また，エネルギー損失した透過波と回折波同志の干渉像である格子像も得られる（「$g = 0, \Delta E \neq 0$」と「$g \neq 0, \Delta E \neq 0$」の波の干渉，図 6-7 も参照）．

この像の分解能を決める要素は，高分解能 TEM 像と同じように，まず対物レンズの伝達関数である．ΔE だけエネルギー損失した電子は対物レンズの色収差の影響を受け像が $C_c(\Delta E/E)\alpha$ だけボケる（→ 補遺 C, (C-13) 式）．ここで ΔE はスリットによって選択されたエネルギー損失値，E は加速電圧，α は回折角である．さらにエネルギーフィルターの収差によっても像はボケる．問題は，どのくらいの r（実空間座標）まで入れても（回折図形なら g），正しく高分解能像が再生されるかということである．これはエネルギー分光器の内の収差補正レンズの性能で決まる．現在では，分光器の 3 次の収差まで補正した装置が現れている．

3 番目の要素は試料中における非弾性散乱過程の非局在化の問題である．これを "delocalization" という．この過程は量子論で議論されるべきものであるが，概略，E を入射電子のエネルギー，ΔE を損失エネルギー，非弾性散乱の特性角 $\theta_E = \Delta E/2E$ とすると[注5]，ボケ量 d は

$$d \sim \frac{(0.1 \sim 0.5)\lambda}{\theta_E} \tag{7-2}$$

で与えられる．$E_x = 200$ keV，$\lambda = 0.0028$ nm を入れると，$\Delta E = 99$ eV（シリコンの L エッジ）のとき $d = 1.12 \sim 5.6$ nm，となる．非弾性散乱がおこっている場所は数 nm より大きい分解能でしか特定できないという基本的な制限があるのである[注3]．

本節の最初に述べたようにエネルギーフィルターの入射開口が十分広ければ（大きい g を取り込める），非弾性散乱波による格子像も観察されるが，これは $(E - \Delta E)$ のエネルギーに対応する波長を持った散乱波電子と透過波による干渉縞と考えればよく，その像コントラストから非弾性散乱過程が格子面レベルで特定されるわけではない（§6.1.7 の後半参照）．ただし高分解能 TEM とエネルギーフィルター（Ω 型）を使って酸化物界面の元素が約 0.5 nm の分解能で観察された例も報告されている[4]．

[注5] この式は近似式である．特殊相対性理論を考慮した θ_E の正確な標識は $\theta_E = A\Delta E/\gamma m_0 v^2$（加速電圧が低いときは分母は $2E$ となる）である．A は定数，γ は相対論補正定数である．注 3 の参考書を参照．

§7.2 電子線ホログラフィー[2,5]

§7.2.1 ホログラフィーとは何か

本書の§2.3.4や§4.5で説明したように，電子顕微鏡は，入射電子により照明されてできた試料直下の波動場を像面に拡大して観察する装置である．写真フィルムなどの記録系の性質より，その像は強度分布しか記録できず，もう1つの波の要素である位相の情報は得られない．Gaborは1949年に像面でのこの問題を解決するためにホログラフィー（holography）を案出した[注6]．物体の情報を持った波（物体波という）に加えて，平面波の参照波を入れて作った干渉縞の中に物体波の位相情報を記録しようとした（**図7-5**(a),(b)）．

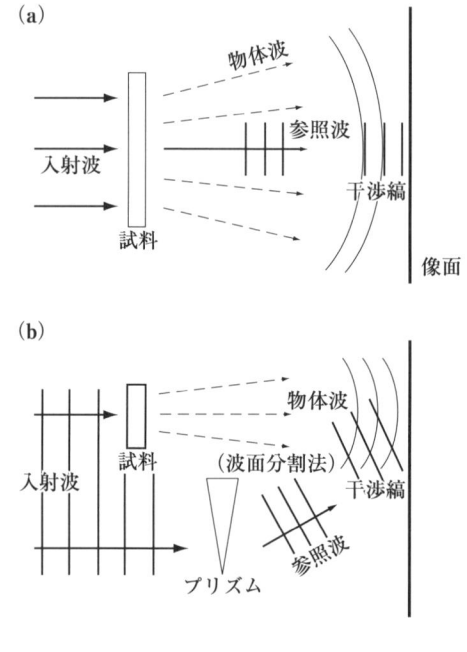

図7-5 ホログラフィーの原理図
(a)インライン型，(b)オフアクシス型

[注6] 電子顕微鏡の対物レンズの収差を補正することが最初の目的であった．
D. Gabor, Proc. Roy. Soc., **A197**(1949)454 参照．

§7.2 電子線ホログラフィー　　105

物体波(直接波ともいう)の波動関数を ϕ_D (= 複素数), 参照波のそれを ϕ_R とすると, 像面で記録される強度は

$$I(r) = |\phi_D(r)+\phi_R(r)| = |\phi_D|^2+|\phi_R|^2+(\phi_D\phi_R^*+\phi_D^*\phi_R) \quad (7\text{-}3)$$

となる. 第3, 4項が干渉縞を生成し, この中に物体波の位相情報が記録される. ϕ_D^* は複素共役を表す. これまで得られていた試料の振幅情報は第2項の $|\phi_D|^2$ に記録されている. 通常の像強度に干渉縞が重なって記録されたこの像をホログラムという[注7].

このホログラムを別の平面波(球面波でもよい)で照射すると, その透過波には第3, 4項の働きで ϕ_D, ϕ_D^* の波の情報が含まれることになる. すなわち再生装置の像

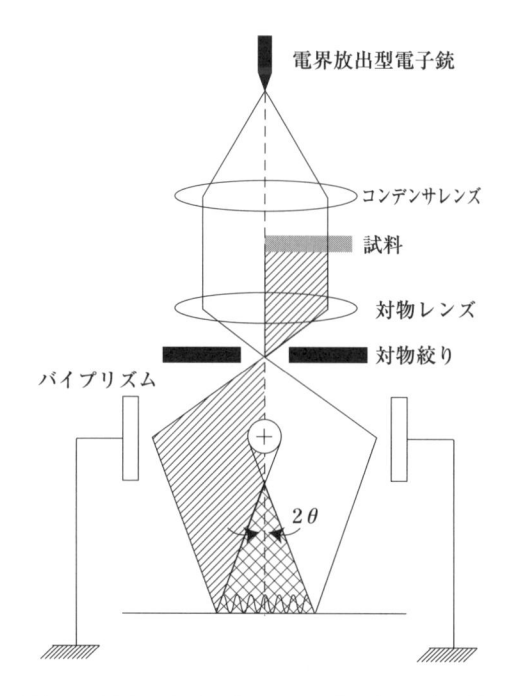

図7-6　電子バイプリズムによる電子波の偏向の様子

注7) (7-3)式を試料関数 $q(x)$ やレンズ伝達関数 $t(x) = \hat{F}(\exp-i\chi(u))$ を含めて記述すると
$I(x) = |q(x)\otimes t(x)+\exp(+2\pi i\mu_0 x)|^2 = 1+|q(x)\otimes t(x)|^2+\exp(2\pi i\mu_0 x)q(x)\otimes t(x)$
$+\exp(-2\pi i\mu x)(q^*(x)\otimes t(x))$ となる.

面で物体波 ϕ_D の位相を含んだ(7-3)式の波動場が再生できることになる．光のホログラフィーを行うには半透明鏡で光を2分割して(振幅分割法)，一方を物体(試料)を照らす入射光，一方を参照波とする．電子線ホログラフィーの場合は Möllenstedt が発明した電子波用のバイプリズム(**図7-6** 参照)を使って波面を2つに分け(波面分割法)，右，左をそれぞれ物体照明波と参照波とする．そのため§6.3で説明したように，電界放出型電子銃から放出されるような高い空間干渉性(横方向の干渉性)の入射波が必要になるのである．

§7.2.2　電子線ホログラフィーの装置

　光のホログラフィーでは，物体波も参照波も同じ光軸に沿うインライン(in-line)ホログラフィー(図7-5(a))と参照波を傾斜させて入射させるオフアクシス(off-axis)ホログラフィーがある(図7-5(b))．電子線ホログラフィーでも前者の実験からスタートしたが，現在では後者が使われている．前者は再生像とその複素共役像が，観察する方向である光軸上に重なってしまうからである((7-3)式の第3,4項)．

　オフアクシスホログラムを撮影するためには，バイプリズムを電子顕微鏡の中間レンズの上に設置する(図7-6)．

　このプリズムは，正の電位を持った，光軸に垂直な極細線と，アース電位を持った左右の対抗電極からなる．静電場による電子線の屈曲によりガラスのバイプリズムと同じ作用がおこり，細線の右側と左側を通った電子波が互いに内側に曲がり下面のある部分で重なる(図7-6のクロスハッチの部分)．ここで対物レンズの右上の方に試料をおけば，左からこの重畳部分に入射したものが物体波(斜線の波)，右側からのものが参照波となる．

　2つの波が 2θ の角度を持って重ね合わさるのだから $D = \lambda/2\sin\theta$ の干渉縞がこの領域に形成される．今回の干渉縞は格子像と異なり図7-6の試料の像のところだけ少し位置が横方向にずれる．このずれを格子縞の位相変調という．これは試料を通った電子線の位相が少し進んだためである．この位相変化量は，粒子の平均の内部電位を V_0(10〜20ボルト)，厚さを Δt とすると，(4-1)式と同様に $\sigma V_0 \Delta t$ で与えられる．ここで，$\sigma = \pi/\lambda E$ である．

　再生された位相像の分解能を上げるためにはこの干渉縞間隔を小さくする必要がある．そのためにはバイプリズムへの印加電圧を上げ，θ を大きくする．干渉縞間隔と干渉縞領域を適切な大きさに独立に調整するため，いくつかのプリズム配置が提案されている[注8]．このホログラムから再生像を得るには，コンピュータを使ってホログラムを2次元フーリエ変換し($\mathcal{F}$ の記号)，**図7-7** の真ん中の図のようなホログラム

のスペクトルを得る．ここでAの中心スポットとBの中心の距離がホログラム中の干渉縞の間隔の逆数を表している．中心から離れた右側の斑点の周りにある楕円で描かれた強度分布（結晶性試料の場合は斑点になる）は，試料があるのでホログラム中の干渉縞が少し位置を変えたことによる影響である（位相変調された干渉縞のフーリエ変換図形）．この強度分布に試料の構造情報が入っている．

ここでAの中心スポットとその周辺の強度分布のみ，点線のような絞りで取り出してフーリエ逆変換すると試料の下の振幅像（これまでのTEM像），離れたBスポットとその周りを取り入れると位相分布像が得られる．すなわち§4.5で説明した電子顕微鏡にとって重要な物理量 $A(x, y)$ と $\eta(x, y)$ が一度に得られることになる．別の再生法として，フーリエ変換せずに，ホログラム中の干渉縞の位置のずれを直接測定して再生像を得る方法もある（位相シフト法）[6]．

最近，電子バイプリズムを使って両側の像を像面で重ね合わせ一種のモアレ縞を生成し，片側にある格子歪を高精度で検出するという新しい試みが発表された[7]．モアレ縞は普通は2枚の薄膜が電子線入射方向に重なった試料で生じるが，これは1枚の薄膜の横方向の像をバイプリズムで強引に重ねてしまいモアレ縞を得るところがみそである．

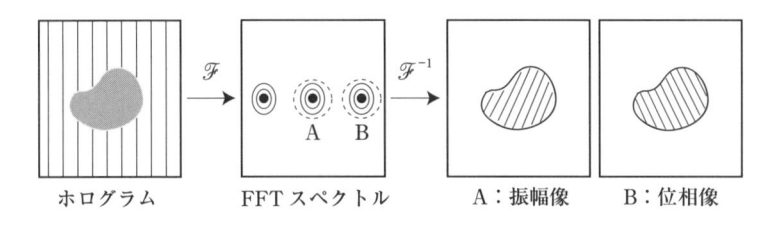

図 7-7 電子線ホログラム再生の方法

§7.2.3 電子線ホログラフィーで何を見るか？

A. レンズの収差補正

電子線ホログラフィーでは，通常のTEM像で得られる試料下面の振幅分布像（ = $\sqrt{(像強度)}$）ばかりでなく位相分布像も得られる．もしこの像がレンズの球面収差などで歪められていた場合は，像 ⇔ 回折図形のフーリエ変換関係を使って，それをス

注8) 中間レンズの下にもう1つバイプリズムをつけたり，レンズ配置を工夫する．K. Harada *et al.*, Appl. Phys. Lett., **84** (2004) 3229 および Y. Y. Wang *et al.*, JEOL News, **39** (2004) 6 を参照．

ペクトルの空間(逆空間)に戻してレンズ伝達関数 $\exp(-i\chi)$ で割算し，レンズ収差を補正し，再びフーリエ変換することによって正しい像を再生することができる[注9]．創始者 Gabor はこのような考えで電子顕微鏡のレンズ収差を補正するためにホログラフィーを案出したが，その応用が光学の方で先行したのは科学の発展における不思議さを感じさせられる．

B. ミクロスケールの磁場，電場の観察

図 6-6 で説明したように，電子顕微鏡の線形結像理論ではレンズ伝達関数 $\exp[-i\chi(u,v)]$ の実数部 $\cos\chi(u,v)$ と虚数部 $\sin\chi(u,v)$ によって，試料下面にできた振幅変調と位相変調が像面強度へ「まっすぐ」(実線)または「たすきがけ」(点線)で伝達される．$\cos\chi$, $\sin\chi$ は一種の空間周波数フィルターだからその伝達特性が大きいところを使って結像するのが有利である．$\sin\chi$ は図 6-3 で説明したようにシェルツァーフォーカス条件では 0.5 nm〜0.2 nm の範囲に大きい伝達特性を持つので，ここを高分解能電子顕微鏡法で用いている．この範囲の空間周波数を持つ試料直下波動場の位相変調成分(原子配列下面の電子波の位相が変わること)は，うまく像面の強度変調に変えられる．一方，$\sin\chi$ の低周波数側(大きい間隔)は伝達特性が小さい．したがってこの空間周波数領域では，位相変調は像面での強度分布に変換されず，像コントラストが得られないのである．無染色の生物試料の像コントラストが低いのはこのためである．一方この領域の $\cos\chi$ は，$\sin\chi$ と相補的だから，伝達特性は大きい．$\cos\chi$ を使うと，図 6-6 の右上から「まっすぐ下」だから，像面では波動関数の位相分布 $\phi'(x)$ を見なければならないことになる．位相分布像は波動関数を 2 乗すると消えてしまうので，通常の TEM 像では観察できない．ここに電子線ホログラフィーの出番があるのである．

10 nm 以上の大きな構造を持つ位相物体で代表的なものは，サブミクロンサイズの電磁場分布や無染色の生物試料である．電子線ホログラフィーを用いると，磁性体の周りの磁場分布や電極の周りの電場を可視化することができる．電場(電位分布 $V(x,y,z)$)，磁場分布 $\boldsymbol{B}(x,y,z)$ が存在する空間を通過した電子波の位相シフト量 η は次の式で記述される．

[注9] レンズの収差の影響を表すレンズ伝達関数の虚数部である位相コントラスト伝達関数 $\sin\chi$ は逆空間で作用させることを思い出そう．像面の波動関数をフーリエ変換した逆空間情報を $\exp[-i\chi(u,v)]$ などで割ってやれば，収差の補正ができることになる．

$$\eta_E = \frac{\pi}{\lambda E} V_\mathrm{p} = \sigma V_\mathrm{p} \tag{7-4}$$

(ただし E は電子線の加速電圧である. $V_\mathrm{p} = \int V(x, y, z) dz$)

$$\eta_\mathrm{B} = -\frac{e}{\hbar}\oint \boldsymbol{A} \cdot d\boldsymbol{s} = -\frac{e}{\hbar}\iint \mathrm{rot}\,\boldsymbol{A} \cdot d\boldsymbol{S} = \frac{-e}{\hbar}\iint \boldsymbol{B} \cdot d\boldsymbol{S} \tag{7-5}$$

(7-4)式は，4章などですでに説明したものである．V_p は試料の静電ポテンシャル分布であるが，高分解能ホログラフィーでない場合は，すでに説明したように平均内部電位 $V_0 \times \Delta t$(厚さ)が測定できる[8]．一方，(7-5)式で $\boldsymbol{A}$ は磁場 $\boldsymbol{B}$ を作り出すベクトルポテンシャルである．(7-5)式は電磁ポテンシャル $(V, \boldsymbol{A})$ 中でのシュレディンガー方程式を解くことによって得られる[注10]．ベクトルポテンシャル $\boldsymbol{A}$ の周回線積分路は，図7-6のバイプリズムの細線を周回するようにとる．$\boldsymbol{B} = \mathrm{rot}\,\boldsymbol{A}$ であり，ベクトル解析のストークス定理を使うと，$\boldsymbol{A}$ の線積分は上記の周回の輪の上に貼った

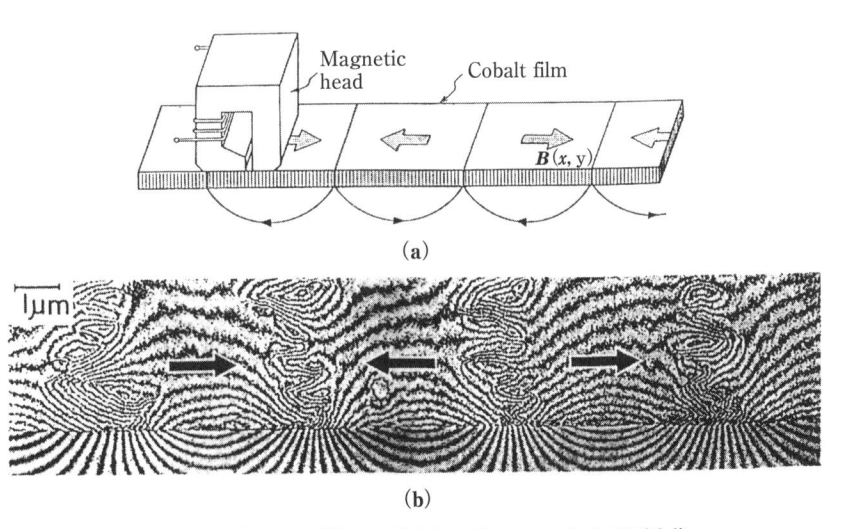

図7-8 磁気テープ断面の電子ホログラフィーによる再生像
上側は真空中に漏れた磁力線(外村彰博士のご厚意による)

注10) 電磁ポテンシャル $(V, \boldsymbol{A})$ 中のシュレディンガー方程式は $[(-i\hbar\nabla + e\boldsymbol{A})/2m - eV]\phi = E\phi$ (E は固有値)である．これを $\phi = A\exp(iS/\hbar)$ とおいて変数分離法で解く(WKB 近似)．A は振幅，S は光学のアイコナールに相当する量である．Y. Aharanov and D. Bohm, Phys. Rev., **155**(1959)485 を参照．

曲面上の **B** の面積分に変換される．

図 7-8 は磁気テープの表面の磁力線分布を断面方向から可視化したものである．ホログラフィーをマイクロ磁場観察に応用することは現在もっとも精力的に行われている研究テーマである．また，上記の平均内部電位 $V_0 \times$ 厚さ Δt により，(7-4)式の関係で物体波の位相がずれることを利用し，半導体中の不純物分布の差(V_0 の相対差)を見ることも可能である[8]．

C. 高分解能電子線ホログラフィーの可能性

§4.1 や§4.5 で述べたように，高分解能電子顕微鏡法の基本的問題は，$\exp[i\sigma V_p(x,y)]$ の位相変調しかない試料直下の波動場からどのようにして像面での強度変調を得るかという点であった．そのために Scherzer は対物レンズの球面収差を有効に使い，さらにディフォーカスも併用した．次の§7.4 で述べるように，3 次の球面収差は現時点ではゼロにすることができる．するとディフォーカスの役割は球面収差を打ち消す(§4.1 参照)のではなくて，もっぱら位相コントラストをつけるためのものであるということになる[注11]．ディフォーカスすると，試料の下または上の波動場を見るわけだから波の伝播によって像がボケる．そのボケの横方向の大きさはフレネル回折の第 1 半周期帯の大きさ，$R = \sqrt{\lambda z} = \sqrt{\lambda(\Delta f)}$ で与えられる[注12]．数学的には補遺 B の(B-9)式のように，フレネル伝播を表現したコンボリューションの形式で

$$\phi^{\mathrm{def}} = \exp i\sigma V_p(x,y) \otimes \exp\left[\frac{2\pi ik}{2z}(x^2+y^2)\right] \quad (7\text{-}6)$$

でディフォーカスされた波動場が記述できる．このコンボリューション演算によって

$$|\phi^{\mathrm{def}}|^2 \neq 1 \quad (7\text{-}7)$$

となりコントラストが生じるのであるが，像はボケてしまう．一方，ボケていない直下の波動場は像コントラストがつかない．高分解能 TEM におけるこのジレンマは，ホログラフィー法を使えば克服できるのである．すなわち図 6-6 の右上から左下の

[注11] Δf による位相調節は $\exp[i(\pi\Delta f\alpha^2/\lambda)]$ (α：散乱角)の形なので，すべての空間周波数について(4-4)式の i をキャンセルすることはできない．これに対応して 1 枚のディフォーカス像のみを用いては，実空間表示の $(1+i\eta)$ から，すべての空間周波数についてコントラストがついた，かつボケてない $(1-\eta)$ を再生することはできない．

[注12] 補遺 J や光学の教科書，例えば，鶴田，「応用光学 I」(培風館, 1990) p.185 参照．

「$\sin\chi$ の道」でなく，右上から真下の「$\cos\chi$ の道」を高分解能領域でも使うことが考えられる．「$\cos\chi$ の道」を使えば $C_s = 0$, $\Delta f = 0$ で $\cos\chi = 1$ だからコントラストがつくことになる．すなわち，試料直下の波動場は原子コラムレベルの微細構造ごとに位相変調されているので，ホログラフィー法を使ってこの位相変化を可視化すれば $\Delta f = 0$（像はボケない）でも像が観察できるのである．

さらに，ホログラフィーの再生像は図7-7の中心から離れたB点の周りのスペクトルを使って得る．このスペクトルはもともとホログラム中の干渉縞成分のみから出ているものなので，エネルギーロスしていない参照波と干渉しない，すなわち物体波中の非弾性散乱波の影響が取り除かれた高分解能像が得られる．結果として§6.1.7で触れた Stobbs factor 問題が回避される可能性がある．

この Stobbs factor 問題に関連して，試料中でプラズモン散乱した電子により生成されたホログラムの研究も最近話題になっている[9]．

§7.3 電子線トモグラフィー法—ナノの世界が3次元的に見える—

これまでの電子顕微鏡法は試料を透過した電子が試料直下面につくる2次元の投影情報を観察してきた．ナノの世界の可視化も3次元化するのが望ましい．マクロな世界では人体のX線コンピュータトモグラフィー（Computed Tomography；CT）やセラミックス成型品のX線による3次元観察がすでに行われている．またレーザー光のホログラフィーによる人形などの3次元描像ができている．近年電子顕微鏡観察にも3次元観察法が導入され，電子線トモグラフィーと呼ばれている[注13]．ここではその原理と応用例を説明しよう[10]．

§7.3.1 3次元観察の原理

透過X線による3次元観察法は1970年代前半の Cormark と Houndsfield らによるX線CTの発明により急速に社会に普及した．その原理的基礎は20世紀初期のラドン変換の確立に求められる．ラドン変換とは2次元物体を斜めから投影したときに出てくる変換で，この変換のフーリエ変換が3次元像再構成のために重要になる．

[注13] トモグラフィー（tomography）という言葉は試料の内部構造も含めた3次元観察を指す．対応語はトポグラフィー（topography）である．これは表面形状に特化して観察する．電子線トモグラフィーでは両者を含む場合もある．3次元像の表示法については，内部まで表示するのを volume rendering，表面のみを表示するのを surface rendering と呼ぶ．

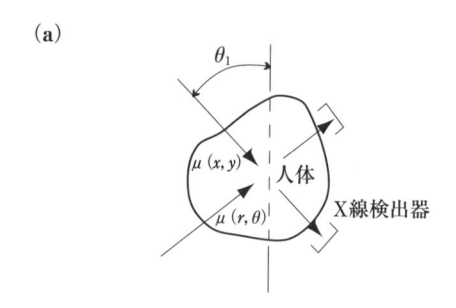

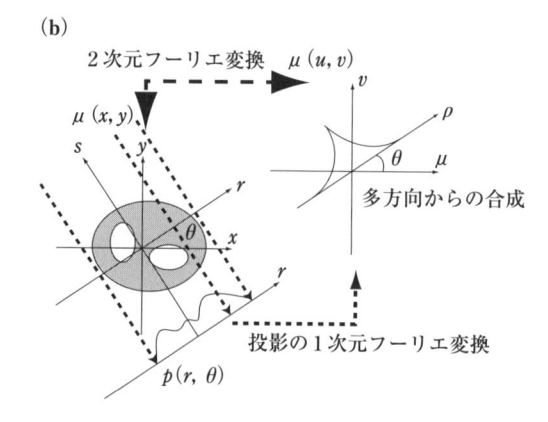

図 7-9 (a) 人体への X 線 CT の原理（θ の傾斜角度で X 線源と検出器を回転しながら吸収のデータを得る．$\mu(x,y)$，$\mu(r,\theta)$ は直角座標および極座標で書いた吸収係数を表す）
(b) 極座標系で考えた試料の投影とそれからの 3 次元再構成

図 7-9(a) にあるように細い X 線を人体の横から入射し，反対側で X 線の強度を測定する[注14]．人体の 2 次元断面を観察することを考えると，この入射 X 線源と検出器を順次 360°回転させてデータを収集する．人体は水分やタンパク質が X 線を吸収するので，図 7-9(a) の人体の 2 次元断面は，場所 (x,y) または極座標で書いた (r,θ) の吸収関数で表示できる．

注14) 種々の方向から X 線を入射させた回折図形から得られる 3 次元の逆空間情報を使って構造解析する方法が X 線回折法である．しかし回折図形は強度しか与えないので，位相，したがって形状や粒子の位置が決まらないという問題がある（位相問題）．たとえ位相が決まっても，実空間の像を出すには多量な計算が必要である．

§7.3 電子線トモグラフィー法—ナノの世界が3次元的に見える—

この吸収係数を $\mu(x, y) = \mu(r, \theta)$ とおくと，例えば左上から入射し右側に透過したX線が感じる吸収は

$$\mu_{\theta_1} = \int \mu(x, y)\, dl_{\theta_1} \tag{7-8}$$

のようにX線の通過方向に線積分したものとなる．検出器でのX線強度は μ_{θ_1} があまり大きくないとすると，吸収効果を表す指数関数が展開できて

$$I_{検} = I_0 \exp(-\mu_{\theta_1}) \cong I_0 - I_0 \mu_{\theta_1} \tag{7-9}$$

となる（線形近似）．したがって検出器の強度とその方向に投影した吸収係数とは比例関係で結ばれる．

次に，フーリエ変換の重要な性質である投影定理について，簡単のために，x-y 標記で説明する．これはすでに(2-28)式でも説明した．上と同じ吸収係数の記号を使うと，吸収係数の y 方向への投影は

$$\int \mu(x, y)\, dy = \hat{F}\{M(u, v=0)\} = \int M(u, 0)[\exp 2\pi i(ux)]du \tag{7-10}$$

ここで，$M(u, v)$ は $\mu(x, y)$ をフーリエ変換したもので

$$M(u, v) = \iint \mu(x, y) \exp[-2\pi i(ux+vy)]dxdy \tag{7-11}$$

である．

すなわち，ある方向への投影情報を求めるには，その構造のフーリエ変換の中のその方向に対応する引数をゼロにして逆フーリエ変換してやればよいのである．

この定理を使うと，図7-9(a)のある方向からの投影像をフーリエ変換したものは逆空間でのフーリエ係数のうち投影方向に垂直な平面上の値を与えるので，これをいろいろな方向から行い加算すれば，3次元的なフーリエ係数全部が求まる．

この考えを数式で記述するには極座標 (r, θ) を使うのが便利である．簡単のため2次元で説明する（3次元の場合は，金太郎飴をイメージして円筒座標で考える）．上記の x-y 座標から θ 傾いた r-s 座標を考えると（図7-9(b)），$r = x\cos\theta + y\sin\theta$，$s = -x\sin\theta + y\cos\theta$ だから，$\mu(x, y)$ の θ 方向（s 方向）の投影データは

$$\begin{aligned} p(r, \theta) &= \int_{-\infty}^{\infty} \mu(r\cos\theta - s\sin\theta, r\sin\theta + s\cos\theta)ds \\ &= \int_{-\infty}^{\infty}\int_{-\infty}^{\infty} \mu(x, y)\delta(x\cos\theta + y\sin\theta - r)dxdy \end{aligned} \tag{7-12}$$

となる．これをラドン変換という．逆に，物体をいろいろな方向から投影したデータ $p(r, \theta)$ から $\mu(x, y)$ を求めるには，$\mu(x, y)$ のフーリエ変換 $M(u, v)$ を用いる．この変換空間でも極座標 (ρ, θ) を採用する．(7-11)式に $u = \rho\cos\theta$，$v = \rho\sin\theta$ の変換を行うと，

$$M(\rho\cos\theta, \rho\sin\theta) = \int_{-\infty}^{\infty}\int_{-\infty}^{\infty} \mu(x,y)\exp\{-2\pi i\rho(x\cos\theta + y\sin\theta)\}dxdy \quad (7\text{-}13)$$

この式にはじめの r-s への座標変換式を適用すると

$$\begin{aligned}F &= \int_{-\infty}^{\infty}\left[\int_{-\infty}^{\infty} f(r\cos\theta - s\sin\theta, r\sin\theta + s\cos\theta)ds\right]\exp(-i\rho r)dr \\ &= \int_{-\infty}^{\infty} p(r, \theta)\exp(-i\rho r)dr\end{aligned} \quad (7\text{-}14)$$

となる．すなわち，θ 方向の投影データ $p(r, \theta)$ の r についてのフーリエ変換は $\mu(x, y)$ のフーリエ変換 $M(u, v)$ を θ 方向で切断した断面になる．これは極座標で記述した投影切断定理と呼ばれ CT の基礎となっている．

§7.3.2 電子顕微鏡法への適用

上で述べた X 線 CT の原理を電子顕微鏡法に適用するときは，吸収係数を原子の密度分布 $\rho(x, y, z)$ や試料の静電ポテンシャル $V(x, y, z)$ に置き換える．ここでも簡単のため 2 次元表示の $V(x, y)$ で説明する．まず §4.2 で述べた散乱吸収コントラスト像のことを考える．例えば球状でない非晶質のゲルマニウム粒子を想定してみよう．

(4-13)式で説明したように

$$\phi(x) \propto \exp\left[-\frac{1}{2}\sigma_\alpha \frac{N_A}{M}p_{2D}(x)\right] = \exp\left[-\frac{1}{2}\mu(x)\right] \cong 1 - \frac{1}{2}\mu(x) \quad (7\text{-}15)$$

である．

(7-15)式の第 1 項の引数は吸収係数 $\mu(x)$ に対応し，$\mu(x) \ll 1$ のときは指数関数を展開して考えることができる．像強度は，線形近似の範囲で

$$I(x) = \left(1 - \frac{1}{2}\mu(x)\right)\left(1 - \frac{1}{2}\mu(x)\right) = 1 - \mu(x) = 1 - \sigma_\alpha\frac{N_A}{M}p_{2D}(x) \quad (7\text{-}16)$$

となり，構成原子の入射方向 (y 方向) への投影密度分布と像強度が比例することになる．この場合は (7-9) 式で説明した CT の基本的条件である線形性が保持される．

次に実数である静電ポテンシャル分布 $V(x, y)$ を持つ結晶を試料として考えてみよ

う．試料の厚さが 5 nm 以下のときは弱い位相物体の近似の式が成り立つことは 6 章で述べた．2 次元断面を 1 次元に投影する場合の式として

$$\phi(x) = \exp\left[i\frac{\pi}{\lambda E}V_\mathrm{p}(x)\right] \cong 1 + i\frac{\pi}{\lambda E}V_\mathrm{p}(x) \tag{7-17}$$

$$\text{(ただし } V_\mathrm{p} \propto \int V(x,y)\,dy\text{)}$$

虚数 i は $\exp\left(i\frac{\pi}{2}\right)$ だから散乱波が作る波動場の位相を $\pi/2$ 変化させたものなので，レンズ伝達関数 $\exp(-i\chi)$ を調節すれば（§4.1 参照），(7-16)式と同じ式を考えることができ，2 次元の吸収係数分布の代わりに試料の 2 次元ポテンシャル分布が同様の方法で得られることになる．

しかし，弱い位相物体の近似が成り立たない 10 nm 以上の試料や結晶による回折効果が強く現れる試料では，試料下の波動物は試料のポテンシャル分布の単純な投影ではなく，また(7-17)式のように試料が位相変調のみおこすということもない．したがって上記の投影断面定理も適用できない．そのときは大きいポテンシャル差を持つ真空と試料との界面の情報である外形以外の内部の 3 次元ポテンシャル分布は正しく再生されなくなる．トモグラフィー像は種々の偽像を含むことになる．

電子線トモグラフィー法は 1970 年代から研究が始まったが，その対象は主に生物試料に限られていた．その理由は生物試料は非晶質であることが多く，また軽元素からなっているので(7-17)式およびその 1 次の展開式がうまく適用できたためである．

§7.3.3 実際の装置

電子線トモグラフィーを行うには，試料が 60°～70° 以上連続的に傾斜できるような装置であればよい．このような大角度の試料傾斜を実現するためにはサイドエントリー型試料ホルダーを用いる．ゴニオメーター内のモーター駆動機構を制御コンピュータからの信号で動かし，一定角度間隔ごとに試料を自動的に傾斜して撮影が行われる．通常 1 視野 100 枚程度の傾斜像を使う．図 7-10 は試料をヘリウム温度にまで冷やして 3 次元観察できる 300 kV の透過電子顕微鏡である．

このように記録された像の解析手順は，まず，像の中から傾斜によって高さ（z 方向）が変わらない部分を探す．これを結んだ線が試料での傾斜軸に対応する．次に 100 枚の像の x-y 方向の位置合わせをする．その後，各像をフーリエ変換して（図 7-9(b)の「投影の 1 次元フーリエ変換」に対応），逆空間内で順にフーリエ係数の 3 次元分布を組み立ててゆく．この後 3 次元の逆フーリエ変換をして 3 次元立体像を得

図7-10 試料を液体ヘリウムで冷却することが可能な，3次元電子線トモグラフィー装置

る[注15]．このような画像処理を行うプログラムが公開されており，無料で使うことができる(コロラド大学開発の「IMOD」)．得られた3次元画像は別の画像処理ソフトで画視化する(「AMIRA」など)．そのとき立体の中身も表すようにすることを"volume rendering"，表面のみ可視化することを"surface rendering"という．

§7.3.4 現在の電子線トモグラフィーの問題点

3次元トモグラフィーの方法を適用するためには試料の静電ポテンシャル分布の投影と像強度が比例することが必要である．明らかに材料系の大部分の観察試料ではこのことが成り立たない．このような試料でも3次元の構造情報をいかに引き出すかということが第一の問題である．本節ではまず明視野TEM像による3次元像を説明した．上記の線形性が保たれれば3次元の構造を再生するために，暗視野像，ホログラフィー像，X線マッピング像およびEELSマッピング像などを使ってもよい．特に厚い結晶による強い回折効果を平均して，原子の投影投影密度に近い情報を得るために近年用いられてるのが本書の第II部で説明する高角度円環状検出暗視野走査透過電子

注15) 実際はフーリエ逆変換法を使わず，逆投影法(back projection method)というアルゴリズムを使う．

§7.3 電子線トモグラフィー法—ナノの世界が3次元的に見える— 117

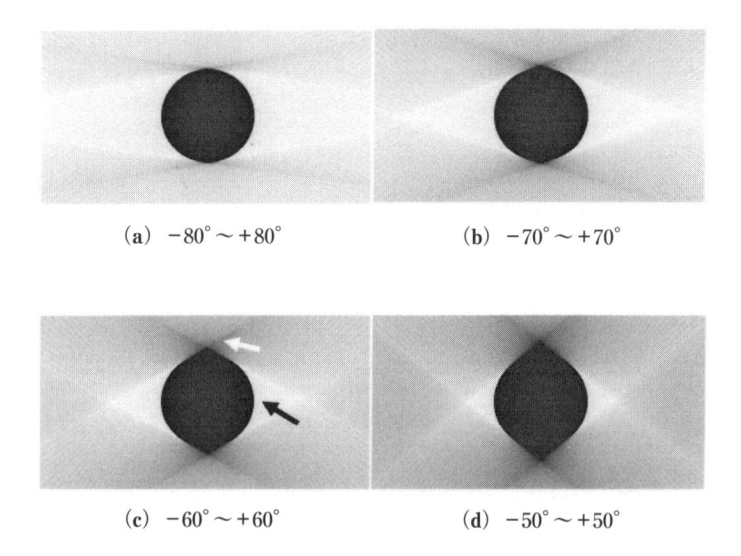

(a) $-80°\sim+80°$

(b) $-70°\sim+70°$

(c) $-60°\sim+60°$

(d) $-50°\sim+50°$

図7-11 ミッシングコーン問題から生じる偽像
円筒が縦方向に伸びたり，周辺にストリーク状のコントラストが出る

顕微鏡（HAADF-STEM）像である．またX線マッピング像に使われる特性X線は試料を構成する1個1個の原子から放出され，それぞれのX線は干渉作用をおこさぬ単純加算として扱えるので，投影密度分布が像強度に比例する関係が成り立つ．ただし放出X線の強度はTEM像を形成する弾性散乱波と比べて格段に弱いので，試料を傾斜して100枚の像を得るには数日かかる．この間，試料や電子顕微鏡を安定化させておくのは極めて困難である．このことはEELS像をマッピングした像の場合でも同じである．この問題については§10.6のSTEMによる3次元観察で再び取り上げよう．

さらにサイドエントリーホルダーを使っても傾斜角度は±70°程度が実用上の限度である．その理由は試料を入れる電子顕微鏡のレンズ空間は数mmという狭さだからである．また平板試料を傾斜していくと$1/\cos\theta$の関係で電子線が透過する有効厚さが大きくなる．そのため70°～90°の傾斜条件では投影像が実際上記録できなくなってしまう．不完全な3次元フーリエ係数を逆フーリエ変換しても正しい像が再現されないのは当然である．トモグラフィーにおけるこの問題を"missing cone 問題"と呼ぶ．**図7-11**は円筒の側面から電子線を入射させたときの再生像の変化をシミュレーションで示したものである．傾斜角度が不足していると，実像の試料の外側に種々の偽像が生じる．この問題を回避するためには，①試料を細い棒状にして360°

回転させてデータを収集する[注16]，②別に90°直角な軸の周りにも回転してデータをとる(2軸傾斜トモグラフィー法)，③表面の3次元像(トポグラフィー像)は正しい像が得られやすいので，これを鋳型にしてトモグラフィー3次元像をはめ込み偽像を消去するなど，様々な試みが行われている．

§7.4　収差補正TEM—0.05 nmの分解能を目指して—

電子顕微鏡は1931年の発明以来，対物レンズの収差，特に球面収差(係数C_s)に悩まされてきた．(3-5)式のScherzerの式により点分解能は$C_s^{1/4}\lambda^{3/4}$の依存性があるので，3次の収差係数であるC_sの低下は高分解能観察のための必要条件であった．80年代までの100～200 kVのTEMのC_sの値は1 mm前後であったが，狭いギャップと強励磁レンズの開発により90年代にはC_sは0.5 mmのオーダーに達した．この実現には，上極と下極が対称型のレンズを採用するために必要なサイドエントリーホルダーの機械的安定化も必要であった[注17]．しかし，これ以上のC_sの低下は試料ホルダー形状の制約から不可能であった．

1995年以後，ドイツのRose-Haiderが開発した多極子レンズ補正技術を使って，TEMの球面収差補正は現実のものとなり，最初フィリップスの200 kV TEMに搭載して実験が行われた[11]．図7-12は，これまでの対物レンズ(OL)と，2つの6極子レンズ，その間をつなぐ2つの転送レンズよりなる収差補正装置を示す．これに対抗し

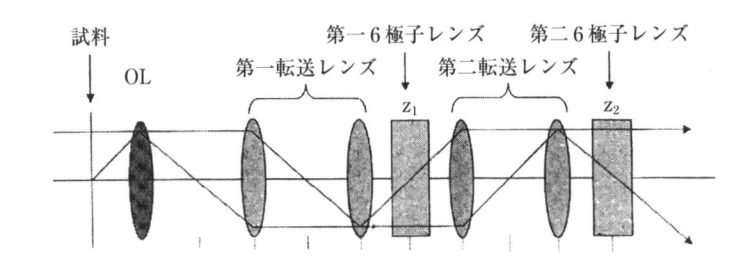

図7-12　透過電子顕微鏡用の球面収差補正装置のレンズ配置

[注16] この技法はマイクロサンプリング法といい，わが国で開発された画期的な試料技術である．収束イオンビームを使って，バルク試料から観察の必要な場所を細い棒状に切り出し，TEMの試料ホルダーまでピエゾまたは機械的駆動の針を用いて移送する．

[注17] レンズの上極の穴から磁極ギャップ内に試料を挿入するものとトップエントリー型，2つの磁極の間に横方向から入れるものをサイドエントリー型という．

§7.4 収差補正 TEM—0.05 nm の分解能を目指して—　　119

て，走査透過電子顕微鏡(STEM)のプローブを 0.1 nm 以下に絞ることを目指した収差補正装置もケンブリッジ大学と Krivanek の共同体制で進められてきた[12]．この 2 つの研究によって，現在では 3 次の球面収差は事実上ゼロにすることができ，次に分解能に影響を与える 5 次の収差項の極小化も議論されている．

　薄い試料の結像理論から導かれるように，電子顕微鏡の点分解能は C_s だけでなく色収差にもよることが知られている．この色収差によるボケは，加速電圧とレンズ電流の揺らぎや電子銃から出てくる電子の有限のエネルギー幅によって決まるため(§6.1.5 および補遺 C 後半参照)，対物レンズの色収差係数を極小化することの他に，加速電圧の揺らぎによる入射電子の波長の揺らぎを単色器(モノクロメーター)を使って小さくすることも必要である．レンズの色収差補正装置は現在ドイツや日本で開発中であり，2010 年頃には実用化の見通しである．

　TEM 像の球面収差補正については，異なった原理に基づく"ダイナミック収差補正"技術も大阪大学で研究されている[13]．この方法はフォーカスをずらして撮影した

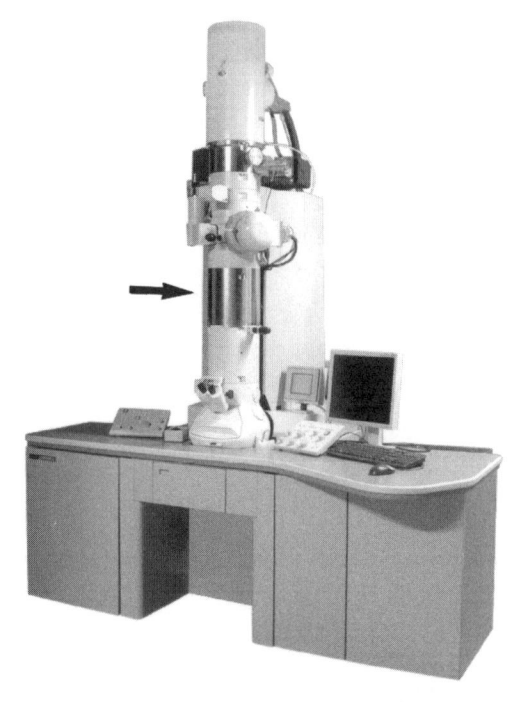

図 7-13　球面収差補正 TEM の外観図
　　　　矢印が補正装置

多数の高分解能像を合成するという点では，従来の「撮影後の画像処理」の方法と同様である(→補遺 G)．この演算を実空間で，かつ特殊な重み関数をかけながら TV 撮像管の中で行うところが特徴である．そのため動的現象の観察にも用いることができる．

STEM についての新しい装置開発は，前述の Krivanek の球面収差補正装置をつけたものが IBM (120 kV) や，オークリッジ (100 kV と 300 kV) の研究所で稼動しており，100 kV 級の装置では 0.13 nm 程度，300 kV 級の装置では冷陰極電界放出型電子銃を使って 0.08 nm を切る点分解能が得られており，界面構造の解析にめざましい成果を上げている[14]．この球面収差補正技術は次世代の高分解能 TEM の重要な技法なのでここではもう少し説明を続けよう．

収差を補正するためには，収差のある対物レンズの後方に図 7-12 のように 2 組の 6 極子レンズを置く．この方式はドイツの Rose-Haider によって実用化されたもので，TEM 用の補正装置の標準型になりつつある．**図 7-13** は名大のグループと日本電子(株)により開発された 200 kV の加速電圧の装置の外観図である．黒矢印で示した銀色の円筒部が補正装置である．収差補正を実際に行うには多数の収差係数のその場測定および補正レンズ励磁電流の高速計算とその自動設定が必要である．レンズ係数のその場測定には Zemlin の方法[15]を用いる．この方法は各種の斜め照射の条件で非晶質膜の像を撮影し，そのフーリエ変換図形の楕円度(図 3-6(b) 参照)を解析するものである．

球面収差補正をすると，①点分解能の向上，②格子像が表面や界面からずれたところに出るという delocalization (図 6-13 参照) の極小化，③コントラスト伝達関数の高角度側がディフォーカス変化に対して敏感に変化しないために，フォーカスを少しずらしても格子像が観察される．④原子コラム像のコントラストを直観的にするための負の球面収差係数の採用が可能[注18]，⑤点分解能への照射角の影響の低減，⑥制限視野回折の位置決め誤差の局所化[注19]，など様々な利点が生じる[16]．①の特徴からは酸素などの軽元素の原子の可視化が可能になり，②からは界面や微粒子の構造解析の容

注18) $C_s > 0$ では (6-6) 式や (6-9) 式の線形項はアンダーフォーカス側では黒いコントラストを与える．一方，(6-6) 式の 3 項目の非線形項は白いコントラストを与える．$C_s < 0$ に設定すると線形項も白いコントラストになり，「黒＋白」より「白＋白」で像コントラストに複雑性が導入されにくいという主張である．この場合少しオーバーフォーカス側で撮影する (C. L. Jia *et al.*, Science, **299** (2003) 870)．

注19) 著者の研究室では，特殊な絞りを用い，5 nm 以下の制限視野電子回折が実現している (J. Yamasaki *et al.*, J. Electron Microsc., **54** (2005) 123)．

§7.4 収差補正 TEM—0.05 nm の分解能を目指して— 121

易化, ③からは像シミュレーションの回数を減らすことができる.

収差補正の利点は $C_s \cong 0$ とする他に, C_s が自由に選べることができることもある. これまでの HRTEM の位相コントラスト法(Scherzer 法)ではディフォーカス量 (Δf) のみが調整パラメーターであった. 今後は C_s も自由に設定できる. 薄い試料を観察する場合の最適な C_s と Δf の撮影条件は Lentzen が導いた. コントラストをつけるための Scherzer defocus と, 像がボケない最小錯乱円を作るためのディフォーカス (Lichte defocus) を融合させたものである. その結果は

$$C_s = \frac{64}{(27\lambda^3 g_{max}^4)} \quad (7\text{-}18)$$

$$\Delta f = \frac{-16}{9(\lambda g_{max}^2)} \quad (\text{アンダーフォーカス側}) \quad (7\text{-}19)$$

である[注20]. ここで g_{max} は図 6-5 で説明した"information limit"に相当する空間周

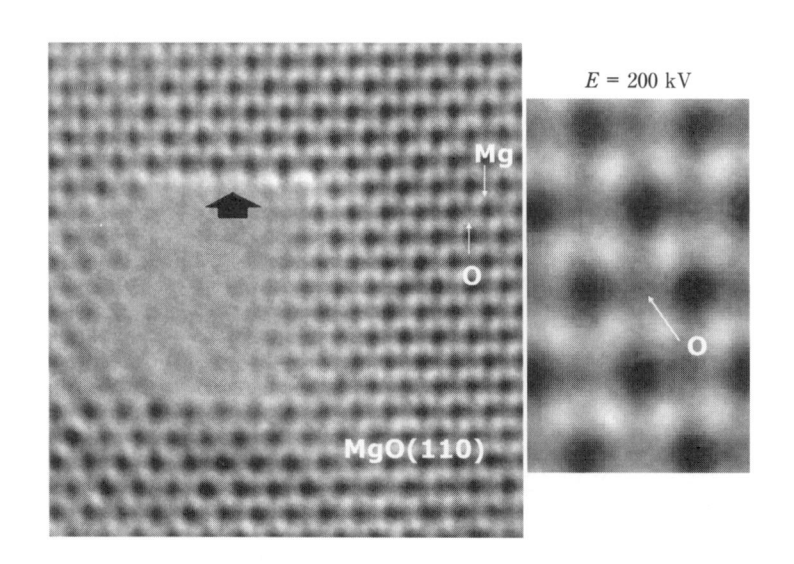

図 7-14 酸化マグネシウム(MgO)の(110)薄膜の球面収差補正 TEM 像
O は酸素原子コラム, Mg はマグネシウム原子コラム

[注20] M. Lentzen *et al.*, Ultramicroscopy, **92**(2002)233 参照. ただこのフォーカスは, シェルツァーフォーカスほどその有効性が確立しているものではない. 近年は, これとは別に注 18 に記述した $C_s < 0$ と $\Delta f > 0$ の有効性をドイツの研究者は主張している.

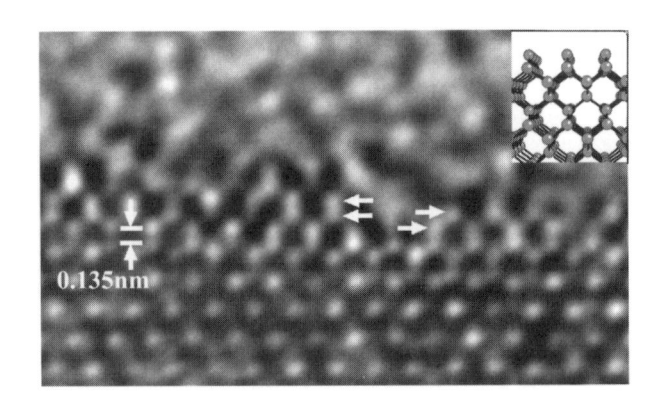

図 7-15　SiO₂/Si 界面の球面収差補正 TEM 像

波数である．

図 7-14 は①の特徴を生かして酸化マグネシウムの薄膜中の酸素原子コラムを可視化したもので，酸素原子数個の連なりが灰色のコントラストの広がりとして捉えられている．また表面の酸素原子の状態も研究できる（太矢印）．**図 7-15** は界面での de-localization 効果が少ないことを利用した SiO₂/Si(100) 界面の高分解能像である．図 6-2 のようなフレネル縞などに妨げられることなく 0.135 nm の分解能で界面の原子配列が観察できる[16]．

この技術によって対物レンズの球面収差は事実上ゼロにすることができるので，(6-7)，(6-11)，(6-12)式の積である位相コントラスト伝達関数が 200 kV の加速電圧の装置でも 0.1 nm まで向上する．また係数 C_s を含む(6-12)式の照射角による伝達特性の減衰やコマ軸収差が極小化される．

残るは(6-11)式の色収差による分解能の限界である．この減衰包絡関数を軽減するには加速電圧の揺らぎ $\Delta E/E$ や放出電子線のエネルギー幅 ΔE_0 の低減と，対物レンズの色収差係数(C_c)自体を極小化する必要がある．ΔE_0 の低減のためには電子銃の後にエネルギー単色器を置く．現時点では $\Delta E_0 = 0.1$ eV 程度にエネルギーをそろえた入射電子線による高分解能 TEM 像がすでに撮影されている．対物レンズ自身の色収差係数の補正については，静磁場と静電場を複合化させた SEM 用の補正装置は 1990 年代から存在したが，すでに記したように，100〜200 kV 用の色収差補正装置は現在開発中で 2010 年頃には実用化される見通しである．

第 7 章 参考文献

(1) R. F. Egerton, "Electron Energy Loss Spectroscopy in TEM"（Plenum Press, 2nd, 1996）
(2) 進藤大輔, 及川哲夫,「材料評価のための分析電子顕微鏡法」(共立出版, 1999)
(3) L. Reimer, "Energy-Filtering Transmission Electron Microscopy"（Springer Verlag, 1995）
(4) Y. Bando et al., Jpn. J. Appl. Phys., **40**（2001）L1193
(5) A. Tonomura et al., "Electron Holography"（North-Holland Publishing, 1995）
(6) K. Yamamoto et al., J. Electron Microsc., **49**（2000）31
(7) M. Hytch et al., Nature, **453**（2008）1086
(8) Z. Wang et al., Appl. Phys. Lett., **80**（2002）246
(9) D. Van Dyck et al., Ultramicrosc., **81**（2000）187
(10) J. Frank, "Electron Tomography"（Plenum Press, 1992）
(11) M. Haider et al., J. Electron Microsc., **47**（1998）395
(12) O. Krivanek et al., Ultramicrosc., **78**（1999）1
(13) Y. Taniguchi et al., J. Electron Microsc., **41**（1992）21
(14) S. J. Pennycook et al., J. Electron Microsc., **45**(1996)36
(15) F. Zemlin et al., Ultramicrosc., **3**（1977）49
(16) N. Tanaka, in "Advances in Imaging and Electron Physics", ed. P. W. Hawkes（Academic Press, 2008）pp. 385

演習問題 7

7-1 摂動論を使って(7-1)式を導いてみよう(砂川,「量子力学」(岩波書店, 1991) 5 章参照).

7-2 Möllenstedt が開発した電子線バイプリズムについて調べてみよう．また図 7-6 の重畳部分にできる縞の間隔は $D = \lambda/2\sin\theta$ であることを示せ．

7-3 現在使われている波面分割型の電子線ホログラフィーに関連して，光の干渉計で波面分割型のものと振幅分割型のものを調べて，その構造図を描いてみよう．

7-4 光の場合の半透明鏡のように，電子波を振幅分割するためにはどうしたらよいだろうか．

第 II 部
原子直視を可能とする走査透過電子顕微鏡法

第 8 章　走査透過電子顕微鏡法とは何か
第 9 章　走査透過電子顕微鏡の結像
第 10 章　走査透過電子顕微鏡法の応用例
第 11 章　走査透過電子顕微鏡の結像理論
第 12 章　走査透過電子顕微鏡法の今後の発展
第 13 章　まとめとして
　　　　　—ナノ構造観察からナノ物性研究およびナノ加工研究へ—

第8章
走査透過電子顕微鏡法とは何か

§8.1　走査透過電子顕微鏡法の特徴

　第Ⅰ部「ナノの世界と透過電子顕微鏡法」では1 nm以下の間隔を持つ原子面の結像法である格子像法や構造像法，そして単原子や原子クラスターの観察法について説明した．また数nm以上の大きさの転位などの結晶欠陥をTEMを用いて観察する方法は，本材料学シリーズの「結晶電子顕微鏡学」に詳しく説明されている[1]．TEMは，集束レンズ，対物レンズ，中間レンズ，投影レンズ（接眼レンズの代わり）など，光学顕微鏡と同様な要素で構成され，2次元フーリエ変換がその数学的基礎であった．

　一方，材料の表面形状を光学顕微鏡の分解能を越えて観察する装置として走査電子顕微鏡（Scanning Electron Microscope；SEM）がある．これは数keVのエネルギーを持つ，細く絞った入射電子線により試料表面から放出された2次電子線や反射電子線を用いて，テレビ像と同様な走査方式で結像する（**図8-1**および図1-6(b)参照）[2]．

　TEMとSEMの結像のためのキーワードを並べてみると，
TEM：①試料を透過した電子で結像する．②結像にレンズを用いる（フーリエ変換光学）．③主に弾性散乱電子を用いる．④2次元の像を一度に作る．⑤透過電子を用いるので試料は極薄であることが必要．
SEM：ⓐ入射電子と同じ側に放出された2次電子で表面形状などを結像する．ⓑテレビ像やファクシミリと同じ走査方式で結像する．ⓒ非弾性散乱電子を主に用いる．ⓓ像の左上端から順に走査して1枚の像を作る．ⓔ試料上方への電子のみを用いるので試料の厚さは問わない，などである．

　この第Ⅱ部で説明する走査透過電子顕微鏡法（Scanning Transmission Electron Microscopy；STEM）は，①＋⑤＋ⓑ＋ⓒ＋ⓓの特徴を持ったナノ電子プローブを用いた結像法である（**図8-2**）．透過電子を用いるのでTEMと同様な情報も得られる．実際，TEMとSTEMの明視野像の結像は電子銃と検出器（フィルム）を逆転すると同等であることが証明されている（§9.1参照）．

§8.1 走査透過電子顕微鏡法の特徴　127

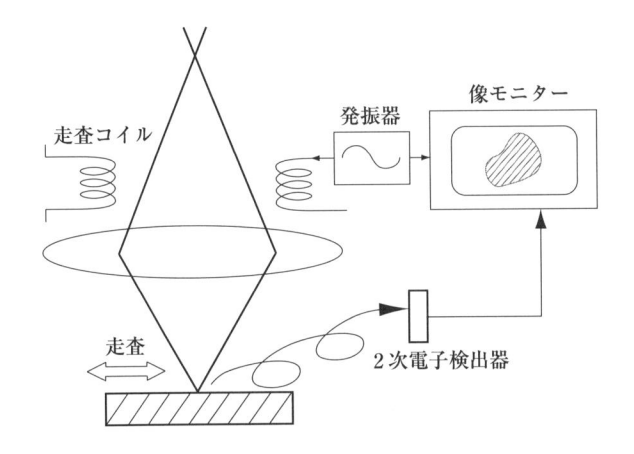

図8-1 走査電子顕微鏡(SEM)の原理図

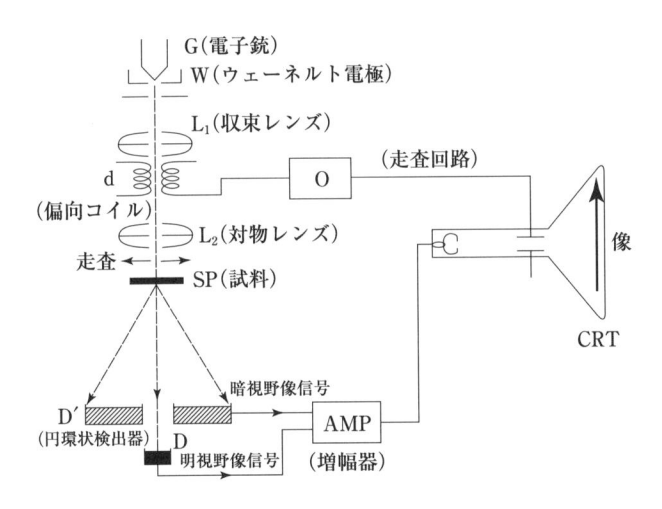

図8-2 走査透過電子顕微鏡(STEM)の原理図

　したがって転位の回折コントラスト像，格子像および構造像はSTEMを用いても得られるのである．ただし，STEMの最大の特徴は，(1)単原子レベルの試料観察に大きな能力を持つ．(2)暗視野STEM法では，TEMの位相コントラスト法(§4.1)を用いず，散乱電子の強度(散乱波の振幅の2乗：補遺D参照)で直接結像するため，像のコントラストの反転がない．そのため像と試料構造の対応がより直接的になる．

(3)暗視野像の場合，電子プローブの収束レンズを TEM と同じもの(同じ収差係数)を使っても，よりよい分解能が得られる[注1]．(4)電子線が 0.1〜0.2 nm のプローブに常時絞られているので，放出される特性 X 線や透過電子のエネルギー損失分光を使った局所分析や元素マッピングが容易である，などである．

特に(1)，(2)，(4)の特徴により，高分解能 STEM，特に外側に散乱された電子を円環状の検出器で集めて結像する高角度円環状検出(High-Angle Annular Dark Field；HAADF)STEM は，近年大きな注目を集めている．この方法を用いて触媒中の重金属イオンの同定やシリコン結晶中の不純物原子 1 個の観察，および結晶界面に析出した元素の 1 原子レベルでの同定が実現している．STEM は今後も大きな技術的発展と応用展開が期待される新しい電子顕微鏡観察法である．

§8.2 ナノ電子プローブの生成の基礎

STEM で結像するために用いるナノメーターサイズに細く絞った電子線は，図 8-2 の上部の電子銃近傍にあるウェーネルト電極下に電子が再収束したクロスオーバー(径：d_0)[注2] を 1〜2 段のコンデンサーレンズ(L_1)と対物レンズ(L_2)の前方磁場で縮小して作製する[2,3]．このプローブ径は，電気的外乱などの副次的なものを除けば，電子銃の輝度(単位立体角当たりの電流密度)と最終段の収束レンズの収差で決まる．

レンズが無収差の場合は，プローブ径は(8-1)式で定まる．これをガウス径という．

$$d = \sqrt{\frac{0.4i}{B\alpha^2}}, \quad i = \frac{en_i}{\Delta t} \tag{8-1}$$

ここで，B は電子銃の輝度，α はプローブの収束角(＝レンズを使用する見込み半角)，i はプローブ電流，n_i は Δt 時間，単位面積当たりのプローブ入射電子の個数，Δt は試料上の 1 点でのプローブの滞在時間である．(8-1)式の第 1 式は輝度の定義そのものであるが，次に導いてみよう．

輝度 B とは電子銃の明るさを表現する物理量で，単位面積(m^2)当たりの放出電流量(A)を放出角の立体角で割ったものである．単位は $A/m^2 sr$．sr は立体角の単位でステラジアンと読む．全方向の立体角は 4π sr である．この B を使うと

$$B\pi\left(\frac{d}{2}\right)^2 \pi\alpha^2 = i$$

[注1] Double resolution という．簡単な説明は田中，電子顕微鏡，**34**(1999)214．詳細は M. J. Rodenberg, Ultramicrosc., **54**(1994)61．

[注2] クロスオーバーについては §2.1 の収束レンズの説明も参照．

となる.ただし,α は小さいので,頂角 2α の円錐の立体角は近似して

$$\Delta\Omega = 2\pi(1-\cos\alpha) \cong \pi\alpha^2$$

とした.この式から(8-1)式の最初の式がでる.また第2式は電流の定義そのものである.

輝度 B の値は,100 kV の加速電圧の熱電子銃では $\sim 10^5$ A/cm^{2}sr であるのに対し,電界放出型電子銃(Field Emission Gun;FEG)では $\sim 10^8$ A/cm^{2}sr であり,3桁の開きがある[注3].このため,明るい電子ビームを得るには FEG の装着が必須である.

SEM 像や STEM 像を形成する場合の像信号とノイズ(S/N)の観点より,像のコントラスト C との間に次の条件が課せられる.まず像のコントラストを次の(8-2)式で定義する.

$$C = \frac{\Delta n_\mathrm{i}}{n_\mathrm{i}} = \frac{(実効の信号幅)}{(バックグラウンド)} \tag{8-2}$$

ここで,n_i は画素当たりに入射した電子のうちでバックグラウンド強度になったものである.Δn_i は試料の中の散乱現象や検出器の条件で決まる像信号である.入射電子はポアソン統計に従うので $\Delta N = \sqrt{N}$ の変動を持っている.Δn_i は ΔN の5倍程度必要であることが経験から割り出されている(ローズ条件).したがって $\Delta n_\mathrm{i} > 5\Delta N = 5\sqrt{n_\mathrm{i}}$ より,次の(8-3)式が導かれる.

$$C > \frac{5}{\sqrt{n_\mathrm{i}}} \tag{8-3}$$

この関係には STEM 像の有効画素の大きさ(=プローブ径)というところに分解能の概念が入っていることに注意しよう.コントラストを決めると(8-3)式の不等式が成り立つように n_i を大きくしなければならない.

次にレンズの収差を考慮したときのプローブ径は,電子源が非干渉条件の場合は,(8-1)式に各種の収差の項が加わり,次式で与えられる.非干渉条件とは,プローブの大きさを決めるとき,電子波の位相差による干渉効果の違いを無視しており,それぞれの収差が作るボケを2乗して,単純に強度で加えていることである.

$$d = \sqrt{(0.5)^2 C_\mathrm{s}^2 \alpha^6 + (0.43)^2 C_\mathrm{c}^2 \left(\frac{\delta V}{V}\right)^2 \alpha^2 + (\delta f)^2 \alpha^2 + (1.22\lambda)^2/\alpha^2 + 0.4i/B\alpha^2} \tag{8-4}$$

ここで,C_s,C_c は最終段の対物レンズの球面および色収差係数,δf,λ,δV はそれぞ

注3) 電子銃の輝度は加速電圧とともに上昇する.その関係は補遺 L の後半参照.

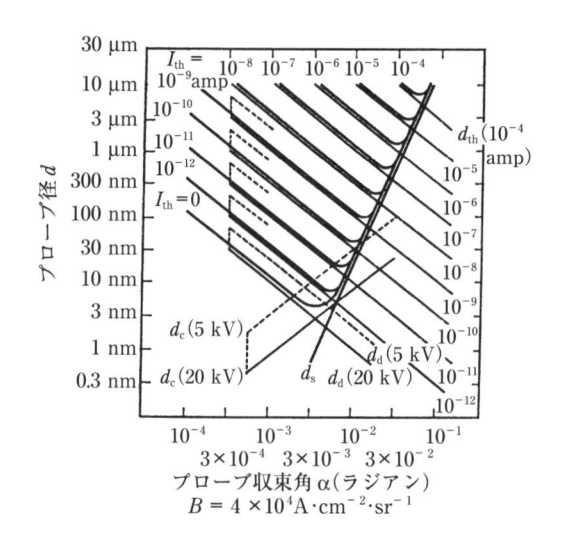

図8-3 プローブ径と収束角の関係(エバーハルトの図)(田中, in「マイクロビームアナリシスハンドブック」(朝倉書店, 1985))
d_s は球面収差, d_c は色収差, d_d は回折収差で決まるプローブ径の変化を示す.
I_{th} はプローブ電流である

れ非点隔差[注4], 電子線の波長および加速電圧の揺らぎである. 球面収差による像面上ボケが $C_s\alpha^3$ で表されることは以前説明した(§4.1参照). 0.5や0.43の係数は焦点面より少しレンズ側にできる最小錯乱円の大きさの評価から出る[4]. 第3項目の $\delta f \times \alpha$ が焦点はずれによるボケであることはすでに第I部で説明した((2-26)式参照). 第4項は回折収差と呼ばれるもので1.22は(3-2)式の0.61の2倍である.

B, C_s, C_c, λ を固定したときの電子ビームの収束角 α と径 d の関係を示す**図8-3**は, Everhart の図と呼ばれている. この径 d は輝度 B が十分大きい場合には, 試料のすぐ前の最終段の収束レンズ(ナノプローブTEMの場合は対物レンズの前方磁場)の球面収差と(8-3)式の第4項の回折収差により制限を受ける. この議論はTEMの分解能の議論と同じである(図3-3参照).

ここで色収差, ディフォーカスによるボケを無視し, かつプローブ電流を極小にすればプローブ径は

注4) §3.2で説明した非点収差の量を x 方向と y 方向の像のディフォーカスの差で表した量.

$$d = \sqrt{(0.5)^2 C_s^2 \alpha^6 + (1.22\lambda)^2/\alpha^2} \qquad (8\text{-}5)$$

となる．3章で，球面収差項と回折収差項の和をとりその極小値を求め，TEM の分解能を議論した．(8-4)式は2つの項の和をとるときに2乗の和の平方根をとるという方法に変えただけである．

ナノプローブ電子線は，(1) 分析モードのついたナノプローブ TEM，(2) 高分解能 SEM，(3) STEM 専用機で得ることができる．プローブの収束の原理はいずれも同じである．ここでは STEM を用いたナノプローブによる構造解析とイメージングを説明しよう．

0.5 nm 以下の大きさの領域の元素分析やナノ回折を行ったり，高分解能 STEM 像の撮影をするためには，すでに述べたように輝度の高い電界放出型電子銃(FEG)の使用が必須である．FEG には冷陰極タイプと熱励起ショットキータイプのものがあるが，ナノ回折と STEM への応用の観点では，これら2つの差はこれまでのところ報告されていない．ただ最近，§7.4 で説明したようにレンズの球面収差補正の技術の大きな進展があり[5]，3次の球面収差係数 C_s は 10 μm 以下の値が容易に実現するので，次には放出電子線のエネルギー幅(色収差)の低減が問題になる．このためには，0.3 eV 程度のエネルギー幅を持つ冷陰極タイプが有利である．入射電子のエネルギー幅をさらに小さくするために，電子銃用のモノクロメーターの開発や超伝導体を電子放出源に用いた電子銃の開発研究も現在行われている．

§8.3 結像原理と開発の歴史

図 8-2 は STEM の原理図を兼ねている．電界放出型電子銃(Field Emission Gun；FEG)のように，微少な電子源(G)から放出された電子は電子レンズ L_1，L_2 により直径 1 nm 以下に収束され，偏向コイル(d)により試料(SP)上を走査される．このとき，試料の各点から下方に透過および散乱された電子線は検出器(D，D′)に入り，上記の走査信号に同期した時系列の電気信号が得られる．この時系列の信号強度を，陰極線管(Cathode Ray Tube；CRT)の偏向コイルの励磁電流の変化にも同期させて，テレビ像のように表示したものが STEM 像である．もし，試料上面に出てくる2次電子または反射電子の強度で像を作れば，通常の走査電子顕微鏡(SEM)像も得られる．STEM 像の倍率は SEM 像と同様に CRT の画面と試料上の走査領域の大きさの比で決まり，この変化は上記の偏向コイル(d)の励磁電流の振幅の変化でなされる[3]．

STEM 像の分解能は次の要素で決まる．
　①散乱電子の発生，検出，および電気信号への変換効率
　②電子銃の輝度とレンズの収差で決まるプローブ径
　③試料膜中での入射電子線の横方向への広がり度合い
　④走査線の間隔(低倍率の場合)

要素①は，試料で電子が散乱される確率，およびその電子が蛍光板と光電子増倍管(フォトマル)で電気信号になる効率に関するもので，(8-1)式で説明したプローブ内の入射電子数 n_i を決めるものである．像のコントラスト C と電子ビーム内の入射電子数 n_i の間には(8-3)式ですでに述べたローゼ(Rose)の不等式，$C > 5/\sqrt{n_i}$ が成り立つ．この式にコントラストの値(例えば 10% = 0.1)を入れれば，n_i の必要最小値が求まる．この値は，(8-1)式を通して②のビーム径に影響する．要素②についても(8-1)式で説明した．要素③は，試料上面に入射した電子ビームが試料中での多重散乱によって広がり，2 次散乱電子線を出す観察領域が実質的に大きくなり，分解能が低下することである．

明視野 STEM 像を得るための検出器(D)は，図 8-2 下部に示すように，試料の真下にある．もしプローブの大きさ d_p が結晶の原子面間隔 d より小さいときは円板状の透過波と回折波が重なる．なぜならプローブの大きさは $d_p = 1.22\lambda/\alpha$ (α はプローブ開き角)で与えられ，原子面間隔は $d \cong \lambda/\alpha_B$ (ブラッグ反射の式の近似，α_B は回折角)で与えられるからである．開き角の小さいこの検出器によって透過波と回折波の円板が重なった中心領域の強度を検出するとプローブの場所場所に応じて干渉強度が変わる．すなわち TEM で 3 波干渉の格子像を作るのと同等な強度変化が得られる(図 9-2 参照)．

また，図 8-2 下部に示した円環状検出器(D′)を用いると，多数の回折波の円板が重なった暗視野像の信号が得られる．このとき，回折波同士の重なり部分の強度である干渉項は，多数の干渉項強度が円環状検出器上で加算されることから，互いに打ち消し合い，像信号が各回折波の強度のほぼ単純和になる．これは，§6.3.1 で説明した非干渉条件での像強度に対応する[注5]．この信号で形成した像は円環状検出暗視野 STEM 像(ADF-STEM 像)と呼ばれ，もののあるところが明るくなる原子直視型の像

注5) 回折波円板の強度の主因である弾性散乱電子で結像した STEM の暗視野像が，円環状検出器を用いると非干渉性結像になることについては，D. E. Jesson and S. J. Pennycook, Proc. Roy. Soc. Lond., **A441**(1993)26．一方，HAADF-STEM 暗視野像は非弾性散乱である熱散漫散乱で形成されるので，非干渉性結像になるという理論については，同，**A449**(1995)273 の論文を参照．

コントラストが得られる.

この非干渉性結像の様子を簡潔に式で表すと，R の位置の像強度は(8-6)式で表される(注5の文献参照). 弱い位相物体の近似(§4.1参照)が使える場合のこの式の導出は，補遺 N-2 で説明される.

$$I(R) = \sigma^2 V_p^2(R) \otimes |t(R)|^2 \quad (8-6)$$

ここで，σ, V_p は6章のTEMの結像理論で説明した相互作用係数と投影ポテンシャルであり，$\otimes$ はコンボリューション演算，$|t|^2$ は試料面上の電子プローブの強度分布関数である. すなわち HAADF-STEM では投影ポテンシャル分布がレンズ伝達関数の $t(R)$ の2乗でコンボリューション演算されて，ボカされたものがそのまま出るということである. $|t|^2 \geq 0$ だから，STEM の対物収束レンズの状態を変化させてもコントラストの白黒反転はおこらないのである.

STEM の考え方は1930年代に電子顕微鏡が発明されたときからあったといわれるが，本格的な研究は，1960年代後半にシカゴ大学の Crewe がトリウムやウランの単原子を観察するために暗視野(DF)STEM 法を用いたのが始まりである(図 10-2 参照)[6]. 1980年代の STEM の研究では，アリゾナ州立大学の Cowley によるナノ電子回折への応用が注目された[7]. 1990年代初めからオークリッジ国立研究所の Pennycook らによって，この DF-STEM 法は検出散乱角をさらに大きくして，半導体やセラミックスの界面の原子コラムの直視観察に用いられた[8]. これ以降 HAADF-STEM 法がナノイメージング法の主役におどりでたのである.

§8.4　実際の走査透過電子顕微鏡

STEM の装置には，Crewe らによって最初に開発された STEM 専用型と，通常のTEM に走査コイル，強励磁対物レンズ，像信号検出器およびエネルギー分析器を取りつけた TEM 併用型がある. 両者は原理的には同等の性能が得られるはずであるが，分解能1nm 以下の高分解能のほとんどの仕事は，以下に述べる Crewe の装置とそれと継承した英国の Vacuum Generator(VG)社の装置でこれまでなされてきた.

図 8-4 に初期の Crewe の STEM 装置の構成図(a)と実際の装置の写真(b)を示す[6]. 電子銃は輝度の高い冷陰極電界放出型電子銃(cold-FEG)で，加速電圧は 30〜40 kV である. 3〜5 kV の第1アノード電圧による電界放出効果で〈310〉方位のタングステン針から引き出された電子は，まず収差の少ないバトラー型静電レンズ(第1，第2アノード電極)で収束される. このクロスオーバーは非点収差を補正された後，短焦点

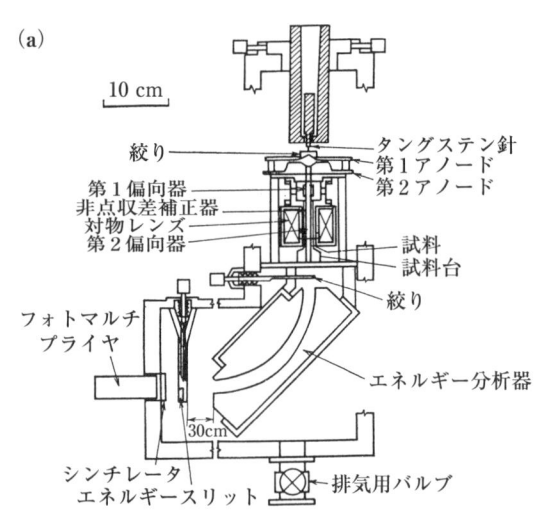

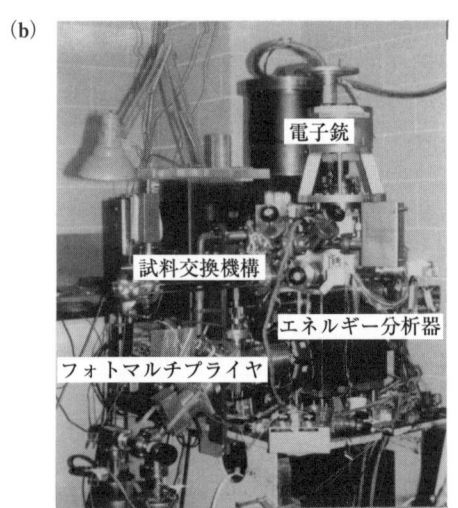

図 8-4 Crewe 教授が作った STEM 装置[6]
(a)構成断面図, (b)写真

の対物レンズ(= 収束レンズ)により試料上に直径 1 nm 以下, 収束角約 10^{-2} rad の電子プローブを作る. このプローブは対物レンズ上部の偏向コイルにより試料面を走査される. 試料下面から出た弾性散乱電子は円環状検出器で受け, 暗視野像を作る電

気信号を得る．透過および非弾性散乱電子は検出器の中央穴から取り込み，磁場セクター型エネルギー分析器により2つの電子を分離して，I(弾性)/I(非弾性)の演算によってZコントラスト像と明視野像を作る信号を得る．装置の下部に最初からエネルギー分析器がついていたことは現在からみても先駆的な考案である．この後70～80年代には，この装置を基礎にしてVG社によって商用機が作られ欧米の研究所に普及した．一方，わが国では企業の研究所に数台入ったのみで大学には皆無であった．

1990年代から通常のTEMにも強励磁レンズを積んで電子ビームを収束し，それを走査することによってSTEM装置としても使えるようになった．現在ではVG社の装置を改良したものとTEMの方から発展した装置の2つのタイプが世界中に普及しており，ほぼ同等の性能が得られるようになっている．

第8章 参考文献

（1）坂公恭，「結晶電子顕微鏡学」(内田老鶴圃, 1997)
（2）L. Reimer, "Scanning Electron Microscopy" (Springer Verlag, 1985)
（3）永谷隆，田中信夫，「マイクロビームアナリシスハンドブック」，日本学術振興会編 (朝倉書店, 1985) §3.1.2と§3.1.3
（4）V. E. Cosslett, OPTIK, 36 (1972) 85, および C. W. Oatley, "The Scanning Electron Microscopy" (Cambridge University Press, 1972)
（5）O. L. Krivanek *et al*., Ultramicrosc., **108** (2008) 179
（6）A. V. Crewe and J. Wall, J. Mol. Biol., **48** (1970) 375 および A. V. Crewe *et al*., Science, **168** (1970) 1338
（7）J. M. Cowley, Ultramicrosc., **14** (1984) 27
（8）S. J. Pennycook and D. E. Jesson, Phys. Rev. Lett., **64** (1990) 938

演習問題8

8-1 (8-2)式で表されるような信号とノイズの比を使って，単原子像の検出可能性を実際に検討する方法を調べてみよう．

8-2 STEM(SEM)像の分解能は高倍率像では電子プローブの大きさで決まるが，低倍率像ではTV像の走査線の間隔に影響される．この理由をTV像のような絵を描いて考えてみよう．

8-3 電子を検出する方法はフィルム乾板を初めとして多数ある．それぞれを列挙して，得失を調べよう．特に単電子検出器について詳しく調べてみよう．

第 9 章
走査透過電子顕微鏡の結像

§9.1 走査透過電子顕微鏡像と透過電子顕微鏡像の相反定理

これまで，STEM はテレビと同じ走査方式で結像する装置として説明してきた．一方，TEM はレンズによる 2 次元のフーリエ変換作用で結像する装置であった．一見別のしかけのように見えているが，実は両者の像強度は同等であるという相反性 (reciprocity) が存在するのである[1]．

TEM では，**図 9-1**(a)で示すように，点と見なせる電子源(A)から放出された電子が収束レンズで平行にされ，試料上に平面波として照射する．次に試料上の 1 点から 10^{-2} rad 程度の角度に散乱，回折された電子が対物レンズの収束作用によって集められ，像面上の 1 点(B)の強度を作る．

STEM では細い電子プローブで試料上を走査して結像するが，ある 1 点の像強度を議論するときはプローブを止めて，図 9-1(a)の TEM の光線図を逆にして考えればよい．逆にした図 9-1(b)で像面上の 1 点 B′ を STEM の電子源と考えると，そこから出た電子はレンズにより試料上に収束される．次に，試料から出た電子のうち真下に行ったものだけが，図 8-2 で説明した明視野用の検出器(D)(図 9-1(b)では A′)で集められ，試料上の 1 点の像強度が得られる[注1]．つまり，TEM と STEM の明視野像に関しては，光路を逆にとれば同じ結像現象がおこることがわかる．これを結像における相反定理という．

ここで興味深いことは，4 章で説明した単原子の位相コントラスト像や 5 章の格子像の位相コントラストも，図 9-1(b)の STEM 結像条件で同じ像が出るということである[注2]．**図 9-2** を見れば，すでに§8.3 で述べたように，光軸上にある小さな開き角の検出器を用いても，この上には透過波と左右，上下の回折波が重畳しており，5 つの波の干渉縞の情報(§5.3 の 3 波格子像を参照)が得られることがわかる．

注1) 光学の相反定理の一形態である．光の場合はマックスウェル方程式から直接導くことができ，「光源と像点を逆にしても振幅と位相は等しい」と記述される(鶴田，「応用光学 I」(培風館，1990) p. 207 参照)．

§9.1 走査透過電子顕微鏡像と透過電子顕微鏡像の相反定理 137

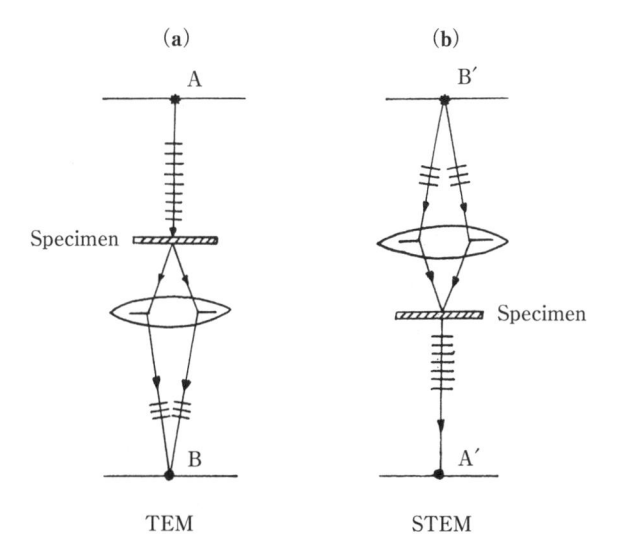

図 9-1 TEM と STEM の間の相反定理の説明図

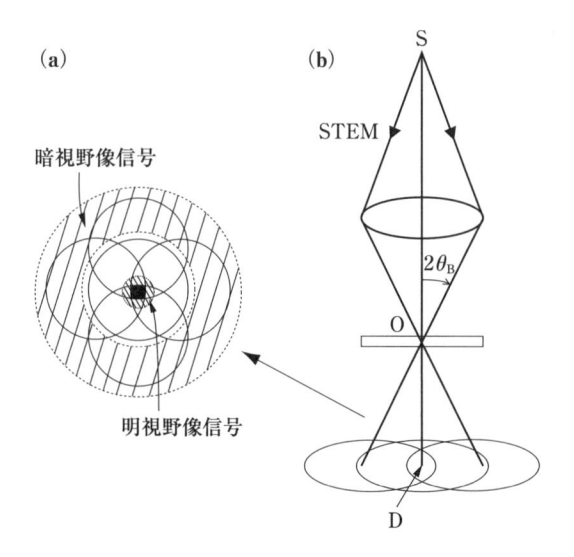

図 9-2 走査透過電子顕微鏡(STEM)で回折波の円板が重なっている様子
光軸上(D)で明視野像信号，周辺で暗視野像信号が得られる

138　第9章　走査透過電子顕微鏡の結像

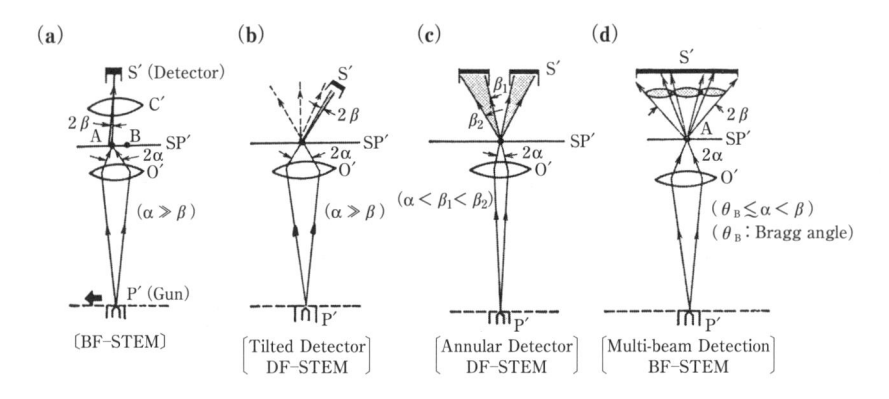

(a) [BF-STEM] ($\alpha \gg \beta$)
(b) [Tilted Detector DF-STEM] ($\alpha \gg \beta$)
(c) [Annular Detector DF-STEM] ($\alpha < \beta_1 < \beta_2$)
(d) [Multi-beam Detection BF-STEM] ($\theta_B \leq \alpha < \beta$) ($\theta_B$: Bragg angle)

図 9-3　走査透過電子顕微鏡法の種々の結像モード[2]（田中, in「マイクロビームアナリシスハンドブック」（朝倉書店, 1985））

一方, §8.1で説明したHAADF-STEM像と通常の明視野TEM像, および小さい絞りを使って結像する傾斜照明暗視野TEM像の間には像の相反性はない（**図9-3**参照）. HAADF-STEM像との相反性をTEM像で得るためには, 試料に空洞円錐状の電子線を照射し, 光軸上の小さい対物絞りにより散乱電子を集め結像する方法を用いる. これを空洞円錐照明暗視野TEM像（Hollow-Cone Illumination Dark Field TEM Images）という.

§9.2　走査透過電子顕微鏡の結像モード[2]

　STEMの結像の基本は「細いプローブで試料を走査」と「試料の下方へ出てくる電子線強度で結像」の2点なので, 検出器の置き方によっては種々の結像モードが考えられる. 図9-3にその例を示した[注3]. (b)はTEMの傾斜照明暗視野法に相当す

注2）高分解能STEM像での相反定理の議論は, E. Zeitler *et al.*, OPTIK, **31**(1970)258とJ. Spence *et al.*, OPTIK, **50**(1978)129にある. またSTEMの形式的結像理論を使ってもこの相反性が証明できる（補遺N-2参照）.

注3）この図では下に電子源があり, 電子が下から上へ向かって走るように描かれている. 欧米で広く普及しているVG社のSTEMの電子銃は下にあるので, このような作図が欧米の論文では多く見られる. この図は相反定理によってそのままTEMの結像図としても使うことができる. STEMの格子像の生成機構については注2のSpenceの論文を参照.

る．(c)は暗視野 STEM 法であり，この β_1 と β_2 を大きくして試料中原子の格子振動によって作られた非弾性散乱波(Thermal Diffuse Scattering；TDS)で大部分の像強度を作るものが HAADF-STEM 法である[注4]．(d)は明視野 STEM 法の一種であるが円板状の検出器が大きい場合である．

ここまでは，STEM 像を結像方法の面から分類したが，一方，STEM 像コントラストの成因の面から分類してみると次のようになる．

(1) 散乱吸収コントラスト(明視野像)
(2) 散乱(回折)コントラスト(暗視野像)
(3) 動力学的回折効果よるコントラスト(明・暗視野像)
(4) 位相コントラスト
(5) Z コントラスト

表 9-1　STEM の結像法とコントラスト

結像法	結像に用いる波	生じるコントラストの成因
明視野法(図 9-3(a)) $\alpha \sim 10^{-2}, \beta \sim 10^{-4}$	透過波 + 散乱波	散乱吸収コントラスト，動力学的回折効果によるコントラスト(等厚干渉縞) 位相コントラスト(フレネル縞，格子縞)
マルチビーム 明視野法(図 9-3(d)) $\alpha \sim 10^{-2}, \beta > 10^{-2}$	透過波 + 散乱波	散乱吸収コントラスト，動力学的回折効果によるコントラスト(等厚干渉縞) 位相コントラスト(フレネル縞，格子縞) (上記の明視野法とはコントラストが異なる)
傾斜暗視野法 (図 9-3(b)) $\alpha \sim 10^{-2}, \beta \sim 10^{-4}$	散乱波	散乱(回折)コントラスト(結晶性，双晶，欠陥のコントラスト，等傾角干渉縞) 動力学的回折効果によるコントラスト
円環状検出 明視野法(図 9-3(c)) $\alpha \sim 10^{-2}, \beta_1 \sim 10^{-2},$ $\beta_2 \sim 10^{-1}$	散乱波	散乱コントラスト(単原子像のコントラスト)
Z コントラスト法	弾性散乱波/ 非弾性散乱波	一種の散乱コントラスト(単原子のコントラスト)
元素像法	非弾性散乱波	一種の散乱コントラスト 〈損失エネルギーで区別〉

[注4] 非弾性散乱波によって HAADF-STEM 像のコントラストが作られる理論については 11 章を参照．

(6)元素像コントラスト

 (1)～(3)は振幅コントラストとまとめることができ，TEM では対物絞りにより試料下面の電子波に見かけ上の振幅変調が存在することに対応する．(4)の位相コントラストは，単原子のように試料下面では電子波は位相変調しかなく，そのままでは像面での強度変調はない場合でも，対物レンズの収差および焦点ずらしの効果により生じるコントラスト(フレネル縞や原子クラスターのコントラスト)と，透過波と回折波の干渉により生じる格子縞のコントラストの2つをさす．これらが STEM でも得られるのである．(5)，(6)については次の 10 章で詳しく説明する．表 9-1 に STEM の結像法と得られるコントラストを整理してみた．

 このうち，図 9-3(d)のマルチビーム明視野法については，STEM で共焦点レーザー走査顕微鏡と同じ結像特性(z 方向の高い分解能)を実現させる目的で，近年研究が始まっている[3]．この他にも円環状の検出器を2分割，4分割してそれぞれの検出強度を独立に表示する結像法もある．これによって磁性体試料のローレンツ力による像コントラストが観察できる．この方法は TEM でのローレンツ顕微鏡法[4]と比べ像がボケない正焦点で微粒子などの磁化状態を観察できる特徴を持つ[5]．

第 9 章 参考文献

(1) J. M. Cowley, Appl. Phys. Lett., **15** (1969) 58
 日本語の解説は，高木佐知夫，電子顕微鏡，**13** (1978) 128
(2) 田中信夫，「マイクロビームアナリシスハンドブック」，日本学術振興会編(朝倉書店，1985) §3.1.3
(3) N. Zalzec, Proc. Microscopy and Microanalysis, **19** (2004) 1290 および E. C. Cosgriff *et al.*, Ultramicrosc., **108** (2008) 1558
(4) 例えば，進藤大輔，及川哲夫，「材料評価のための分析電子顕微鏡法」(共立出版，1999) p.137
(5) Y. Takahashi *et al.*, Jpn. J. Appl. Phys., **32** (1995) 3308

演習問題 9

9-1 光学の相反定理をマックスウェル方程式から導いてみよう(鶴田，「応用光学 I」(培風館，1990)参照)．
9-2 上記の参考文献[1]は短いものなので，英語の論文を読む練習も兼ねて読んでみよう．

第10章
走査透過電子顕微鏡法の応用例

§10.1 明視野像と暗視野像

　STEMの明視野像は，開き角(α)が10^{-2} rad程度の円錐状の電子線で試料を照射し，試料下の光軸上で10^{-4} rad程度の開き角(β)を持つ検出器を用いて得られる(図8-2のD)．§9.1で説明した相反定理により，このSTEM像では明視野TEM像と同じ像コントラストが得られる．TEM像での散乱吸収コントラストや動力学的回折効果による振幅コントラストおよびフレネル縞などの位相コントラストが観察できる．もし試料が格子間隔dを含む場合，プローブの照射角αをλ/dより大きくすれば回折波の円板が互いに重なり，TEMと同じように位相コントラストによる格子像も得られる(図9-2参照)．**図10-1**(a)はカーボン膜中の白金の微結晶の明視野STEM格子像である．もしここで，検出器の開き角(β)を大きくしたときは，TEMの明視野像とは応対せず，像のコントラストも少し異なったものになる(図9-3(d)のマルチビーム像)[注1]．

　STEMの暗視野法には10^{-4} rad程度の開き角(β)を持つ検出器を透過波の位置から斜め外れた所に置いて散乱波をとらえて結像する方法と，散乱角が10^{-2} radから10^{-1} rad以上までの電子を光軸に中心を持つ円環状検出器を用いて結像する方法(Annular Dark Field(ADF)-STEM)がある(図8-2のD′)．前者はTEMの傾斜照明暗視野法に対応し，回折コントラストの暗視野像が得られる(図9-3(b))．後者はCreweらにより始められ，大きな検出効率と非干渉性結像特性によって，非晶質支持膜のノイズ像が平滑化される利点を持つ．そのため散乱波が弱い原子クラスターや重原子でラベルされたDNAなどを観察するために用いる．この方式はTEMの傾斜照明法(図9-3(b)と同じ配置)と比べ(結像に用いられる電子)/(入射電子)の効率比が

注1) §9.2ですでに述べたように，このマルチビーム明視野法の結像方法が共焦点レーザー走査顕微鏡と同様の共焦点電子顕微鏡開発のために，近年興味を持たれている(N. Zalzec, Proc. Microscopy & Microanalysis (2004) p. 1290CD, P. Nellist *et al.*, Appl. Phys. Lett., **89**(2006)124105).

142　第10章　走査透過電子顕微鏡法の応用例

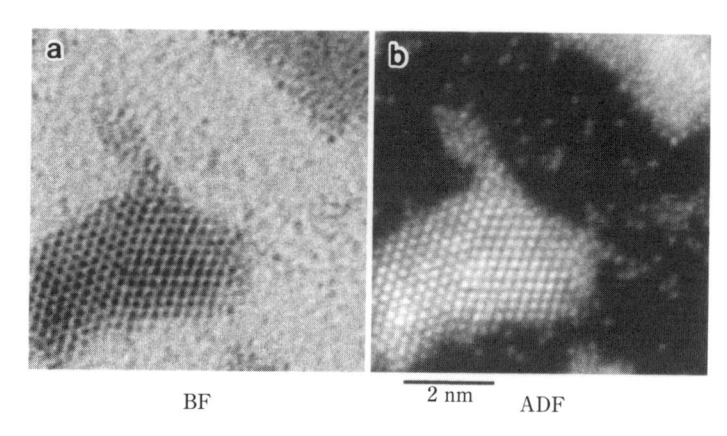

図10-1　非晶質カーボン膜中の白金原子クラスターのSTEM像
(a)明視野(BF)像，(b)円環状検出暗視野(ADF)像

5〜10倍大きく，試料の電子線損傷が少なくできる可能性もある[1]．図10-1(b)は10-1(a)と同じ場所のADF像である．白金の単原子(孤立した白い輝点)が鮮明に観察できる．ADF-STEMの結像で特に50 mrad(200 kVの場合)以上の散乱波を用いて結像するのが§10.3で述べるHAADF-STEM法である．

§10.2　原子番号(Z)コントラスト像と元素像

弾性散乱電子は10^{-1} rad程度までの広い角度に分布し，一方，試料中の電子励起により非弾性散乱された電子は，大部分10^{-3} rad程度までの小角度に集中する．このため，試料下に円環状検出器を置けば弾性散乱電子の信号N_eが得られ，中央穴を通った電子をエネルギー分析し透過電子分を除けば，非弾性散乱電子のみの信号N_iが得られる．単原子の弾性散乱断面積σ_eは，近似的に$Z^\gamma (4/3 \leq \gamma \leq 3/2)$に比例し，非弾性散乱断面積$\sigma_{in}$は，$Z^{\gamma-1}$に比例する[2]．したがって，信号比$N_e/N_i$はおおむね$Z$に比例し，この信号比で結像した原子の像のコントラストは，その原子と支持膜を構成する原子の原子番号の比の関数によって表される．これを，行った人の名前をとって，CreweのZコントラスト法という．この方法は比をとるので，試料膜厚や入射強度の揺らぎによる像コントラストの変化を小さくできる利点も持つ．

Creweは1970年薄いカーボン膜上のウラニウム原子の観察にこの方法を適用し，世界で初めて電子顕微鏡で単原子が観察できることを示した(**図10-2**)．このときの信号比は$N_e^{U+C}/N_i^{U+C} = (\sigma_e^C/\sigma_i^C) \times [n_c + (\sigma_e^U/\sigma_e^C)]/[n_c + (\sigma_i^U/\sigma_i^C)] \sim 1.7 N_e^C/N_i^C$となり，

§10.2 原子番号(Z)コントラスト像と元素像　143

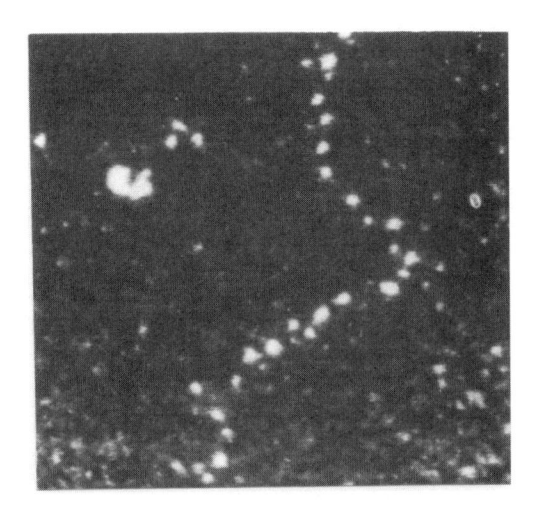

図 10-2　ウラニウム原子で染色された DNA の暗視野 STEM 像(Crewe *et al.*, Proc 7th Int. Cong. Electron Microsc., Vol. 1, 467)

ウラニウム原子の暗視野像のコントラストは 1.7 であった．ここで n_c と σ_c はプローブの当たっている場所の炭素原子数と散乱断面積である．

　STEM で円環状検出器の中央穴を通った電子をエネルギー分析すれば，プローブ径程度の局所領域における非弾性散乱の電子エネルギー損失分光スペクトル(EELS)が得られる．このスペクトルの特定のピーク信号強度をスリットにより分離し STEM 像を描けば，特定のエネルギー損失値を持つ微量元素の存在を輝点として得ることができる．これを元素マッピング像という[注2]．このコントラストは特定の損失値における試料元素とその下の支持膜元素の EELS ピークの強度比および，そのバックグラウンドにより決まる．明・暗視野像のコントラストが，電子の散乱角分布の差に依存するのに対し，これは損失エネルギー分布の差によるため，試料と支持膜によっては，この方法を用いると暗視野法より高い像コントラストが得られる場合もある．しかし，非局在効果(delocalization effect)(§7.1.4 後半参照)により，非弾性散乱がおこるのは 1 nm 以上の領域に広がる場合もあるので，像分解能は一般に暗視野 STEM 法より劣る．近年は結晶中の異種元素を STEM-EELS マッピングで可視化する研究も行われている．この像についてはエネルギー損失した非弾性散乱波の結晶中

注2）　TEM のエネルギーフィルター像で得られる図 7-4 のような像は，STEM ではマッピング法でより簡単に得られる．

における多重回折効果も像コントラストに影響するので慎重な像解釈が必要である．

§10.3 原子コラムの暗視野像

図8-2の円環状検出器(D')を用いると，試料下にできた収束電子回折図形の多数の回折波の円板が重なった強度を用いた暗視野像が得られる．すでに§8.3で述べたように，回折波同志の干渉項は円環状検出器の上で重なることから打ち消し合い，像信号が各回折波の強度のほぼ単純和となる(非干渉条件での結像に相当)．この信号で形成した像は円環状検出暗視野 STEM(Annular Dark Field STEM；ADF-STEM)像と呼ばれる．この円環状検出器の内側の検出角をさらに大きくしたものが High-Angle Annular Dark Field(HAADF)-STEM である．

HAADF-STEM 法が注目を集めている理由は，結晶性試料を用いても結晶中の重い原子からなるコラムと軽い原子のそれとが明瞭に区別できるためである(Pennycook, 1990)．これを原子番号コントラスト(Z^2 コントラスト)という[注3]．この成因は次のように説明される．

簡単のために1個の原子が観察試料のときを考えよう．その散乱強度 I は，原子の弾性散乱振幅 f(→補遺 D)の2乗に比例する．これを散乱の光学定理という[3]．原子番号 Z の原子の静電ポテンシャルは，よい近似として，遮蔽されたクーロン場で表される(Wentzel potential)．したがって，大きい散乱角を持つ散乱電子はほぼ純粋なクローン場によるラザフォード散乱となるので，$f \propto Z$ である．したがって，$I \propto f^2 \propto Z^2$ となる[2]．

実際，対称性のよい方向から単結晶に入射した電子には原子コラムに沿って流れるチャネリング現象がおきる(**図 10-3**)．この散乱強度を求めるには11章で説明する動力学的回折計算を行う必要がある．またチャネリングが十分おこる，すなわち STEM 像が高いコントラストで観察されるためには，HR-TEM で最適な膜厚より少し大きい膜厚が必要である(200 kV の場合で～20 nm)．

また，高散乱角側には別の種類の非弾性散乱である熱散漫散乱(Thermal Diffuse Scattering；TDS)が広く分布しており，内角が 60 mrad 以上(200 kV の場合)に開いた円環状検出器ではこの強度の方が弾性散乱波より大きく，全体の像強度は Z^1 と Z^2 の中間の依存性をとる[注3]．**図 10-4** は Ge/Si 超格子の HAADF-STEM 像である．明

注3) 前節で説明した Crewe の Z コントラストと区別して，Z^2(正確には $2-x$)コントラストともいう．これが非干渉結像になる理由は8章の注5を参照．x は 0.3～0.5 程度である．

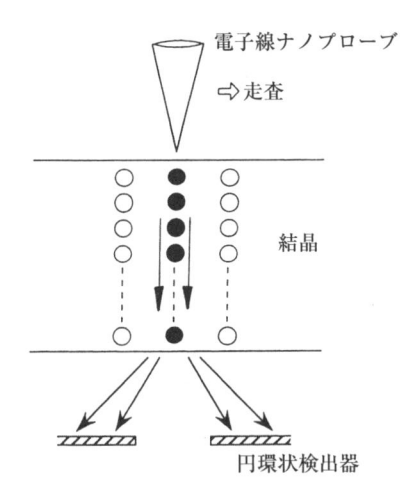

§10.3 原子コラムの暗視野像　145

図10-3 単結晶に入射したSTEMプローブのチャネリング現象

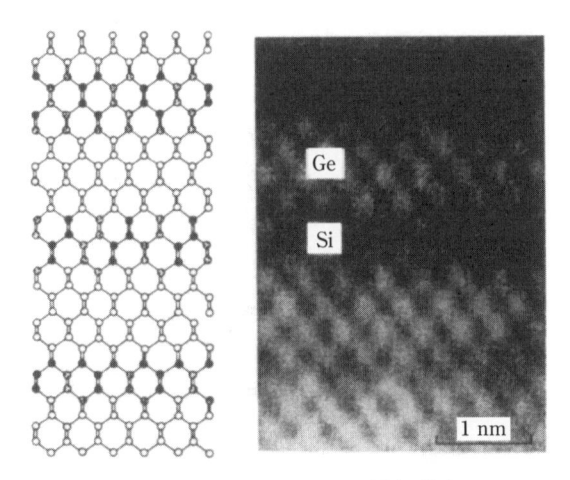

図10-4 Ge/Si超格子のHAADF-STEM暗視野像(Pennycook *et al*., Ultramicrosc., **37**(1991)14)

るい点はZが大きいGeの原子コラム，暗い領域はSiを表している．この原子番号(Z)依存の原子直視コントラストが得られることは，波の干渉効果を使うTEMの格子像では得られないHAADF-STEMの大きな特徴である．

HAADF-STEM像では，原子コラムはいつも輝点として見え，フォーカスをはずす

とボケるだけで，TEM の位相コントラスト像のように白から黒へのコントラストの反転がない(4 章と 6 章参照)．この特徴は，表面や界面の原子配列やナノグラニュラー試料や非晶質試料の原子構造を断面観察するときに大きな利点になる．ただし，フォーカス状態によっては入射プローブに強い副極大が生じ，この副極大ピークが問題の原子コラムに入射することで発生する擬像が出ることもあるので注意を要する．

HAADF-STEM 法は局所組成や状態分析機能も合わせ持っている．STEM では細い電子プローブが偏向コイルによって試料上を走査されているので，この走査を止めれば，その場所から発生する特性 X 線を使って局所領域の分析データが得られる．X 線分析器には半導体素子によるエネルギー分散型のものを用いる．また局所領域の物理状態の分析には，試料下に透過した電子のエネルギー損失分光(EELS)を用いる．

EELS では，入射電子が 100～1000 eV のエネルギー損失をしたことを示す"high-loss"スペクトルからは元素の同定と短範囲の原子配列解析(Electron energy-Loss Near-Edge Structure；ELNES)，中範囲の原子動径分布解析(EXtended Energy-Loss Fine Structure；EXELFS)，イオン化状態解析および磁性状態解析(white-line ratio)が

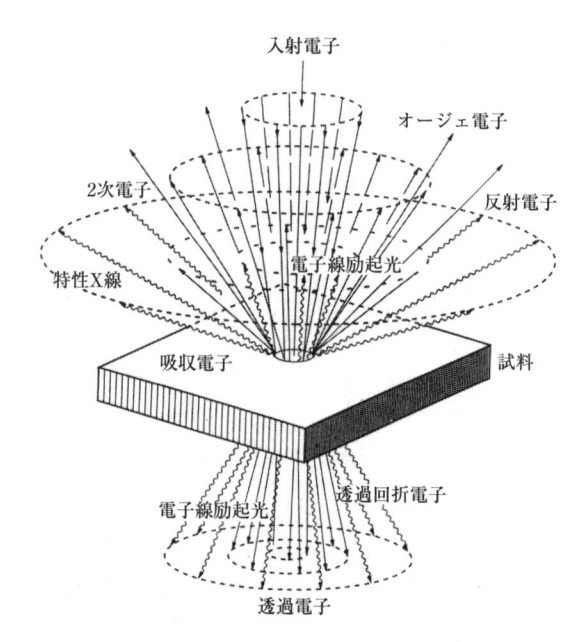

図 10-5 ナノプローブを入射したときの種々の 2 次発生線(田中，in「薄膜作製応用ハンドブック」(NTS, 2003) §3.1.1)

でき，一方，5〜50 eV の"low-loss"スペクトルからは原子の結合状態や光学特性と比較できる情報が得られる（図7-1参照）．図10-5に試料に電子線プローブを入射したときに出る種々の2次発生線をまとめて示す．STEMではこれらの信号強度を2次元像として容易にマッピングできる．

最後に HAADF-STEM の最近の応用例をあげてみよう．HAADF-STEM は，界面構造の研究の他に，ナノ組織材料の原子直視観察や原子レベルの分析のために原理的に優れている．

図 10-6(b) は，Suenaga（末永）らによって得られた単層ナノチューブ内に詰められたガドリニウム（Gd）内包フラーレン（Gd@C_{82}）分子の HAADF-STEM/EELS マッピング像である．(c) はナノチューブの存在位置を示す炭素原子のマッピング像である．質量分析や粉末X線回折による事前の実験で，C_{82}の炭素かご型分子の中には1個のGd原子が内包されていることはわかっているので，図(b)の輝点は1個のGd原子が，図10-6(a)の Gd の EELS の N エッジコアロススペクトル（$\Delta E \sim 150$ eV）を使ってマッピングできることを示している[4]．

電子顕微鏡で原子を見ることは1970年にすでに述べた Crewe らにより STEM を

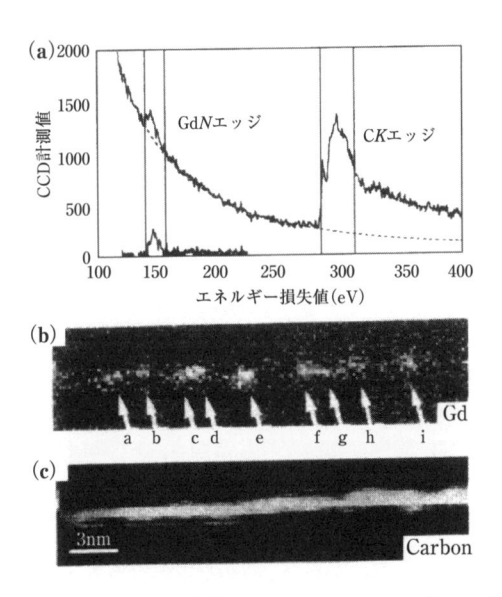

図 10-6 単層ナノチューブ中の Gd 原子内包 C_{82} 分子のエネルギー選択 STEM 像
(K. Suenaga *et al.*, Science, **290**(2000)2280)
(a) スペクトル，(b) Gd のスペクトルで結像，(c) カーボンのスペクトルで結像

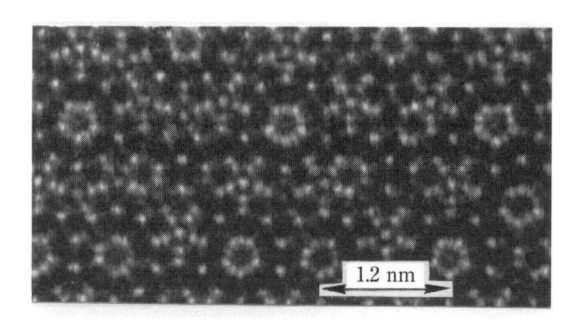

図10-7 AlCoNi準結晶のHAADF-STEM像
(E. Abe *et al.*, Proc. European Microscopy Congress(2004)P08)

用いて始められ，Hashimotoらや著者らによってTEMでも取り組まれたが，それらは弾性散乱波を使って結像されたものである．図10-6のデータは，強度がさらに弱い非弾性散乱波を使っても，原子を元素ごとに色分けして写し出すことが可能であることを示している．

HAADF-STEMを使ったEELSの今後の技術開発の焦点は，収束レンズ(STEMでは対物レンズという)の球面収差補正によるプローブ径のサブオングストローム化と，モノクロメーター付き電子銃による入射ビームのエネルギー幅の低下である(12章を参照)．21世紀に入り0.1 nmを切るビーム径と0.1 eV以下のエネルギー幅の極細STEMプローブが実現しようとしている．図10-7は300 kVの冷陰極電界放射型電子銃と球面収差補正装置のついたHAADF-STEMによって得られたAlCoNi準結晶の構造の0.1 nm以下の分解能の像である．この像ではアルミニウムの原子コラムまでも結像されている[5]．この技術開発については第II部の最後に再び説明しよう．

§10.4　明視野走査透過電子顕微鏡法のリバイバル

§9.1で述べたように，光学の相反定理に基づき，STEMはTEMと同様な像を与える．しかしながらCreweの単原子像の観察以来，STEMでは暗視野像が主に用いられてきた．特にPennycookらの始めたHAADF-STEM法はセラミック界面の研究に大きなインパクトを与えた．これまでのSTEMの研究は，「相反定理に基づくSTEMの明視野像(創成期)」→「単原子の暗視野像(70年代)」→「ナノプローブ分析とナノ回折(70～80年代)」→「結晶性試料のHAADF-STEM像(80年代後半から)」の順に進んできた[6]．

近年，高分解能領域でのSTEM明視野法が再び注目されている．§10.1で述べたように試料直下の光軸上に開き角の小さい検出器を置けばTEM格子像と同様な位相コントラスト像が得られる．この検出器はその外側に位置するDF-STEM像の検出器とは独立だから，像モニターを2台用意すれば，高分解能のSTEM暗視野像（Zコントラスト像）と明視野像（位相コントラスト格子像）が同時に得られる．暗視野像はZ^2に近い像コントラストを与えるので軽元素の原子コラムの観察は難しい．また原子コラムに沿ってのチャネリング現象を使っているので，不純物で格子間位置（interstitial sites）に入ったものは観察しにくい．一方，明視野格子像は軽元素の原子コラムも位相コントラストで結像される特徴を持っている．第I部のTEM像で説明したように，位相コントラスト像にはディフォーカスによる像コントラストの反転や非線形の像コントラストの問題があるが，酸素原子コラムなどは見やすい特徴がある[7]．走査法で結像するSTEM法の最大の特徴として，種々の信号で作った複数の像が同時に比較できるので，STEMの明視野法は今後再び普及する可能性がある．

§10.5 超高電圧走査透過電子顕微鏡

300 kV以上の加速電圧を持つ超高電圧電子顕微鏡（HVEM）の特徴は，透過力の増大に伴い厚い試料が観察できるようになる他に，波長の微小化に伴う分解能の向上がある（(3-5)式）．§9.1で説明した相反定理により，明視野STEM像（位相コントラスト，回折コントラスト像）についても(3-5)式の分解能の式が適用できる．波長の短い方が収差の影響が小さく小さなプローブを実現できる．ただ，この利点は電圧の増加量の1/2乗程度に比例するのみである．一方，加速電圧を上げることは装置の巨大化と高額化を招くので，超高電圧の高分解能STEMの成果は多くはない．

高分解能観察以外の点では，厚い試料の3次元観察が今後の超高圧STEMの中心的な研究テーマになると考えられる．非弾性散乱による電子線の吸収理論によれば，ブラッグ反射が満たされた0次透過波とh次回折波の吸収係数は$\mu_0, \mu_h \propto (m\lambda)^2$となる[8]．電圧を上げると$\lambda$は$\sqrt{E}$で減少するが，逆に$m$が増大するので，$E \to \infty$で$(m\lambda)^2$は$(h/c)^2$で飽和する[9]．ここで，$m$は電子の質量，$h$はプランク定数である．したがって1 MVの加速電圧の装置では透過力は100 kVの装置の約3倍になるが，これ以上は飽和する．

超高圧STEM法では，散乱波や回折波をうまく選択して検出器に取り入れて結像することができるので，TEMによる3次元観察法で問題になっていた結晶回折効果を低減できる可能性がある．**図10-8**は，1985年に名古屋大学で得られた砒化ガリウ

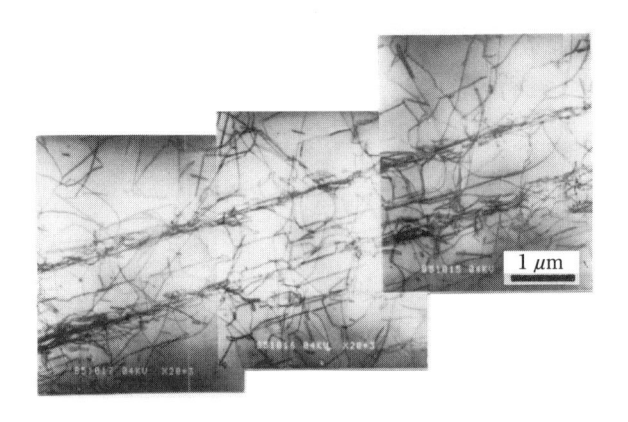

図 10-8 砒化ガリウム中の転位網の超高圧 STEM 像
(井村徹教授,荒井重勇博士のご厚意による)

ム結晶中の転位の 1 MV の STEM 明視野像である.

さらに HV-STEM は電子プローブを電気的に走査するので, x-y の走査に加えて,走査ビームに 2 方向の傾斜をかけてやれば,試料を傾けることなくステレオ像ペアの STEM 像がその場で得られる利点もある.

§10.6 走査透過電子顕微鏡を使った 3 次元観察

§10.6.1 非晶質試料の像コントラスト

§7.3 で述べたように,TEM を用いた 3 次元(3D)電子線トモグラフィー(tomography)では,「透過波の強度の減少が電子線の入射方向への投影質量密度(または吸収係数)に比例する」ことが基礎となっている.STEM を用いた電子線トモグラフィーでも,上記の条件が満たされる場合は,X 線 CT の手法をそのまま使うことができる[10].

生物試料や高分子材料のような非晶質試料の電子顕微鏡像のコントラストは mass-thickness の考え方で解釈できる.すなわち,対物絞りの外側に散乱された電子が止められたときの,透過波の見かけ上の吸収係数 Q は,t を試料の厚さとし,線形近似を適用して

$$Q = \frac{N_A \sigma_{\text{atom}}}{M} \rho \quad \left(\text{ただし} \sigma_{\text{atom}} = \int_\alpha^\infty |f(\theta)|^2 \, d\Omega \right) \quad (10\text{-}1)$$

となる.この式の導出は(4-11)式ですでに説明した.ここで N_A はアボガドロ数,

σ_{atom} は非晶質試料を構成する原子の微分散乱断面積 $d\sigma/d\Omega$ ($= |f(2\theta)|^2$) を対物絞りの孔の大きさ ($= \alpha$) から高角側へ積分したもの，M は分子量，ρ は平均の質量密度である．したがって，厚さを各投影方向について既知とすれば，密度 ρ や元素の種類，分子量などの投影情報が得られる[注4]．

この $\rho \cdot t$ を mass-thickness と呼ぶ．この mass-thickness の考え方を回折現象が強くおこる結晶性試料にも仮定するところに電子線トモグラフィーの基本的限界がある．この仮定は，試料が薄くて運動学的な (kinematical) 回折理論が成り立つという仮定よりきびしい仮定である．「動力学的回折効果」より，まず「結晶による回折効果」がトモグラフィーにとって大きな問題である．

§10.6.2　結晶性試料の3次元走査透過電子顕微鏡像

結晶性試料の場合は結晶回折効果 (kinematical および dynamical[注5]) のため，入射電子線の傾斜による $\rho \cdot t$ に比例しない透過強度の変化がおこる．このような条件では3次元トモグラフィー像再生のためにラドン変換およびその結果としての逆投影法 (back projection method) の考えは使えない (§7.3 参照)．さらに明視野 STEM 像を用いるときには，TEM の明視野法と同様，像コントラストを得るために少し焦点をはずした最適観察条件にする．このとき，黒いコントラストを持つ正像の周りに白いコントラストを持つブラッグ反射像 (暗視野像) が出る．これも微粒子の外形などの再構成を不正確にする1つの原因となる．

以上，問題点をまとめると，①試料傾斜角が制限されることからくる "missing cone" の問題 (§7.3)，②結晶回折効果，③厚さによる動力学的回折効果，④ディフォーカスによる偽像の問題，などである．

§10.6.3　電子エネルギー損失信号または X 線放出信号を用いた3次元像

透過電子顕微鏡の像強度またはコントラストは「散乱・回折現象」や「対物絞りの大きさ」などによって決まり，光の場合のような単純な吸収コントラストではない．

注4) 非晶質試料のときは構成原子のランダム性のため，入射方向の変化による散乱強度の変化は結晶と比べ大きくない．このときは (10-1) 式の $|f(\theta)|^2$ を非晶質のある領域からの散乱強度の $|F(\theta)|^2$ に換えて，$\rho \cdot t$ などを省略する形を使ってもよい．

注5) 運動学的 (kinematical) 回折効果で入射方位による強度の著しい変化が生まれ (ブラッグ反射など)，動力学的 (dynamical) 回折効果でさらに厚さによって透過波が単純に減少しない現象が現れる．

したがって，入射線方向への試料の投影密度と出射面での入射線の強度が線形関係にならなかったり，結晶回折効果により試料のわずかな回転が電子線の出射強度を大きく変えてしまう．さらに，動力学的回折効果も像強度を大きく変化させる．

このような問題を回避するために，図10-5に示すような2次的に発生する特性X線や特定のエネルギーを損失した散乱電子(EELS)を結像に使って3次元像を再構成する方法が考えられる．前者については走査透過像(STEM)モードを使って試料の1点ごとからの特性X線から元素像を造る(X線マッピング)．後者はSTEM法を用いて1点1点からの散乱波を電子エネルギー分光器に入れ，特定のエネルギー損失した電子の強度でマッピングする方法を用いる．

§10.6.4 トポグラフィーかトモグラフィーか

3次元再構成法にはトモグラフィーの他に，試料の外形の3次元情報のみを再生するトポグラフィー(topography)がある．科学博物館などで展示されているレーザー光によるホログラフィー技術を使った人形の3次元表示などは，外形による反射波を使ったトポグラフィー像である．図10-9(a)は3次元観察を試みた酸化亜鉛(ZnO)微結晶の電子顕微鏡トポグラフィーである．この3次元再構成像は，各方向から観察した像の外形をトレースして，それを合成して立体空間をコンピュータ内で作製した．この方法は再構成操作としても容易で細かい部分の再現性もよい．一方，図10-9(b)は同じ試料のトモグラフィーの再構成像である．トポグラフィー像に比べて種々の擬像が入っており分解能も悪い．

この原因はすでに述べた結晶回折効果などである．図10-9(a)のトポグラフィー像は，試料の外形表面からの反射波を用いることが基礎になっているので，結晶回折効果や動力学回折効果が混入しにくいからである．この特徴を使ってまず外形をトポグラフィー像で決定して，その中にトモグラフィーデータを埋め込んでいくソフトもわが国で作られている．これによって"ミッシングコーン"という，傾斜像が得られない領域にあるデータの不足から生じる擬像を低減することができる．

§10.7 ナノ電子回折図形

微小領域の構造解析には微小回折図形(micro-diffraction pattern)が有用である．STEMでは，TEMの制限視野回折法のように対物レンズの収差の影響を受けることなく，プローブ径程度の領域からの回折図形が得られる．STEMの微小回折法では次の2つの方法が使われる[11,12]．

§10.7 ナノ電子回折図形　153

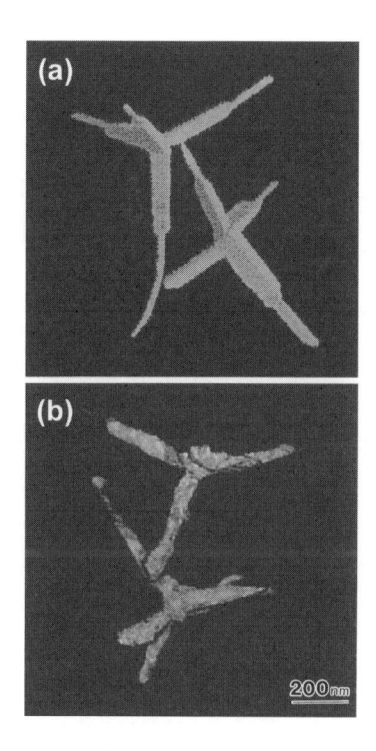

図 10-9 酸化亜鉛微結晶の 3 次元 STEM 像
(a)トポグラフィー像，(b)トモグラフィー像

(1) マイクロビーム STEM 法

STEM 像をモニター上で見ながらプローブを回折図形を得たい領域に止めることで行われる．この方法は，ナノビーム回折(NBD 法)ともいう．試料下で得られる回折図形を記録する方法は写真フィルムを用いるほかに，①蛍光板上の回折強度を光学繊維板を介して大気中に取り出し，フィルムまたは TV に記録する，②試料下の偏向コイルにより回折図形全体をふらし，10^{-4} rad 程度の開き角を持つ検出器により散乱角ごとの強度を検出し，偏向コイルに同期させたモニターに表示する，の 2 つがある．STEM では照射の開き角は 10^{-2} rad 程度のため回折図形は収束電子線回折図形である．**図 10-10** は細く絞った電子線プローブを止めて得た Zr-Ni 金属ガラスの微小回折図形であり，局所の規則化の様子がわかる．

(2) ビームロッキング法

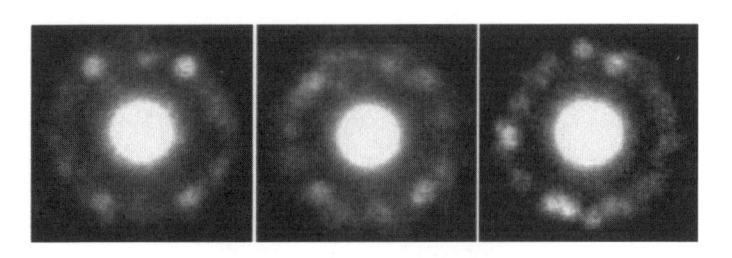

図 10-10 非晶質 $Zr_{67}Ni_{33}$ 金属ガラスの制限視野ナノ電子回折
(A. Hirata *et al*., Mater. Trans., **48**(2007)1299)

相反定理による STEM と TEM の同等性は回折図形にも適用できる．STEM の場合は試料の 1 点にさまざまの方向から 10^{-4} rad 程度の小さい開き角を持つ電子を入射し，試料下の光軸上にやはり 10^{-4} rad 程度の検出器をおき，電子線のロッキング (rocking) に同期させて検出強度をモニター上に表示すると TEM での高分解能回折法[注6]と同等の回折図形が得られる．この方法は，高次の回折波までよい角度分解能で検出できる特徴を持つ．ただ現在の商用機では，30～50 nm の領域からの回折図形しか得られない．ビームのロッキング時のビームの横方向移動を止めることが容易ではないからである．

微小回折の応用としては，
(1) 微小領域の結晶群の決定：マイクロビーム STEM 法で得られる収束電子回折図形の円板状の回折斑点の内部模様はブラッグ条件が少しずつ異なる散乱波が重畳して作られた干渉図形である．この図形の対称性より微小領域の結晶の対称要素がわかり点群に関する情報が得られる（→ 補遺 E，収束電子回折法）.
(2) 結晶の低次構造因子の決定：上記の回折斑点の内部の強度分布とロッキング曲線の動力学的回折理論計算との比較により決定でき，結晶中原子の外殻電子の情報が得られる．
(3) 金属または合金膜中の析出相の固定
(4) 非晶質膜の構造解析
(5) 不規則合金および酸化物膜の構造解析

[注6] 試料は TEM の投影レンズの下につけ，それより上のレンズは 10^{-4} 程度の平行ビーム照射ができるように調整する．試料上のビーム径は 0.1 mm 程度である．以前は常識的な技法であったが最近は行われなくなった．この方法により，反射電子回折 (RHEED) も可能である．

(6) 格子定数の精密決定

(3) は TEM による制限視野回折と目的は同じであるが，STEM 法によれば領域制限が非常に小さくできる特徴がある．(4)，(5) は STEM による微小回折法でのみ研究できる直径 2 nm 以下の領域制限が必要な例であり，(4) では原子の配列について，また(5)では原子の占有状態について解析することが目標となる．(1)，(2)，(6) については高次ラウエ帯回折線(Higher Order Laue Zone lines；HOLZ lines)も使うので，ある程度のビーム径と，特に試料厚さ($t > 50$ nm)が必要である．

第10章 参考文献

（ 1 ） N. Tanaka *et al*., Ultramicrosc., **5**（1980）35
（ 2 ） 田中信夫, 電子顕微鏡, **34**（1999）211
（ 3 ） 砂川重信,「量子力学」(岩波書店，1991) 3 章
（ 4 ） K. Suenaga *et al*., Science, **290**（2000）2280
（ 5 ） E. Abe *et al*., Proc. European Microscopy Congress（2004）IM01, P08
（ 6 ） 8 章の参考文献[6~8]参照
（ 7 ） J. Yamasaki *et al*., J. Electron Microsc., **54**（1995）209
（ 8 ） 電子線の吸収理論の創始は日本人の先駆的業績である．
H. Yoshioka, J. Phys. Soc. Jp., **12**（1957）618.
（ 9 ） 渡辺伝次郎,「超高圧電子顕微鏡と電子回折」, 金属物性基礎講座 3 巻(丸善, 1981)
（10） 田中信夫, 電子顕微鏡, **39**（2004）26
（11） 田中信夫,「マイクロビームハンドブック」, 日本学術振興会編(朝倉書店, 1985)§3.1.3
（12） 田中信夫, 弘津禎彦, 電子顕微鏡, **34**（1999）135

第11章
走査透過電子顕微鏡の結像理論

§11.1 基本的な考え方

　TEMの結像理論は，6章で説明したように，「試料による電子回折」と「対物レンズの作用と像面での強度への変換」(フーリエ光学の問題)と分けることができた．本節ではSTEMの結像理論を説明しよう[1-3]．STEMでは1点1点(画素, pixel)ずつ試料を走査して2次元の像を作ってゆく．したがって，STEMの結像理論では**図11-1**に示すように試料上の1点に電子プローブが止まっているときの下方への散乱電子線の強度(=1点の像強度)を次の①, ②, ③の手順で計算する[注1]．

　①試料の1点にαの収束角を持って入射する電子プローブの波動関数を求める．このプローブはフーリエ変換の理論を使って試料の法線から少しずつ傾いた方向から入射する多数の平面波を重ね合わせて作ることができる(図11-1の①)．比較として，TEMの場合は試料にほぼ垂直に入射する1つの平面波(波数ベクトルK_0を持つ)であったことを思い出そう．

　②このプローブ波動関数が試料結晶内で回折される様子を計算する(図11-1の②)．これは補遺Eで述べる収束電子回折(CBED)図形を計算する問題と同じである．計算をする方法としてはマルチスライス法(カウリー-ムーディー法；§6.2.2参照)と固有値法(ベーテ法；→ 補遺I)の2つがある．TEMの場合と異なり，1つの平面波ではなく収束プローブを入射することに注意する．

　③結晶から遠く離れたところには円板状の収束電子回折図形ができる(→ 補遺E)．プローブ径d_pが入射する原子面間隔dより小さいときには各々の円板は重なる．重なったところには干渉模様が出現する．この回折図形の強度を円板状または円環状の検出器で全部取り込み，加え合わせたものをSTEM像の1点の強度とする(図11-1の③)．

[注1] ここで説明する理論の他にも，フーリエ変換の式を駆使したSTEMの結像理論がCowleyにより提出されている．本章と補遺Aを読後，補遺N-2を参照すれば容易に理解できる．

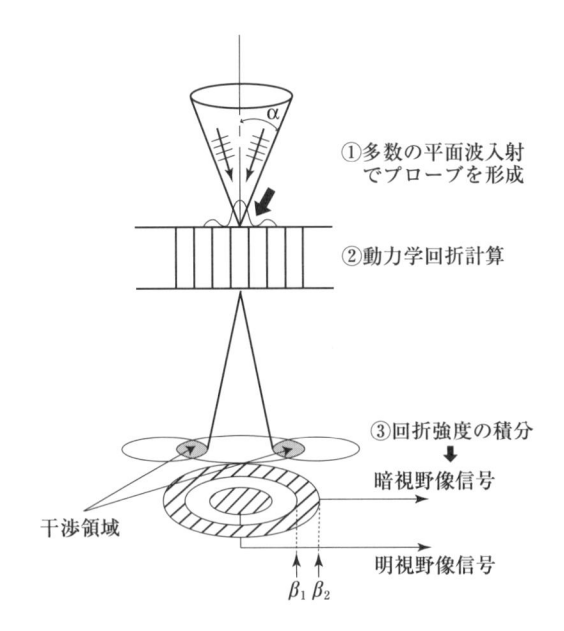

図 11-1 ベーテ法による STEM 像計算の手順

§11.2　プローブ形成の理論

電子プローブの形成については §8.2 で幾何光学的に説明したが，ここでは波動光学的に考えてみよう．

§2.3.4 や補遺 B，C での凸レンズの働きの波動光学的説明のなかで，レンズの前焦点面より少し外側に置かれた点状の光源の 2 次元フーリエ変換図形が後焦平面にできることを示した．それはよく知られているようにほぼ平面波である．この場合の光線を逆行させれば，凸レンズによって光線を絞る様子が数式として記述できる．座標 x, y について振幅が一様な平面波の振幅は 1 ($= 1(x, y)$) であるので，凸レンズによって作られるプローブはレンズの開口（アパーチャー）の 2 次元フーリエ変換図形となる[注2]．レンズに収差や焦点はずれがないときは，レンズの直径 a に対応する丸孔のフーリエ変換だから，1 次のベッセル関数で表されるエアリー円板になる（(A-26) 式参照）．

注2)　実際の STEM では収束レンズ（図 8-2 の L_1）の付近に丸孔の絞りを入れ収束角を制限する．

$$F(u) = \left(\frac{\pi a^2}{2}\right)\frac{J_1(\pi a u)}{\pi a u} \tag{11-1}$$

ここで, u は空間周波数といい, 遠方にできたこの図形をレンズの中心から見込む半角 β を使って $u = \lambda/\beta$ で関係づけることができる. このベッセル関数の最初の零点は $u = 1.22/a$ だから, 焦点面に絞ったプローブの半径は $u \times f = 1.22f/a$ となる. $(a/2)/f = \alpha$ を使って, $0.61\lambda/\alpha$ となる.

レンズに収差がある場合は, 丸孔中の波動場の位相が補遺Bで導いた波面収差関数 $\exp -i\chi(u,v)$ によって変調されている. これを考慮すれば, 収束プローブの波動関数は, この関数の2次元フーリエ変換であり

$$\phi_\mathrm{p}(x,y) = \int_{\text{レンズの丸孔}} [\exp -i\chi(u,v)]\exp[2\pi i(ux+vy)]dudv \tag{11-2}$$

となる. ただし

$$\chi = 0.5\pi C_\mathrm{s}\lambda^3(u^2+v^2)^2 + \pi\Delta f\lambda(u^2+v^2) \qquad (\Delta f > 0, \text{オーバーフォーカス})$$

である (§4.1と補遺C参照). Δf を変化させると, 図11-1①の黒太矢印の入射プローブが大きくなる. それに対応して計算されるSTEM像も自動的にボケるのである.

§11.3 結晶中でのプローブの回折のマルチスライス法計算[4]

A. 弾性散乱強度の計算

試料は単結晶であると仮定しよう. 試料にほぼ垂直に1つの平面波を入射させるTEMの場合 (**図11-2**(a)) と異なり, 前記のように円錐状に入射するプローブを記述するには, この垂直入射の平面波の左右, 前後周りにも多数の平面波を用意する (図11-2(b)). 図11-2(a) のように3波干渉のTEMの格子像を計算する場合, マルチスライス計算では入射波と2つの回折波の振幅と位相の計算結果 (複素数) を入れる箱を用意すればよかった. 一方, STEMのシミュレーション (CBED図形の計算) では, 計算機の中に, 図11-2(b) にあるすべての波の振幅を入れる多数のファイルを用意しなければならない. 例えばプローブを垂直入射以外に左右5波ずつで記述するとし, 回折波を100回折波とすると, 000と100回折波の間に10個のファイルを用意して計算することになる (図11-2(b) の 'ㄩ' 印). 現在のマルチスライス法のプログラムは高速フーリエ変換 (FFT) アルゴリズムを使っているので, 計算結果を入れるファイルの数の問題は, §6.2.3で説明したスーパーセルの考えを使うと自動的に解決される.

§11.3 結晶中でのプローブの回折のマルチスライス法計算　159

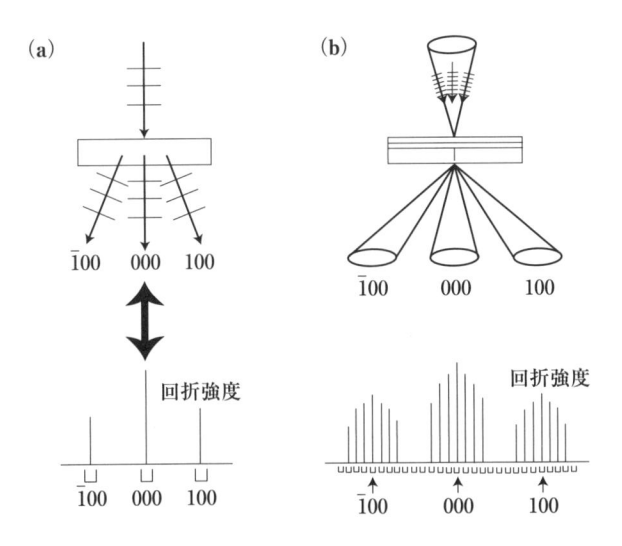

図 11-2 プローブを作るためには種々の方向からの平面波が必要
対応して回折波も円板状になる．(b)の下図の棒線は用意したファイルごとの回折強度を表している

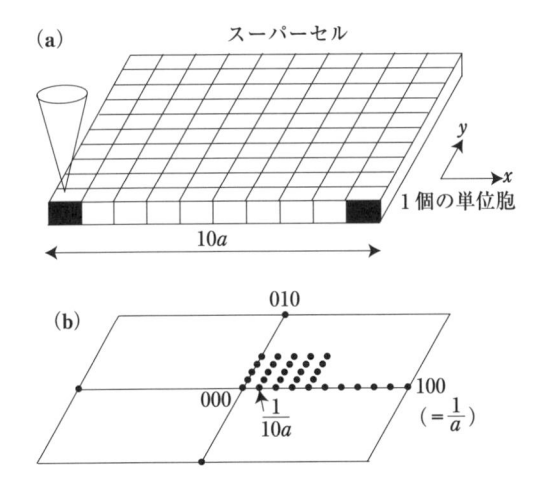

図 11-3 プローブを形成するために用意するスーパーセル

すなわち 000 透過波と 100 回折波の間に 10 個の箱を用意するためには，**図 11-3** のように単純立方格子の単位胞(格子定数 a)を縦，横 10 個ずつ並べてスーパーセルを

作り計算すればよい．この場合，10個の単位胞よりなるスーパーセルの1辺の長さ ($=10a$) の情報は，100回折波の 1/10 のところに対応する (図 11-3(b) の矢印)．ここで説明の都合上単純立方格子を使ったのは，面心立方格子では 100 回折波が出ないからである．

スーパーセルを導入することによって逆空間内で細かく回折振幅が計算できる準備が整った．あとは収束プローブに相当する多数の平面波が同時に入射したときに，スーパーセルという結晶の中での回折波動場の変化を計算をすればよい．この段階では，計算する波数が増えた点を除けば通常のマルチスライスの計算と同じである[4]．

次にプローブを x-y 方向へ動かす方法を考える．今プローブは実空間である図 11-3(a) のスーパーセルの原点にある．これを (x_0, y_0) の点にずらすには補遺 A の (A-14) 式にあるように逆空間では $\exp[-2\pi i(ux_0+vy_0)]$ をかけてやればよい．STEM 用入射プローブの波動関数は

$$\phi_p(x,y) = \hat{F}[\Psi_p(u,v)] = \hat{F}[\{\exp-\chi(u,v)\} \\ \times \{\exp-2\pi i(ux_0+vy_0)\} \times A(u,v)] \tag{11-3}$$

となる．ここで $\hat{F}$ は 2 次元のフーリエ変換を表す．また $A(u,v)$ はプローブの収束角を制限する窓 (絞り) 関数で

$$A(u,v) = 0 \; ; \; \sqrt{u^2+v^2} > \frac{\alpha}{\lambda}$$
$$= 1 \; ; \; \sqrt{u^2+v^2} < \frac{\alpha}{\lambda} \tag{11-4}$$

で定義される．A は具体的には STEM 用対物レンズ (収束レンズ) の絞りの大きさで決まる．

このプローブが結晶中で回折される様子は §6.2.2 と同様のマルチスライス計算で行い，試料下の実空間座標での波動場は

$$q(x,y) = \exp[i\sigma V_p(x,y)] \tag{11-5}$$
$$p(x,y) = \{\exp[-\pi i(x^2+y^2)/\Delta z]\}/(i\lambda \Delta z) \quad (\text{フレネル伝播関数}) \tag{11-6}$$

とすると

$$\phi_s(x,y) = \phi_p(x,y) \times q_1(x,y) \otimes p_1(x,y) \times q_2(x,y) \otimes \cdots \otimes p_N(x,y) \tag{11-7}$$

で計算できる．これを逆空間の表示で書くと

§11.3 結晶中でのプローブの回折のマルチスライス法計算

$$\Psi_s(u,v) = \Psi_p(u,v) \otimes \hat{F}[q_1(x,y)] \times \hat{F}[p_1(x,y)] \cdots \times \hat{F}[P_N(x,y)] \quad (11\text{-}8)$$

ここで $\otimes$ は2次元のコンボリューション演算を表す.

これでプローブが入射したときの収束電子回折図形を作る波動関数が求まった. その強度分布は $I(u,v) = \Psi_s(u,v)\Psi_s^*(u,v)$ である. この強度分布を円形または円環状の検出器で加え合わせると, プローブが点 (x_0, y_0) に止まっているときのSTEM像の1点の強度が得られる. この場合, プローブの収束角で決まる透過波の円板が中央にできるので, これより外側の回折強度をとれば暗視野STEM像(DF-STEM)になる.

実際は, 図11-1下部の円環状検出器の内角と外角を β_1, β_2 とすると, $|\Psi_s(u,v)|^2$ に次のような窓関数 $W(u,v)$ かけて積分すれば1点の暗視野像強度が得られる.

$$I(x_0, y_0) = \iint |\Psi_s(u,v)|^2 W(u,v) \, dudv \quad (11\text{-}9)$$

ただし
$$\begin{cases} W(u,v) = 1 & \dfrac{\beta_1}{\lambda} < \sqrt{u^2+v^2} < \dfrac{\beta_2}{\lambda} \\ W(u,v) = 0 & \text{others} \end{cases}$$

B. 非弾性散乱強度の計算

ここまでは弾性散乱波を使ったSTEMの結像について説明した. 近年, 高角側に散乱された電子を円環状の検出器で集めて結像するSTEM法(HAADF-STEM)が注目されている(§8.1参照). 単原子からの弾性散乱強度は高角側では, **図11-4**のように, 散乱角の4乗分の1で急速に低下する(ラザフォード散乱). 一方, 高角側では原子の熱振動による非弾性散乱である熱散漫散乱(Thermal Diffuse Scattering; TDS)が優勢になる. HAADF-STEM像の強度を計算するには, 円環状検出器に落ちるこのTDSの全体(積分強度)を正確に計算する必要がある.

この計算をマルチスライス法の中で行う巧妙な方法がIshizuka(石塚)により提案された. 以下それを説明しよう[4]. この考え方は次に説明するベーテ法によるSTEM像計算のときにも用いる.

図11-5のように結晶をスライスに分け, そこへ収束電子ビームが入射したときの弾性散乱波(黒矢印)については, (11-5)式の $q(x,y)$ と, 波の伝播を記述する(11-6)式の $p(x,y)$ で記述できた. 外側の円環状の検出器に落ちる非弾性散乱(点線矢印)強度は次のように計算する.

1枚のスライスに入射, 出射する波動関数をそれぞれ φ_{in}, φ_{out} とすると, (11-7)

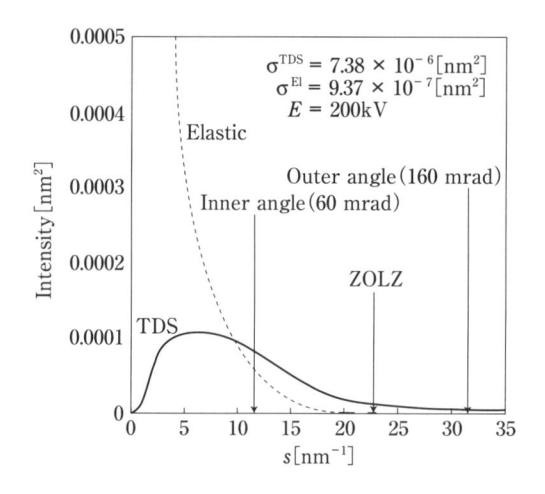

図 11-4 原子からの弾性散乱と非弾性散乱(熱散漫散乱(TDS)の分布)の模式図
(K. Watanabe *et al.*, Phys. Rev., **63**(2001)085316)
$s = \sin\theta/\lambda$, ZOLZ は 0 次ラウエ帯の終わる位置

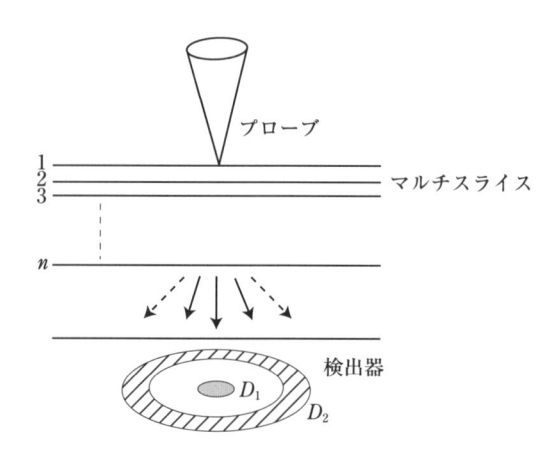

図 11-5 マルチスライス法で STEM 像強度を計算する

式と同様

$$\phi_{\text{out}}(x, y) = [\phi_{\text{in}}(x, y)q(x, y)] \otimes p(x, y) \tag{11-10}$$

である.1 枚分のマルチスライスをする間にスライスを構成する原子の熱振動により非弾性散乱(TDS)が発生し弾性散乱が減少する.この減少の様子は静電ポテンシャル

に虚数項 iV' を付加することで現象論的に記述できることがわかっている．V' を吉岡吸収項という．投影ポテンシャルについても

$$V_\mathrm{p}(x,y) = V_\mathrm{p}(x,y) + iV'_\mathrm{p}(x,y) \tag{11-11}$$

したがってスライスごとの透過関数 q は，$\boldsymbol{x}$ を 2 次元ベクトル (x,y) として

$$q(\boldsymbol{x}) = (\exp i\sigma V_\mathrm{p}(\boldsymbol{x})) \times (\exp -\sigma V'_\mathrm{p}(\boldsymbol{x})) \tag{11-12}$$

となる．

V' は，例えば結晶の中に電子を吸収してしまう"綿"が分布していると考えればよい．TEM の場合はブラッグ反射波などの弾性散乱波を使って格子像などを形像するので，この吸収項を付加した投影ポテンシャルを最初に入れて，あとはマルチスライス計算すればよかった．HAADF-STEM の場合は，弾性散乱から減った分が再度 TDS として広がって検出器に落ちるので，この強度を検出器の大きさを考慮して積分しなければならない．その積分計算には TDS の角度分布の情報が必要になる．これは非弾性散乱の動力学回折理論そのものであり理論式を求めることは容易ではない．

そこで図 11-5 のように「上のスライスで生じた非弾性散乱波は下のスライスでは再び回折しないでそのまま試料下に出る」ことを仮定する．これは"Spence 近似"と呼ばれる．そうすると，各スライスに入射する弾性散乱波に非弾性散乱を作る TDS の断面積(所定の円環状検出器に落ちるもののみに関する断面積)をかけて，あとは 1 から N までスライスを加算してやればよいことになる．非弾性散乱波の多重回折効果は無視するのである．微分散乱断面積は原子または単位胞などの散乱因子の 2 乗なので，これを HAADF-STEM の検出器の開き角で積分すれば断面積がでる．

1 個の原子による非弾性散乱(散乱因子 f')を考えると

$$\sigma_\mathrm{in} = \int \frac{d\sigma}{d\Omega} d\Omega = \int |f'(2\theta)|^2 \, d\Omega \tag{11-13}$$

これは光学定理と呼ばれる．

次に述べるベーテ法の場合は，同様に深さ z での弾性散乱波の強度を計算する．この計算は固有値問題と単純な指数関数の積の演算で容易だから，$|\varphi(x,y,z)|^2 \sigma_\mathrm{in}$ を計算し，最後に z で積分する．

$$I^\mathrm{HAADF} = \int |\varphi(x,y,z)|^2 \sigma_\mathrm{in} dz \tag{11-14}$$

実際の計算において，(11-13)と(11-14)式の積分を使わずにマルチスライス法の中に取り入れる定式化が Ishizuka によってなされた[4]．その手順は以下のようである．

q に関する(11-10)式を逆空間にフーリエ変換する．コンボリューション演算はかけ算になる．2次元の演算であるので2次元ベクトルを $\bm{x}(=(x,y))$ として，これに対する逆空間表示は $\bm{u}$ とする．

$$\varPsi_{\text{out}}(\bm{u}) = |\hat{F}\{\phi_{\text{in}}(\bm{x})q(\bm{x})\} \times p(\bm{u})| = |\hat{F}\{\phi_{\text{in}}(\bm{x})q(\bm{x})\}| \tag{11-15}$$

ここで $p(\bm{u})$ がなくなったのは伝達関数の絶対値は $\lambda\Delta z$ の項をのぞいては1だからである((11-6)式参照)．

フーリエ変換のパーセバルの定理を使うと，絶対値の2乗の積分の引数を実空間の $\bm{x}$ から逆空間の $\bm{u}$ に換えることができる(→補遺 A)．これを2回使うと

$$\int |\phi_{\text{out}}(\bm{x})|^2 d\bm{x} = \int |\varPsi_{\text{out}}(\bm{u})|^2 d\bm{u} = \int |\hat{F}\{\phi_{\text{in}}(\bm{x})q(\bm{x})\}|^2 d\bm{u}$$

$$= \int |\phi_{\text{in}}(\bm{x})q(\bm{x})|^2 d\bm{x} \tag{11-16}$$

図11-5の各スライスごとに非弾性散乱過程によって減ってゆく弾性散乱波は

$$I^{\text{loss}} = \int (|\phi_{\text{out}}(\bm{x})|^2 - |\phi_{\text{in}}(\bm{x})|^2) \, d\bm{x}$$

$$= \int |\phi_{\text{in}}(\bm{x})|^2 [\exp 2\sigma V'(\bm{x}) - 1] d\bm{x}$$

$$\cong 2\sigma \int |\phi_{\text{in}}(\bm{x})|^2 V'_{\text{p}}(\bm{x}) d\bm{x} \tag{11-17}$$

この I^{loss} はフーリエ変換されて，すなわち図11-5の非弾性散乱波(点線)の強度分布になる．残る仕事は，減少分のうち円環状検出器に落ちる分のみを見積もることである．

1個の原子の散乱因子(非弾性散乱も)の $f'(\bm{u})$ から構成した結晶構造因子 $F(\bm{u})$ の(E-5)式にデバイ-ワーラー因子を付加したもので関係づけられる．また，この $F(\bm{u})$ は(11-11)式の投影した静電ポテンシャルのフーリエ係数 $V(\bm{u})$ と次の式で結びつけられる(→補遺Iの注2)．$\bm{u}$ は3次元の逆格子ベクトルである．

$$F(\bm{u}) = \frac{2\pi me}{h^2} V(\bm{u}) \Omega \tag{11-18}$$

ここで，m は電子の質量，h はプランク定数，Ω は単位胞の体積である．

したがって(11-11)式の非弾性散乱の散乱ポテンシャル V' は

$$V(\bm{u}) = \frac{h^2}{2\pi me \Omega} \sum_j f' \exp(-M_j \bm{u}^2) \exp(-2\pi i \bm{u} \cdot \bm{x}_j) \tag{11-19}$$

のフーリエ変換で記述できる．ここで，M_j は j 原子の熱振動に関わるデバイ-ワーラー因子である．結局単原子に電子線を入射したときおこる熱散漫(非弾性)散乱のうち，円環状の検出器の方向へ向かうものの部分散乱振幅(散乱因子)を求めればよいことになる．この式は Hall-Hirsch によって定式化されており，v を電子の速度とすると

$$f'(s) = \frac{2h}{mv} \int f(|s|)f(|s-s'|) \times [1-\exp -2M(s^2-s\cdot s')]ds' \qquad (11\text{-}20)$$

で計算できる[5]．ここで，f は単原子による弾性散乱の原子散乱因子であり，$s = k - k_0$ の散乱ベクトルである．積分は円環状検出器の開き角 $\beta_1 \sim \beta_2$ の間のみ行う．これで1枚ごとのスライスで発生して，円環状検出器に落ちる TDS 強度が計算できたので，最後に(11-17)式に戻ってこれを j スライスごとに加算する．

$$I^{\text{HAADF}} = \sum_{j=1}^{N} 2\sigma \int |\phi_j(\boldsymbol{x})|^2 V_i'(\boldsymbol{x}) d\boldsymbol{x} \qquad (11\text{-}21)$$

これは後述の(11-28)式と本質的に同じ式である．

§11.4　ベーテ法による計算[6]

　ベーテ法による HAADF-STEM 像の計算は少し変則的なやり方をする．STEM の収束プローブは試料の垂直方向から少し傾いたいろいろな方向の波数ベクトルを持った平面波の重ね合わせで表すことができることはすでに述べた．ベーテ法による STEM 像強度の計算法は，斜め方向から1つの平面波が入射したときの回折振幅をまず計算する．これは補遺 I で述べる計算法と同じである．これで試料下の回折波が計算できる．唯一異なることは，あとでプローブを x-y 面内でシフトさせるために，この平面波にも(11-3)式の第2項で記述した位相因子をかけておく(**図 11-6** の白矢印)．さらに，収束レンズ(STEM では対物レンズという)が与える位相シフト項(収差や焦点はずれによる)も付加しておく．これは TEM のところで説明したレンズ伝達関数をかければよい．結局この平面波の波動関数は

$$\Psi(u,v) = \exp[-2\pi i(ux_0+v_0y_0)] \times \exp[-i\chi(u,v)] \qquad (11\text{-}22)$$

となる．

　STEM の収束プローブは，マルチスライス法のところで説明したように，これをいろいろな u, v について加え合わせたものである．しかし，ベーテ法による計算では最初はプローブの形では結晶へ入射させず，とりあえずは斜め方向からの1つの平面波の入射で計算する．こうすると，試料が単結晶の場合は，マルチスライス法のよ

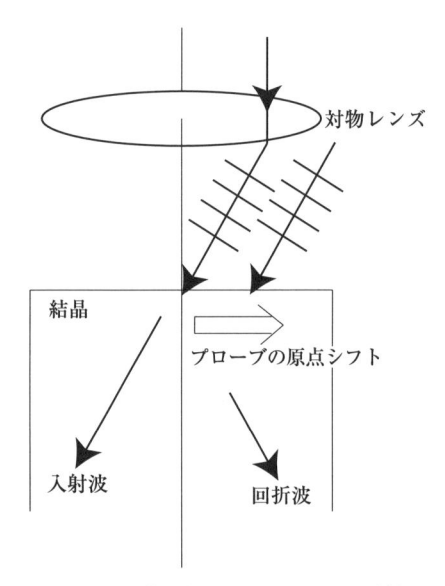

第11章 走査透過電子顕微鏡の結像理論

図11-6 STEM像強度のベーテ法による計算法

うにスーパーセルも不要で，かつ厚さの効果は位相因子 $\exp(ik_z z)$ で簡単に取り入れられるので，計算は $N \times N$ 波の固有値方程式を解くだけで終わる（→ 補遺 I）．この計算を入射平面波の傾斜角を少しずつ変えて繰り返し行い，試料下に出てきた回折波の振幅を全部加えてから，その2乗をとって，求める収束電子回折図形の強度とする．振幅で加えているので出射される回折波の位相情報，すなわち回折波同志の干渉効果も自動的に取り入れられるのである．

以上述べたことを Watanabe（渡辺）らにしたがって数式として記述してみよう[6]．ここでは，波の記述やフーリエ変換などを $\exp(i\boldsymbol{k} \cdot \boldsymbol{r})$ 型でやっていることに注意しよう（補遺 A，§A-2 参照）．

補遺 I のベーテ法のところで説明したように，平面波が斜め入射したときの回折振幅をいろいろな $\boldsymbol{k}$ で加え合わせてやればよい．結晶内の点 $\boldsymbol{r}(x, y, z)$ での波動関数は

$$\phi(\boldsymbol{r}, \boldsymbol{r}_0) = \int d\boldsymbol{k}_\| A(\boldsymbol{k}_\|) \sum_i \sum_g \varepsilon_g^i(\boldsymbol{k}_\|, \boldsymbol{r}_0) C_g^i(\boldsymbol{k}_\|) \times \exp[i\{(\boldsymbol{k}_\| + \boldsymbol{g}) \cdot \boldsymbol{r} + k_z^i z\}]$$
$$\times \exp(-i\boldsymbol{k}_\| \cdot \boldsymbol{r}_0) \qquad (11\text{-}23)$$

ここで，$\boldsymbol{k}_\|$ は結晶の表面に平行な波数ベクトル成分，$\boldsymbol{r}_0$ はプローブの位置，ε_g^i は i

分散面上に波の出射点がある場合の g 回折波の励起誤差(エワルド球と g 逆格子点の差)であり、C_g^i はブロッホ波の振幅である。A は絞り関数である。この C^i は、プローブが入射する面($z=0$)での以下のような境界条件(波数ベクトルの平行成分は連続)から決まる[6]。

$$\begin{bmatrix} \varepsilon_1 \\ \varepsilon_2 \\ \varepsilon_3 \\ \cdot \\ \cdot \\ \cdot \end{bmatrix} = \exp(-i\bm{k}_\parallel \cdot \bm{r}_0) \times \exp\{-i\chi(\bm{k}_\parallel)\} C^{-1} \times \begin{bmatrix} 1 \\ 0 \\ 0 \\ \cdot \\ \cdot \\ \cdot \end{bmatrix} \quad (11\text{-}24)$$

ここで、C^{-1} は固有値ベクトルの行列の逆行列である。この固有値ベクトルは、結晶のポテンシャル $V(x,y,z)$ のフーリエ係数の行列から固有値問題を解いて求める(→ 補遺 I, (I-8)式)。次に結晶(厚さ t)下の出射面の境界条件から各回折波の振幅(T_0, T_g)が求まる。

$$\begin{bmatrix} T_0 \\ T_g \\ \cdot \\ \cdot \\ \cdot \end{bmatrix} = \exp(-i\bm{k}_z t) \times C \times \Gamma(\bm{k}_\parallel, t) \times \begin{bmatrix} \varepsilon_1 \\ \varepsilon_2 \\ \cdot \\ \cdot \\ \cdot \end{bmatrix} \quad (11\text{-}25)$$

ここで、Γ 行列の要素は $\exp(i\bm{k}_z t)\delta_{ij}$ である。したがって出射面の波動関数は

$$\phi(\bm{r}, \bm{r}_0, t) = \int d\bm{k}_\parallel A(\bm{k}_\parallel) \sum_g T_g(\bm{k}_\parallel, \bm{r}_0, t) \times \exp[i\{(\bm{k}_\parallel + \bm{g}) \cdot \bm{r}\}] \quad (11\text{-}26)$$

となる。

試料から離れたところの回折波、すなわち収束電子回折図形の振幅はこれを2次元フーリエ変換すれば求まる[6]。本書の最初の方で説明したように、出射面の波動関数を2次元フーリエ変換することは遠方場であるフラウンフォーファー回折場を求めることを意味することを思い出そう。

$$\Psi(\bm{k}_f, \bm{r}_0, t) = \sum_g A(\bm{k}_f - \bm{g}) T_g(\bm{k}_f - \bm{g}, \bm{r}_0, t) \quad (11\text{-}27)$$

ここで、$\bm{k}_f$ は回折図形の空間の座標である。円環状検出器で強度を集める場合は

$$I_{\text{STEM}}(\bm{r}_0, t) = \int D(\bm{k}_f) |\sum_g A(\bm{k}_f - \bm{g}) T_g(\bm{k}_f - \bm{g}, \bm{r}_0, t)|^2 d\bm{k}_f \quad (11\text{-}28)$$

ただし、

$$D(\boldsymbol{k}_\mathrm{f}) = \begin{cases} 1 ; & \dfrac{\beta_1}{\lambda} < |\boldsymbol{k}_\mathrm{f}| < \dfrac{\beta_2}{\lambda} \\ 0 ; & \text{otherwise} \end{cases}$$

である.

これが,プローブが r_0 に止まっているときの弾性散乱によるブラッグ回折波を取り入れた暗視野 STEM 像の強度である.STEM 像の強度は以上述べた弾性散乱波の他に結晶の格子振動に由来する熱散漫散乱波(TDS)も寄与する.この非弾性散乱過程はマルチスライス法と同様,次のように組み込むことができる[6].

まず,結晶中で非弾性散乱がおこると,上記のブラッグ回折波は相対的に強度を減少させる(吸収).その効果は,マルチスライス法のところで述べたように,結晶の静電ポテンシャルのフーリエ係数に複素数項をつけることで取り入れられる(吉岡ポテンシャル).(11-11)式をフーリエ変換して,反射 g で指定された逆空間表示で書くと

$$V_g = V_g + iV_g' \tag{11-29}$$

熱振動による吸収効果を考えると

$$V_g' = \frac{h^2}{2\pi me\Omega} \sum_j \exp-(i\boldsymbol{g}\cdot\boldsymbol{r}_j)f_j'(\boldsymbol{s})\exp(-M_j\boldsymbol{s}^2) \tag{11-30}$$

となる.ここで,m は電子の質量,h はプランク定数,Ω は単位胞の体積,r_j は熱振動する原子の位置ベクトル,M_j はデバイ-ワーラー因子であり,s は(11-20)式と同じ散乱ベクトルである.f_j' は j 原子による非弾性散乱の原子散乱因子で,熱振動にアインシュタインモデルを仮定すると,すでに説明した(11-20)式と同様に

$$f_j'(\boldsymbol{s}) = \frac{2h}{mv}\int d^2\boldsymbol{s}' f_j(|\boldsymbol{s}'|)f_j(|\boldsymbol{s}-\boldsymbol{s}'|)\times[1-\exp\{-2M_j(\boldsymbol{s}'^2-\boldsymbol{s}\cdot\boldsymbol{s}')\}] \tag{11-31}$$

となる.ここで積分の中の f_j は j 原子による弾性散乱の原子散乱因子,v は電子の速度である.

この非弾性散乱の効果によって弾性散乱のブラッグ回折波は強度を減少していくが,その分発生した非弾性散乱波は弾性散乱による収束電子回折図形上に広く重畳してくる.この熱振動による非弾性散乱の回折強度を求めるには,次のような巧妙な方法を使う[6].

内角 β_1,外角 β_2 の円環状検出器を考える(図 11-1 参照).プローブが r_0 に止まっているときにこの検出器の外へ飛ばされる非弾性散乱によって減少した弾性散乱強度 $I_{\mathrm{ex}}(r_0)$ を考える.また,すべての角度への飛ぶ非弾性散乱で減少した弾性散乱強度(積分したもの)を $I_{\mathrm{all}}(r_0)$ とする.STEM 像に寄与する検出器に落ちる熱散漫散乱

(TDS)強度は $I_{TDS} = I_{ex}(r_0) - I_{all}(r_0)$ で求まる．なぜなら $I_{ex} = I_0 - I_{ex}^{TDS}$, $I_{all} = I_0 - I_{all}^{TDS}$ なので $I_{ex} - I_{all} = I_{all}^{TDS} - I_{ex}^{TDS}$ であり，この右辺は検出器の中に落ちる DF-STEM 像を作る TDS 強度だからである．ここで I_0 は入射電子線強度であり，I_{ex} は以下のように求める．(11-30)式の代わりに

$$V'_{g,ex} = \frac{h^2}{2\pi me\Omega} \sum_j \exp(-i\boldsymbol{g}\cdot\boldsymbol{r}_j)\{f_j'^{<\,detect}(\boldsymbol{s}) + f_j'^{>\,detect}(\boldsymbol{s})\}\exp(-M_j s^2) \quad (11\text{-}32)$$

ただし，

$$f_j'^{<\,detect}(\boldsymbol{s}) = \frac{2h}{\beta m_0 c} \int_{<\,detect} d^2 \boldsymbol{s}' f_j(|\boldsymbol{s}'|) f_j(|\boldsymbol{s}-\boldsymbol{s}'|)$$
$$\times [1-\exp\{-2M_j(\boldsymbol{s}'^2 - \boldsymbol{s}\cdot\boldsymbol{s}')\}] \quad (11\text{-}33)$$

$$f_j'^{>\,detect}(\boldsymbol{s}) = 積分範囲を ">\,detect" にして同様 \quad (11\text{-}34)$$

ここで "> detect" や "< detect" は内角 β_1, 外角 β_2 の円環状検出器の外側（内側）へ散乱されるという意味である．この複素ポテンシャル $V'_{g,ex}$ を使って本節の最初で説明したベーテ法計算をして，非弾性散乱で外側へ飛ばされて減少した弾性散乱強度 I_{ex} を求める．

第11章 参考文献

（1） S. J. Pennycook and D. E. Jesson, Phys. Rev. Lett., **64** (1990) 938
（2） D. E. Jesson and S. J. Pennycook, Proc. Roy. Soc. Lond., **A441** (1993) 261
（3） D. E. Jesson and S. J. Pennycook, ibid., **A449** (1995) 273
　　　　　　　　　　　　　（以上の3つが HAADF-STEM の基本文献）
（4） K. Ishizuka, Ultramicrosc., **90** (2002) 71
（5） C. R. Hall and P. B. Hirsch, Proc. Roy. Soc. Lond., **A286** (1965) 158
（6） K. Watanabe *et al*., Phys. Rev., **B64** (2001) 1154321

第12章
走査透過電子顕微鏡法の今後の発展

§10.3の最後で述べたように,球面収差補正技術によってSTEMのプローブ径は200 kVの加速電圧の装置でも0.1 nm以下になっている.今後,5次の球面収差((2-26)式参照)の補正や色収差((3-9)式参照)の補正で0.05 nm以下の点分解能の像が得られる日もそう遠くはない.次の目標はナノ材料の構造を1個1個の原子レベルで識別してかつ3次元的に観察するということである.このためには§7.3や§10.6で記述した3次元トモグラフィー法をさらに高分解能化することが必要である.別の方法として,プローブの焦点深度を1 nm以下にして,x-y面内の走査と同時にディフォーカス量も変化させてz方向の走査も行うという方法がPennycookらにより提案されている[1].これは共焦点レーザー走査顕微鏡と同様な発想である.

収束した電子プローブが十分絞られている領域の深さは

$$\Delta z = \frac{\lambda}{\alpha^2} \quad (\alpha\text{はプローブの開き角}) \qquad (12\text{-}1)$$

で与えられる[注1].STEMの電圧を上げて波長を短くするとともに,収差補正技術によって収束レンズ(STEMでは対物レンズという)の有効開口を大きくすると,焦点深度は1 nm以下になって原子レベルのzスライスが実現する.初期的な試みは,La/Si_3N_4界面を使って,上記のPennycookのグループによってすでに行われている[2].現時点では$\lambda = 0.00197$ nm(300 kV),$\alpha \cong 30$ mrad(収差補正済の対物レンズ)で$\Delta z = 2.1$ nmの焦点深度でのzスライス観察が実験的になされている.

もう1つの3D再構成法は,結晶を複数の晶帯軸方向からSTEMまたはTEM観察し,その像強度を用いて,3次元の空間での離散的交差点問題を数学を使って解き,

---

[注1] 直径aのレンズで絞られたプローブの焦点深度(強度が強いところのz方向分布)については,M. Born and E. Wolfの"Principles of Optics"(4th ed. 1970)の§8.8に詳しい説明がある.z方向の強度分布は$[\sin(u/4)/(u/4)]^2$の型で変化する.ここで,$u = (2\pi/\lambda)(a/2f)^2 z$である.この関数の強度が最大値から20%落ちる$u$の値は,3.2程度である.この値を焦点深度の目安に使って,$a/2f = \alpha$(見込み半角)なので,$z = \pm 0.5\lambda/\alpha^2$となる.

原子レベルの3次元像を得ようとするものである．数学的には一意的な解が得られることは証明されている．検出器の感度や S/N の問題もあり実験は容易ではないが，金の微粒子についての初期的な検討がすでに報告されている[3]．

STEM法を使った分析については収差補正技術の進歩で明るいプローブが得られ，それを用いて原子コラムごとのEELSスペクトルを得ることができる．例えば，超伝導酸化物についてその局所の電子構造が議論できるところにまできている．さらにX線検出器の高エネルギー分解能化（$\Delta E < 10\,\mathrm{eV}$）や高感度化も近年はかられているので，終状態がわかるEELSと，始状態の情報がわかるX線分光と合わせることによって，局所領域の電子状態が実験的に完全に測定できるようになる日も遠いことではない．

第12章 参考文献

(1) A. Y. Borisevich *et al.*, J. Electron Microsc., **55** (2006) 7
(2) K. Van Benthem *et al.*, Appl. Phys. Lett., **87** (2005) 034104
(3) J. R. Jinschek *et al.*, Ultramicrosc., **108** (2008) 589

第13章
まとめとして―ナノ構造観察からナノ物性研究およびナノ加工研究へ―

　本書ではナノ構造の可視化(nano-imaging)に焦点を合わせ，そのための有力な解析方法である TEM と STEM の結像について詳しく説明した．もとより材料を理解するためにはその固体中に存在する電子のエネルギー状態も合わせて解析する必要があることは言うまでもない．電子状態は横軸を波数 g または q(プランク定数をかけて運動量になる)，縦軸をエネルギー E にとったバンド図で表される．横軸の g は本書の随所で説明した回折法で測定できる，$g = k_g$(回折波) $- k_0$(入射波)である．物質に光(電磁波)などを入射してその吸収量を測定するときは，回折はおきないので $g = 0$ である．そして吸収に関わるエネルギー分布が測定される．この縦軸のみの1次元表示が，固体物理学の教科書に説明してあるエネルギー準位図である．

　以上のような物性測定は図13-1(a)のような配置で行われる．数 mm 程度の単結晶の試料にそれより大きい幅の光を入射して吸収量や反射率などを測定する．このような測定法を全浴型の測定という．結晶であるので，図にあるように単位胞が $N_1 \times N_2 \times N_3$ 個集積している．それぞれの単位胞で全く同じ吸収現象がおこるので，信号は重なり S/N のよいデータが得られる．その解析結果は単位胞内の原子が作り出すエネルギー状態として説明される．電子線で全浴型の実験を行っても同様に電子状態の測定ができる．

　(7-1)式で説明したように，電子の散乱およびエネルギー損失分光法(EELS)を使うと，上記の g と E の同時測定ができる．回折図形中の任意の点は上記の g の分布図の1点に相当するので，その部分に落ちた散乱電子のエネルギーを分析すれば(7-1)式の左辺の強度が求まることになる．

　一方，ナノ材料の構造は従来のバルク材料と異なり，結晶性であっても単位胞の繰り返し数が2〜3個であったり，ひずみも含め，隣の単位胞の構造が異なっている場合も多い．このような試料の構造解析には本書で説明した実空間の可視化法である TEM，STEM や走査プローブ顕微鏡(SPM)が有用である．さらに構造の可視化のみではなく，1個の単位胞の電子状態測定も望まれる．STEM 法では，これまで説明したように，軸対称静磁場のレンズ作用によって容易に 1 nm 以下に絞った電子プローブを作ることができる．このプローブを用いて図13-1(b)のように nm サイズの領域

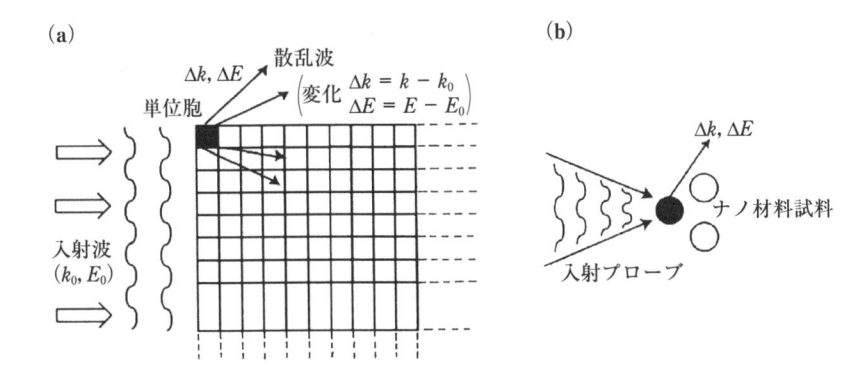

図 13-1 これまでの物性測定法(a)とナノ物性測定法(b)

からの EELS を行うことができ，(7-1)式を使って g-E の関係を示したバンド図を得ることが可能になるのである．

著者らは，このような測定の重要性を 90 年代から主張し「ナノ物性測定」と命名した[注1]．近年，電子顕微鏡装置は高性能化が著しい．装置の上の方から，輝度が大きい冷陰極電界放出型電子銃，収束レンズ用収差補正器，結像用収差補正器，コラム内蔵 Ω 型エネルギー分光器，単電子検出器，高エネルギー分解能特性 X 線分光器 ($\Delta E \leq 10\,\mathrm{eV}$)，結像機能も含んだ電子エネルギー分光器($\Delta E \leq 0.1\,\mathrm{eV}$)などが商用化されている．このような付属器とプローブ機能を持つ TEM や STEM を用いれば，図 13-1(b)に示した「ナノ物性測定」が真の意味で実現するのも遠くはない．

また，このナノプローブを使えば，試料への孔あけや，吸着粒子や分子の運搬も可能である．電子線ナノプローブの次のテーマはナノ元素イメージングとともに，元素識別したナノ操作やナノ加工である．

さらに構造や電子状態の時間変化や，究極的には格子振動の様子が見られないかと夢見る方もいるかもしれない．本書で述べた TEM では現在 1/60 秒程度の時間分解能の像は TV カメラを使って容易に得られる．さらに高速のマイクロ秒やナノ秒の時間分解能へ向けての開発研究もすでに始まっている．Dynamical TEM (DTEM) と呼ばれる装置で，パルスレーザーで電子銃からの電子放出を制御し，15 ナノ秒の像もすでに得られている[注2]．この技術とわが国がこれまで成果をあげてきた「その場観

注 1) 1 章の参考文献[2] 参照．
注 2) 米国のローレンスリバモア研究所．

察」を発展させた技法[注3]を結合した研究領域が電子顕微鏡学の未来の1つを示している．

　実空間，逆空間，エネルギー空間，時空間すべてを包括した物性データが電子顕微鏡によって得られる日がくるのも夢ではない．若い方はこの方向へ向けてぜひチャレンジをしてほしい．

注3）平山，幾原，田中，まてりあ，**41**(2002)598.

補 遺

- 補遺 A　フーリエ変換入門―イメージングの数学的基礎―
- 補遺 B　凸レンズによる結像作用―凸レンズは位相変調器―
- 補遺 C　電子顕微鏡のレンズ伝達関数
　　　　　―位相コントラストを理解する鍵―
- 補遺 D　1 個の原子による電子の散乱
　　　　　―電子顕微鏡で原子が見える基礎過程―
- 補遺 E　電子回折法と収束電子回折法―格子像形成の基礎―
- 補遺 F　非線形項も取り入れた結像理論入門―最前線理解のために―
- 補遺 G　画像処理法について―画像を見やすくするために―
- 補遺 H　高分解能像観察時の電子線照射損傷について
　　　　　―生物，有機物の観察のために―
- 補遺 I　ベーテ法の動力学的電子回折理論―結晶回折の基本的理論―
- 補遺 J　コラム近似法とハウイ-ウェラン法の動力学的回折理論
　　　　　―格子欠陥観察の理論―
- 補遺 K　ファンダイク法の動力学的回折理論
　　　　　―原子コラムイメージングの基礎―
- 補遺 L　電子顕微鏡結像についての相対論補正効果
　　　　　―超高圧電子顕微鏡の基礎理論―
- 補遺 M　電子顕微鏡を用いた元素分析―電子プローブを用いた分析―
- 補遺 N　カウリーによる TEM/STEM 結像の形式理論

補遺 A
フーリエ変換入門―イメージングの数学的基礎―

　本文で説明したように,波動光学においてフーリエ変換は重要な役割を果たす.本書に関連する事項では次の3つのことが重要である.①凸レンズの働きは2回の2次元の正フーリエ変換で記述される(図2-1(b)参照).②(光)波が伝播してできる遠方場は試料直下の近接場の2次元フーリエ変換で表される(§2.3.4参照).これをフラウンフォーファー回折図形という.③X線や電子線結晶学で多用される逆格子,逆空間という概念は,実格子の3次元フーリエ変換で記述される(逆格子点の定義としては,実格子のフーリエ変換の2乗).この補遺ではその数学的基礎であるフーリエ変換の知識を要約する[注1].ここでは指数関数の表記として,$\exp(ikx)$ と e^{ikx} を必要に応じて使い分けた.

§A-1　フーリエ級数

　周期 2π を持つ周期関数は $f(x)$ は,n を正の整数として

$$f(x) = a_0 + \sum_{n=1}^{\infty}(a_n \cos nx + b_n \sin nx) \tag{A-1}$$

の三角関数の級数で書けて,その係数 a_n, b_n は

$$a_n = \frac{1}{\pi}\int_{-\pi}^{\pi}f(x)\cos nx\,dx, \quad b_n = \frac{1}{\pi}\int_{-\pi}^{\pi}f(x)\sin nx\,dx \tag{A-2}$$

で求められる.これをフーリエ級数展開という.複素数のド・モアブルの定理を使って,$\cos nx, \sin nx$ を e^{inx}, e^{-inx} で表すと

$$f(x) = c_0 + \sum_{n=1}^{\infty}c_n e^{inx} + k_n e^{-inx} \tag{A-3}$$

と書き直せる.ここで $c_0 = a_0$,$c_n = (a_n - ib_n)/2$,$k_n = (a_n + ib_n)/2$ である.
　$k_n = c_{-n}$ と置きなおすと

$$f(x) = \sum_{n=-\infty}^{\infty}c_n e^{inx}, \quad c_n = \frac{1}{2\pi}\int_{-\pi}^{\pi}f(x)\,e^{-inx}dx \quad (n = 0, \pm 1, \pm 2) \tag{A-4}$$

となる.これを複素フーリエ変換という.さらに周期が T のときは $t = (T/2\pi)x$ と置いて

[注1]　本節の記述の一部は,J. M. Cowley, "Diffraction Physics"(North-Holland Publishing, 1981)を参考にした.

$$f(t) = \sum_{-\infty}^{\infty} c_n e^{i\frac{2\pi n}{T}t}, \quad c_n = \frac{1}{T}\int_{-\frac{T}{2}}^{\frac{T}{2}} f(t)\, e^{-i\frac{2\pi n}{T}t} dt \tag{A-5}$$

となる．

§A-2　フーリエ積分（変換）

上のフーリエ級数の考え方を周期 T が無限大になったときまでに拡張するとフーリエ積分（変換）の式が得られる．

$$f(x) = \frac{1}{\sqrt{2\pi}}\int_{-\infty}^{\infty} c(u)\, e^{iux} du, \quad c(u) = \frac{1}{\sqrt{2\pi}}\int_{-\infty}^{\infty} f(x)\, e^{-iux} dx \tag{A-6}$$

ここで積分の前の係数は，(A-6)式の最初の式に後の $c(u)$ の式を入れて，$e^{iux} \times e^{-iu'x}$ を積分したものが 2π になるので，それを両方の式で打ち消すように $1/\sqrt{2\pi}$ ずつ均等に割り振ったものである（片側のみに 2π をつける場合もある）．ここで，指数関数の中を $\exp(2\pi iux)$ のように書けば，前の係数はなくなり

$$f(x) = \int_{-\infty}^{\infty} c(u) e^{2\pi iux} du, \quad c(u) = \int_{-\infty}^{\infty} f(x) e^{-2\pi iux} dx \tag{A-7}$$

となる．$c(u)$ は $f(x)$ のフーリエ変換と呼ばれる．回折物理学の教科書や本書ではこの表現を用いる．

§A-3　2次元，3次元フーリエ変換

関数 $f(x, y)$，$g(x, y, z)$ があったときの，2次元，3次元のフーリエ変換 $F(u, v)$，$G(u, v, w)$ は，各々次のようになる．ここでは (A-7) 式の $c(u)$ を $F(u, v)$ などに変えた．

$$\begin{cases} f(x, y) = \iint_{-\infty}^{\infty} F(u, v) \exp[2\pi i(ux+vy)] du dv \\ F(u, v) = \iint_{-\infty}^{\infty} f(x, y) \exp[-2\pi i(ux+vy)] dx dy \end{cases} \tag{A-8}$$

$$\begin{cases} g(x, y, z) = \iiint_{-\infty}^{\infty} G(u, v, w) \exp[2\pi i(ux+vy+wz)] du dv dw \\ G(u, v, w) = \iiint_{-\infty}^{\infty} g(x, y, z) \exp[-2\pi i(ux+vy+wz)] dx dy dz \end{cases} \tag{A-9}$$

§A-4　フーリエ変換の性質

フーリエ変換には，引数についての対称性と演算についての線形性がある．本書では関数

$f(x)$ をフーリエ変換するという演算を $\hat{F}\{f(x)\}$ と書く．結果は $F(u)$ である．

$$f(-x) \leftrightarrow F(-u) \qquad (\hat{F}\{f(-x)\} = F(-u) \text{ の意味}) \tag{A-10}$$

$$f^*(x) \leftrightarrow F^*(-u) \qquad (\ast \text{は複素共役}) \tag{A-11}$$

$$f(ax) \leftrightarrow \frac{1}{a}F(u/a) \tag{A-12}$$

$$f(x)+g(x) \leftrightarrow F(u)+G(u) \tag{A-13}$$

$$f(x-a) \leftrightarrow \exp(-2\pi iau)F(u) \tag{A-14}$$

$$\frac{d}{dx}f(x) \leftrightarrow 2\pi iuF(u) \tag{A-15}$$

このうち(A-14)式は，観察試料を横方向へ a だけ移動させると，そのフーリエ変換である回折図形は位相がかわることを意味している．回折図形を強度にするとこの位相変化を検出できない．これが X 線回折における位相問題である．透過電子顕微鏡ではフーリエ変換したものをすぐ再び変換するので横方向へ移動した像が正しく出るのである．

§A-5　関数の掛け算のフーリエ変換

$$\hat{F}\{f(x) \times g(x)\} = \hat{F}\{f(x)\} \otimes \hat{F}\{g(x)\} = F(u) \otimes G(u) \tag{A-16}$$

が成り立つ．$\otimes$ は畳み込み(convolution)演算と呼ばれ，1 次元表示では次の積分式で定義される．

$$F(u) \otimes G(u) = \int_{-\infty}^{\infty} F(u-u')G(u')du' \tag{A-17}$$

(A-16)式の逆も成り立ち

$$\hat{F}\{F(u) \times G(u)\} = f(x) \otimes g(x) \tag{A-18}$$

となる．

　この(A-16)，(A-18)式は回折結晶学では多用される．例えば，有限サイズの結晶は，原子面が作り出す周期的な回折格子と結晶の形状を表す角帽子型の関数の積であるので，(A-16)式よりその回折図形はそれぞれのフーリエ変換のコンボリューション演算によって表される．図 A-1 は(A-17)式の意味を模式的に示したものである．ここでは，普通の積の演算ではなく $F(u)$ のそれぞれのピークが $G(u)$ によって変調されていることに注意しよう．

§A-6　パーセバルの関係

フーリエ変換で結ばれる実空間と逆空間の関数の複素共役 2 乗の積分は等しい．

$$\int |g(x)|^2 dx = \int |G(u)|^2 du \tag{A-19}$$

§A-6 パーセバルの関係

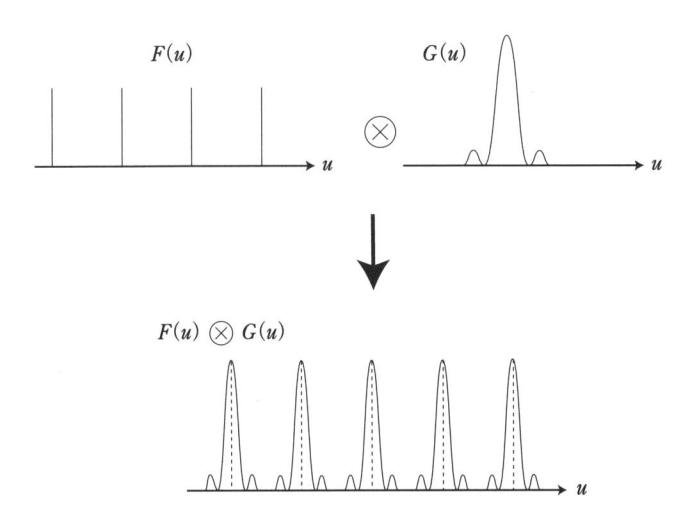

図 A-1　コンボリューション演算の説明図

(証明)
(A-18)式より

$$\int_{-\infty}^{\infty} g(x')h(x-x')dx' = \int G(u)H(u)e^{iux}du$$

$$x = 0, \quad \int g(x')h(-x')dx' = \int G(u)H(u)du$$

$$h(x) = \frac{1}{\sqrt{2\pi}}\int_{-\infty}^{\infty} e^{iux}H(u)du$$

$$h^*(x) = \frac{1}{\sqrt{2\pi}}\int_{-\infty}^{\infty} e^{-iux}H^*(u)du$$

$$h^*(-x) = \frac{1}{\sqrt{2\pi}}\int_{-\infty}^{\infty} e^{iux}H^*(u)du$$

$$h(-x) \rightarrow h^*(+x)$$

$$\int g(x)h^*(x)dx = \int G(u)H^*(u)du$$

$h(x) = g(x)$ のときは，

$$\int |g(x)|^2 dx = \int |G(u)|^2 du$$

この証明では，式の簡単のため指数関数は $\exp(iux)$ 型にした．したがって係数 $1/\sqrt{2\pi}$ がついている(→(A-6)式)．どちらの型でもその内容を理解してほしい．

§A-7　種々のフーリエ変換例と光学との関係

(ⅰ)　$\hat{F}\{\delta(x)\} = 1$

（焦点にある点光源 $\delta(x)$ から出る光はレンズを通った後は平行光線の平面波の $1(u)$ になる）　　　　　　　　　　　　　　　　　　　　　　　　　　　　(A-20)

$\hat{F}(\delta(x-a)) = \exp(-2\pi iua)$　（点光源が a だけ横方向にずれた場合）　(A-21)

(ⅱ)　$\hat{F}\{1(x)\} = \delta(u)$

（平面波は，それをフーリエ変換した回折図形では中心の斑点になる）　(A-22)

(ⅲ)　$f(x) = \begin{cases} 0, & |x| > \dfrac{a}{2} \\ 1, & |x| \leq \dfrac{a}{2} \end{cases}$ のとき

$F(u) = (\sin \pi au)/\pi u$　　　（幅 a の1次元スリットの回折図形）　(A-23)

(ⅳ)　$f(x) = \begin{cases} 0, & x > 0 \\ 1, & x < 0 \end{cases}$

（結晶などの端面が回折図形に与える影響はそれに垂直に $1/(2\pi iu)$ の型のストリークを出すことである．X 線の Crystal Truncation Rod(CTR) 散乱も同じものである）　　　　　　　　　　　　　　　　(A-24)

$F(u) = \left(\dfrac{1}{2\pi iu}\right) + \dfrac{1}{2}\delta(u)$

(ⅴ)　$f(x, y) = \begin{cases} 1, & |x|, |y| \text{ともに} < a/2, b/2 \\ 0, & > a/2 \end{cases}$

（a と b 長方形の開口の回折図形，図 B-1）　　　　　　　　　　　　(A-25)

$F(u, v) = ab\dfrac{\sin(\pi au)}{\pi au}\dfrac{\sin(\pi bv)}{\pi bv}$

(ⅵ)　$f(x, y) = \begin{cases} 1, & (x^2+y^2)^{1/2} < a/2 \\ 0, & \text{半径}(a/2)\text{の円外} \end{cases}$

$F(u, v) = \left(\dfrac{\pi a^2}{2}\right)\dfrac{J_1(\pi a\sqrt{u^2+v^2})}{\pi a\sqrt{u^2+v^2}}$　　　　　　　　　　　　　　　　(A-26)

（丸孔の回折図形はエアリー円板である．エアリー円板の強度は $|F|^2$． 1次のベッセル関数の最初のゼロ点（$\sqrt{u^2+v^2} = 1.22/a$）で暗くなる）

(ⅶ)　$f(x) = \delta\left(x+\dfrac{A}{2}\right) + \delta\left(x-\dfrac{A}{2}\right)$　（無限小幅を持ち A だけ離れた2つのスリットの回折図形）　(A-27)

$F(u) = 2\cos(\pi Au)$

(viii) 幅 a の有限幅を持ち A だけ離れた 2 つのスリットの回折図形

$$f(x) = [(\text{v})\text{のスリット関数}] \otimes \left[\delta\left(x+\frac{A}{2}\right)+\delta\left(x-\frac{A}{2}\right)\right]$$

$$F(u) = 2a\cos(\pi Au)\frac{\sin(\pi au)}{\pi au}$$

(A-28)

(ix) $f(x) = \sum_{n=-\infty}^{\infty} \delta(x-na)$ （無限小幅の格子の回折図形）

$F(u) = \sum_{-\infty}^{\infty} \exp(-2\pi i n a)$

(A-29)

(x) $f(x) = \sum \delta(x-na) \otimes g(x)$

$F(u) = G(u)\dfrac{\sin(\pi Nau)}{\sin(\pi au)}$ （結晶格子の回折図形）

(A-30)

$g(x)$ は原子の周りのポテンシャル分布，$G(u)$ は原子散乱因子（→ 補遺 D）に対応する．

§A-8　フーリエ変換の符号

本書は，フーリエ変換をするための指数関数の引数の符号を(A-7)式のように書いてきた．(A-31)式のような逆の記述方法を採用した本もある．電子顕微鏡の結像理論の説明としては，(A-7)式の方式を使うが主流であるので，本書でもこの方式を採用する．(A-7)式でフーリエ変換を定義するときは，波の表現として $A\exp[2\pi i(kx-\nu t)]$ として時間項を負符号にとる．この詳細については Ultramicroscopy, **12** (1983) 75 と J. Spence, "High resolution electron microscopy" (Oxford University Press, 2003) §5.12 を参照．

$$f(x) = \int_{-\infty}^{\infty} F(u)e^{-2\pi i u x}du, \quad F(u) = \int_{-\infty}^{\infty} f(x)e^{+2\pi i u x}dx \qquad \text{(A-31)}$$

補遺 B
凸レンズによる結像作用―凸レンズは位相変調器―

2章で,光学の凸レンズと同じ作用を持つ軸対称静磁場レンズによって,電子顕微鏡が構成でき,原子レベルの分解能を持つことを示した.ここではレンズの作用を波動光学的にもう少し詳しく説明しよう.基本的には光学の凸レンズの作用の説明と同じであるが,電子波特有の点の記述から始めよう.

§B-1 電子波の伝播作用

静電ポテンシャル(電位)が $V(r)$ の媒質中を進む電子波は,§2.3.2 で説明したように,時間に依存した(B-1)式のシュレディンガー方程式に従う.

$$i\hbar \frac{\partial \phi}{\partial t} = H\phi, \quad ただし \quad H = \frac{p^2}{2m} + \tilde{V} = -\frac{\hbar^2}{2m}\nabla^2 + (-e)V \tag{B-1}$$

定常解を求めるために $\tilde{E} = \hbar\omega$, $\phi = u(r)\exp(-i\tilde{E}t/\hbar) = u(r)\exp(-i\omega t)$ を代入すると

$$Hu(r) = \tilde{E}u(r) \quad (\tilde{E} はエネルギー固有値) \tag{B-2}$$

ここでは波の表現として $\exp i(\boldsymbol{k}\cdot\boldsymbol{r} - \omega t)$ の 2π のない型を用いていることに注意しよう.このときプランク定数は $\hbar(=h/2\pi)$,波数 $k = 2\pi/\lambda$ である.

電子顕微鏡の結像で重要になる散乱や回折現象の定常解を得るためには,この方程式を解く必要がある.(2-21),(2-22)式と(B-2)式を比較すると,エネルギー固有値は $\tilde{E} = e \times E$ (加速電圧)であり,ポテンシャルエネルギーは $\tilde{V} = (-e) \times V$(電位)である.

$$\frac{2m}{\hbar^2}\tilde{E} = \frac{2me}{\hbar^2}E = K^2, \quad \frac{2m}{\hbar^2}\tilde{V} = U$$

とおくと,(B-2)式は

$$[\nabla^2 + K^2 - U]u(r) = 0 \tag{B-3}$$

さらに $k^2 = K^2 - U$ とおくと

$$[\nabla^2 + k^2]u(r) = 0 \tag{B-4}$$

になり,電子波の場合でも定常解はヘルムホルツ方程式に従うことになる.

真空中を伝播する光波(電磁波)の場合,電場や磁場ベクトルの各成分は,マックスウェル方程式から波動方程式を経て導かれるヘルムホルツ方程式を満たすことが知られている.次いでヘルツホルム方程式用のグリーン関数[注1]を使って境界値問題を解いて光のキルヒホフ

の式が導かれ，光の回折現象が説明される．これを光のスカラー波理論という．

電子波の場合も(B-4)式のヘルムホルツ方程式をスタートにしてキルヒホフの式を導くことができるので，光波の伝播と同じように考えることができる．

伝播する電子波として
$$\phi = A\exp[i(\boldsymbol{k}\cdot\boldsymbol{r}-\omega t)] \tag{B-5}$$
を使うと，電子波の分散関係は，$k^2 = K^2 - U$ の式より
$$\hbar\omega = \frac{\hbar^2}{2m}k^2 + \tilde{V} = \frac{\hbar^2}{2m}k^2 - eV$$
となる．すでに述べたように，ここでは，固体物理の教科書のように $k = \lambda/2\pi$ の記法を採用して指数関数の中の 2π をなくしている．真空中を伝播する電子波の場合 $V(\boldsymbol{r}) = 0$ だから $\hbar\omega = \hbar^2 k^2/2m$ となる．一方，電磁波(光波)の場合の分散関係は $\omega = ck$ であることに注意しよう．

この違いを認識しておけば，光学のキルヒホフの式を使って，波動場の2次元分布 $u(x_0, y_0)$ とそこから z の距離だけ離れた $u(x, y)$ は
$$u(x, y, z) = \frac{-i}{\lambda}\iint u(x_0, y_0)\frac{e^{ikr}}{r}dx_0 dy_0 \tag{B-6}$$
の式から求められる．ここで指数関数の中の r を次式のように1次の近似式で置き換え，かつ $1/r \cong 1/z$ とおくと
$$\begin{aligned}r &= \sqrt{z^2+(x-x_0)^2+(y-y_0)^2} = z\left[1+\left(\frac{x-x_0}{z}\right)^2+\left(\frac{y-y_0}{z}\right)^2\right]^{1/2}\\ &\cong z+\frac{1}{2z}[(x-x_0)^2+(y-y_0)^2]\end{aligned} \tag{B-7}$$
だから
$$u(x, y) = \frac{-ie^{ikz}}{\lambda z}\iint u(x_0, y_0)\exp\left\{\frac{ik}{2z}[(x-x_0)^2+(y-y_0)^2]\right\}dx_0 dy_0 \tag{B-8}$$
となる．この式は(B-6)式で表された球面波を放物面波で近似したことに相当する．丸孔などで回折した波動場を(B-8)式のように近似することをフレネル回折近似といい，これが十分成り立つ z の範囲をフレネル回折領域という．(B-8)式はコンボリューションの表記を用いると，(A-17)式を使って
$$u(x, y) \otimes \exp\left[\frac{ik}{2z}(x^2+y^2)\right] \tag{B-9}$$
と書くことができる．(B-8)式の指数関数を cos と sin 関数で表すと有名なフレネル積分の式が得られる[注2]．$u(x_0, y_0)$ を半平面で考えたときの強度変化が図6-2のフレネル縞と関係

注1) 今村，「物理とグリーン関数」(岩波書店，1978)，または砂川，「理論電磁気学」(紀伊国屋書店，1964)を参照．

注2) 例えば，村田，「光学」(サイエンス社，1979)．

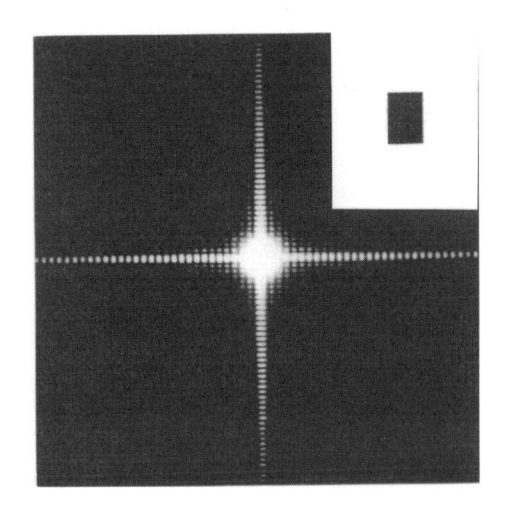

184　補遺B　凸レンズによる結像作用

図 B-1　長方形の開口(右上)のレーザー光による回折図形

する.

z がさらに大きく，$z \gg (x_0{}^2+y_0{}^2)_{\max}/(2z)$ のときは，(B-8)式は

$$u(x,y) = \frac{-i\exp(ikz)\exp\left[\frac{ik}{2z}(x^2+y^2)\right]}{\lambda z} \iint u(x_0,y_0) \times \exp\left\{\frac{-ik}{z}[(x_0x)+(y_0y)]\right\} dx_0 dy_0 \tag{B-10}$$

となる．積分項は開口の波動場 $u(x_0,y_0)$ の2次元フーリエ変換の式になっている．遠方の波動場をこのように表すことをフラウンフォーファー回折近似という．**図 B-1** は長方形の開口にレーザー光をあてたときのフラウンフォーファー回折図形である．右上が長方形の試料(=像)，中央がその回折図形である．

§B-2　凸レンズの作用

図 B-2 の系を考えよう．一番左の (x_0,y_0) 面が物面，(x_1,y_1) 面がレンズ面，(x_f,y_f) 面が後焦点面，そして (x_i,y_i) が像面である．それぞれの面間隔を d_1, f, d_2 とする[注3]．

ここで試料とレンズとの距離はフレネル回折領域と見なせるので，レンズ左側直前の波動場はフレネル回折の式(B-8)式を使って

$$\phi(x_1,y_1) = \frac{e^{ikd_1}}{i\lambda d_1} \iint \phi(x_0,y_0)\exp\left\{\frac{ik}{2d_1}[(x_1-x_0)^2+(y_1-y_0)^2]\right\} dx_0 dy_0 \tag{B-11}$$

注3) 本節の記述は，堀，「物理数学(II)」(共立出版，1969)を参考にした．

§B-2 凸レンズの作用　185

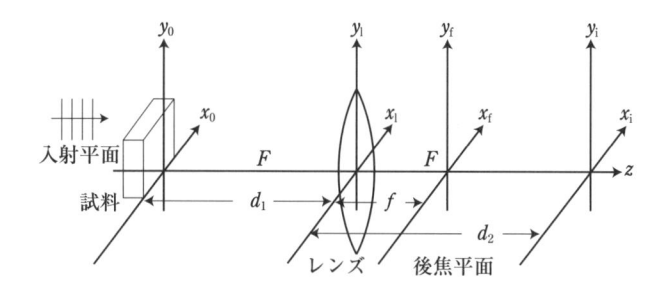

図 B-2　凸レンズの作用の説明図

と書ける．

(B-11)式に，(C-2)式を屈折率 n，最大厚さ Δ のガラスレンズの場合に修正した(B-12)式をかけるとレンズの右側直後の波動場が求まる．

$$\exp(ikn\Delta)\exp\left[-i\frac{k}{2f}(x_1^2+y_1^2)\right] \tag{B-12}$$

次の補遺 C で説明するように，凸レンズの作用は，(B-12)式のように中心から動径方向の距離 ($x_1^2+y_1^2$) に応じて波の位相を変調させるのである．

次いで再びフレネル回折の式(B-11)をこの波動場に適用すると，ここから f 離れた後焦平面の波動場が求まる．

$$\begin{aligned}\phi(x_f) = {}& \exp(ikn\Delta) \times \frac{\exp(ikd_1)}{i\lambda d_1} \times \frac{\exp(ikf)}{i\lambda f} \times \exp\left[i\frac{k}{2f}(x_f^2+y_f^2)\right] \\ & \times \iiiint \left\{\phi(x_0,y_0)\exp\left[i\frac{k}{2d_1}(x_1^2+y_1^2)\right]\exp\left[i\frac{k}{2d_1}(x_0^2+y_0^2)\right]\right. \\ & \left. \times \exp\left[-i\frac{k}{d_2}(x_1x_0+y_1y_0)\right]\exp\left[-i\frac{k}{f}(x_1x_f+y_1y_f)\right]\right\}dx_1dy_1dx_0dy_0\end{aligned} \tag{B-13}$$

ここでガウス積分の公式[注3], [注4]

$$\frac{1}{\sqrt{2\pi}}\int_{-\infty}^{\infty}e^{-bx^2}e^{-i\omega x}dx = \frac{1}{\sqrt{2b}}\exp\left(-\frac{\omega^2}{4b}\right)$$

を使うと

$$\begin{aligned}\phi(x_f,y_f) = {}& \exp(ikn\Delta) \times \frac{\exp(ikd_1)}{i\lambda d_1} \times \frac{\exp(ikf)}{i\lambda f} \times \frac{2d_1 i\pi}{k} \\ & \times \exp\left[i\frac{k}{2f}\left(1-\frac{d_1}{f}\right)(x_f^2+y_f^2)\right] \\ & \times \iint \phi(x_0,y_0)\exp\left[-\frac{ik}{f}(x_0x_f+y_0y_f)\right]dx_0dy_0\end{aligned} \tag{B-14}$$

ここで，試料をレンズの前焦点面よりかすか左側におけば $d_1 \cong f$ だから，2 行目の x_f, y_f に

注4）森口，宇田川，一松，「数学公式(I)」(岩波書店，1956) §50 参照．

依存する位相因子が消えるので，$(x_0 \to x_f, y_0 \to y_f)$ への純粋な2次元フーリエ変換の式（3行目）となる．この式が，凸レンズによって物面→後焦平面に関して2次元フーリエ変換作用がおこることの数学的根拠を与える．

同様な手続きで，(B-14)式の波動場を (d_2-f) の距離だけ再びフレネル伝播させると，像面の波動場が(B-15)式のように得られる．

$$\begin{aligned}
\phi(x_i, y_i) = {} & \exp(ikn\Delta) \times \frac{\exp(ikd_1)}{i\lambda d_1} \times \frac{\exp(ikd_2)}{i\lambda d_2} \times \exp\left[i\frac{k}{2d_2}(x_i^2+y_i^2)\right] \\
& \times \iiiint dx_1 dy_1 dx_0 dy_0 \times \phi(x_0, y_0) \\
& \times \exp\left[i\frac{k}{2}\left(\frac{1}{d_1}+\frac{1}{d_2}-\frac{1}{f}\right)(x_1^2+y_1^2)\right] \\
& \times \exp\left[i\frac{k}{2d_1}[x_0^2+y_0^2]\right]\exp\left[-i\frac{k}{d_1}(x_1 x_0 + y_1 y_0)\right] \\
& \times \exp\left[-i\frac{k}{d_2}(x_1 x + y_1 y)\right]
\end{aligned} \quad \text{(B-15)}$$

ここで

$$\frac{1}{d_1}+\frac{1}{d_2}=\frac{1}{f} \quad (\text{よく知られているレンズの公式がフレネル回折の式から出た！}) \quad \text{(B-16)}$$

になるように d_2 を調節し，δ 関数の性質と δ 関数を指数関数の積分で表す次の公式を使うと，(B-15)式は最終的に

$$2\pi\delta(x-x') = \int e^{i\omega(x-x')} d\omega$$

$$\phi(x_i, y_i) = 2\pi \exp\left[i\frac{k}{2d_1}\left\{\frac{x_i^2+y_i^2}{M^2}\right\}\right]\phi\left(-\frac{x_i}{M}, -\frac{y_i}{M}\right), \quad M = \frac{d_2}{d_1} (\text{倍率}) \quad \text{(B-17)}$$

となる．すなわち，像面での横方向の場所 (x_i, y_i) によってもとの波動場に付加される位相因子が変化することを別として，試料直下の波動場を M 倍に拡大し，かつ倒立した（ϕ の中の負号）波動場が，レンズから d_2 の距離の像面に再生されることになる．像として記録されるのは波動場の絶対値の2乗だから，上記の付加位相のことは問題なく

$$|\phi(x_i, y_i)|^2 = \left|\phi\left(-\frac{x_i}{M}, -\frac{y_i}{M}\right)\right|^2 \quad \text{(B-18)}$$

となる．1枚の凸レンズによって，レンズの前焦点面のすぐ外に置かれた試料（正確には試料下面の波動場の強度）が像面に"写像"されたことになる．このとき「フーリエ変換」と「逆変換」ではなく，2回の（正）フーリエ変換であることに注意しよう．このため，倒立した像が再生されるのである（(B-17)式の負号）．

補遺 C
電子顕微鏡のレンズ伝達関数 —位相コントラストを理解する鍵—

電子顕微鏡のレンズも含めて，レンズとは光線の入射角に応じて通過する波に位相変化を与えるものであることをすでに説明してきた．ここではその式を導いてみよう．まず凸レンズの働きの説明から始めよう．

図 C-1(a)は焦点 F よりわずか左側に置かれた点状の試料(S)から球面波が出て，凸レンズを通過するとほぼ平面波になる様子を表している(実線)．レンズの左側の球面波はレンズへ入射する角(α)に応じてレンズの異なった厚さのところを通過する．レンズを通過すると球面波が平面波に変わるのだから，球面の方程式を思いうかべると，その位相変化はレンズの面での座標 x_1, y_1 の関数として

$$P(x_1, y_1) = \exp\left[i\frac{2\pi}{\lambda}(\sqrt{f^2 + x_1^2 + y_1^2} - f)\right] \tag{C-1}$$

となるはずである．通常は $x_1, y_1 \ll f$ なので，平方根の中を展開して 1 次の近似式を使うと

$$P(x_1, y_1) = \exp\left[i\frac{2\pi}{\lambda}\frac{(x_1^2 + y_1^2)}{2f}\right] \tag{C-2}$$

となる．レンズへの入射角 $\alpha (\ll 1)$ は

$$\alpha = \frac{\sqrt{x_1^2 + y_1^2}}{f} \tag{C-3}$$

なので位相変化は

$$P(\alpha) \cong \exp\left(i\frac{\pi f}{\lambda}\alpha^2\right) \tag{C-4}$$

となって，レンズは入射角 α に応じて通過する波に位相変化を与えるものだということがわかる．

電子顕微鏡の場合はレンズに大きな球面収差があり，また像にコントラストをつけるために，アンダーフォーカス側 ($\Delta f < 0$) に少し焦点をはずして像を撮影するので，球面収差や焦点はずれが(C-4)式の位相変化に加えてどのように影響するかを理解しておく必要がある．§4.1 で紹介した Scherzer の論文(1949)では次のように定式化されている．

球面収差が存在するとレンズの外側(α が大きい)を通った電子線は図 3-1 で示したように焦点位置より近いところに収束するので，図 C-1(a)レンズの右側の電子線はさらに ε_s だけ曲がる(実線)．この曲がり角(ε_s)は図 3-1 を参照すると

188　補遺C　電子顕微鏡のレンズ伝達関数

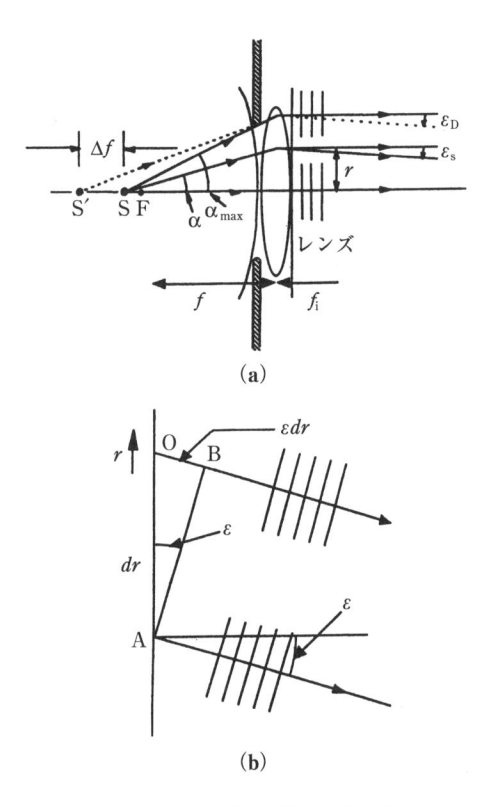

図 C-1　レンズ伝達関数の導出法

となる．またレンズの焦点をオーバーフォーカス側 ($\Delta f > 0$) にはずすことは試料の右側にピントを合わせることなので，図 C-1(a) の点状の試料を左側へ動かす (S→S′) こととと同じである (幾何光学的考察によって)．その位置から出た電子線はレンズを通った後の右側の空間で平行にならず球面収差の場合と同じ方向にさらに曲がることになる (図 C-1(a) の点線)．倍率が 1 倍と仮定したときのディフォーカス (Δf) による像の横方向のボケは $\Delta f \alpha$ で与えられるので，これに対応したビームの振れ角 (ε_D) はそれを f で割ったものになる．したがって球面収差とオーバーフォーカス側へのディフォーカスによって，無収差の場合よりさらに曲がる角度は

$$\varepsilon_s = \frac{C_s \alpha^3}{f} \tag{C-5}$$

$$\varepsilon = \varepsilon_s + \varepsilon_D = \frac{C_s \alpha^3}{f} + \frac{\Delta f \alpha}{f} \tag{C-6}$$

となる．これに対応して電子の波面も図 C-1(b)のように，無収差，無ディフォーカスの場合よりさらに曲がる．

この余分の振れの角度(ε)に対する追加の位相変化量を計算してみよう．波面の位相差 $\chi = \chi(r)$ がレンズの中心からの距離 r によって変化するとすると，この位相差は $(2\pi/\lambda) \times$ (距離)(図 C-1(b)の OB)なので

$$\frac{2\pi}{\lambda}(\varepsilon dr) = d\chi \tag{C-7}$$

の関係が成り立つ．$r/f = \alpha$ を考慮すると $dr = fd\alpha$ となり

$$\chi = \frac{2\pi}{\lambda}\int_0^{r_m}\varepsilon dr = \frac{2\pi}{\lambda f}\int_0^{r_m}(C_s\alpha^3 + \Delta f\alpha)dr = \frac{2\pi}{\lambda}\int_0^{\alpha_m}(C_s\alpha^3 + \Delta f\alpha)d\alpha$$
$$= \frac{2\pi}{\lambda}\frac{1}{4}C_s\alpha^4 + \frac{1}{2}\Delta f\alpha^2 = \frac{\pi}{2\lambda}(C_s\alpha^4 + 2\Delta f\alpha^2) \tag{C-8}$$

となる．ここで α は試料での散乱角に対応し，間隔 d に対し $d\alpha = \lambda$，空間周波数 u に対し $u = 1/d$ が成り立つので

$$\chi = \frac{\pi}{2}(C_s\lambda^3 u^4 + 2\Delta f\lambda u^2)$$

とも書くことができる．この χ を波面収差と呼ぶ．この χ はすでに(4-6)式で出てきたものであり，またこの式から高分解能電子顕微鏡の結像理論で重要な位相コントラスト伝達関数 $\sin\chi$ が導かれる(6 章参照)．

図 C-1(b)で波面が進むように見えるが，位相は遅れることに相当するので，χ の符号は負になる．すなわち球面収差，焦点はずれ量を持ったレンズによる位相ずれは

$$P'(\alpha) = \exp[-i\chi(\alpha)] \tag{C-9}$$

となる．

ここで，(C-2)式の無収差レンズによる位相変化分はどう考えたらよいのだろう．実は，試料をレンズの前焦点近傍に置くと，レンズによる位相変化と f の距離だけフレネル回折することによる位相変化がちょうど打ち消し合ってこの項はなくなるのである((B-14)式後の記述を参照)．したがって，レンズの効果として $\exp[-i\chi(u,v)]$ のみかければよいことになる．

(C-8)式での α はレンズへの入射角であるが，試料にとっては電子線の散乱・回折角になる(図 2-1(b)参照)．電子線の場合は波長が原子面間隔に比べて 1/100 以下なのでブラッグ角が小さく，$\sin\theta \cong \theta$ の関係が成り立ち，かつブラッグ角 θ の 2 倍が回折角($=\alpha$)なので

$$d \cong \frac{\lambda}{2\theta} = \frac{\lambda}{\alpha} \rightarrow \sqrt{(u^2+v^2)} = \frac{1}{d} = \frac{\alpha}{\lambda} \tag{C-10}$$

となる．ここで u,v は空間周波数と呼ばれ，原子面間隔 d の逆数である．格子定数 a の立方晶の場合には u,v と結晶中の原子面を指定するミラー指数 h,k との間には，$l = 0$ として

$$(u^2+v^2) = \frac{1}{d^2} = \frac{(h^2+k^2)}{a^2} \tag{C-11}$$

の関係がある(→ 補遺 E)．この u, v を使うと(C-8)式の波面収差関数は

$$\begin{aligned}\chi(u,v) &= \frac{\pi}{2\lambda}[C_s\lambda^4(u^2+v^2)^2+2\Delta f\lambda^2(u^2+v^2)] \\ &= \frac{\pi}{2}C_s\lambda^3(u^2+v^2)^2+\pi\Delta f\lambda(u^2+v^2)\end{aligned} \quad \text{(C-12)}$$

となる．ここで Δf は対物レンズの焦点はずれ(ディフォーカス)量を表し，オーバーフォーカス(レンズを強める)状態を正とする[注1]．

§2.1 や 2.3 で述べたように，レンズの後焦平面には試料の回折図形ができているので，逆空間表示になっている．したがって回折図形の波動関数 $F(u, v)$ ($= F(h, k)$) に(C-12)式のレンズ伝達関数 $\exp[-i\chi(u, v)]$ をかけてやれば，レンズの球面収差と焦点はずれの効果を，電子波が角度に応じて位相変調されるとして取り込むことができる．これが，Scherzer の論文(J. Appl. Phys., **20** (1949) 20)に書かれていることである．

次に，加速電圧や電子レンズの励磁電流に揺らぎがあった場合の伝達関数はどのようになるかを説明しよう．

顕微鏡の加速電圧の変化によって入射電子線のエネルギー($=$速度)が変化すると，ローレンツ力による電子レンズの作用に強弱を生じ焦点距離が変化する(§2.1 参照)．したがって入射電子線にエネルギー分布があると像がボケることになる．このボケを色収差と呼ぶ．そのボケの量は電圧 E の揺らぎ幅を ΔE とすると，(3-9)式ですでに説明したように

$$\delta_c = \frac{C_c\alpha\Delta E}{E} \quad \text{(C-13)}$$

と表される．ここで，C_c を色収差係数と呼び，α はレンズへの入射角である．この色収差の影響を次式のように焦点距離の変化 Δ として表すこともある．これをディフォーカス幅(defocus spread)と呼ぶ．

$$\Delta = \frac{\delta_c}{\alpha} = \frac{C_c\Delta E}{E} \quad \text{(C-14)}$$

この焦点距離の変化は，試料中での非弾性散乱によるエネルギー損失，および電子銃から出る電子のエネルギー幅やレンズの励磁電流の変動によってもひきおこされるので，それらの項も加えて次の式のように書くことができる．

$$\Delta = C_c\sqrt{(\Delta E_0/E)^2+(\Delta E/E)^2+4(\Delta I/I)^2} \quad \text{(C-15)}$$

ここで，ΔE_0 は試料中での非弾性散乱によるエネルギーの変化，ΔE は電子銃を出るときの電子線のエネルギー幅と加速電圧の揺らぎを加えたもの，$\Delta I/I$ はレンズ電流の揺らぎである．通常の電子顕微鏡では，$\Delta E/E$ や $\Delta I/I$ の値は 10^{-5} 以下である．($\Delta I/I$) の係数が 2 倍になっている理由は，§2.2 で説明したように，焦点距離 f の電場や磁場の依存性が $f \propto E$ に対して，$f \propto B^{-2}$(レンズ磁場) $\propto I^{-2}$ だから，ΔI を求めるために微分すると係数 2 が出る．

[注1] 本書では $\Delta f > 0$ をオーバーフォーカス状態としたが，この逆の定義を使っている研究者もいる．このときは，(C-12)式の第 2 項の符号が負になる．

コイルが作る磁場が $B \propto I$ であることは電磁気学で習ったはずである.

また，これまでは試料に完全な平面波が入射すると仮定してきた．実際の顕微鏡では 1×10^{-3} rad 程度の開き角を持った収束ビームが試料に入射する．このような加速電圧の揺らぎや入射ビームの収束の影響は，弱い位相物体の近似が成り立つ薄い試料のときは，(C-12)式の指数関数であるレンズ伝達関数に，次のような包絡関数 $E_t(u,v)$ および $B_s(u,v)$ をかけることで表される[注2]．この関数は u,v が大きい値（試料の間隔 d が小さいところ）で減衰するので分解能を低下させる．

$$E(u,v) = \exp[-0.5\pi^2\lambda^2\Delta^2(u^2+v^2)^2] \tag{C-16}$$

ここで，Δ は(C-14)式で与えたものである．

$$B_s(u,v) = \exp[-\pi^2(u_0^2+v_0^2)\{[C_s\lambda^2(u^2+v^2)+\Delta f]\lambda\sqrt{u^2+v^2}\}^2] \tag{C-17}$$

u_0, v_0 は電子源の大きさを試料の1点から見込む角度である．これらの式の導出については照射の干渉性まで考慮した結像理論の理解が必要であり，補遺Fを参照してほしい．

本文中の図6-5は，350 kVの加速電圧の電子顕微鏡の位相コントラスト伝達関数 $\sin \chi$ を上記の包絡関数も含めて1次元の座標 $d(=1/u)$ について示したものである．このグラフは nm の単位で計った間隔(d)を表す横軸に対して，対物レンズの伝達特性（結像周波数特性）を示したもので，原子などを位相コントラストで観察するときの装置の性能を示す．ここで $\sin \chi$ が -1 に近い値を持つ 0.5 から 0.3 nm の間隔は，もののあるところが黒色のコントラストを持って結像される．矢印(A)の位置を"シェルツァー限界(Scherzer's limit)"といい，装置の点分解能(point-to-point resolution)の目安を与える．また上記の2つの包絡関数が0に近くなる矢印(B)の位置を"情報限界(information limit)"といい，試料の構造情報が"まがりなりにも"得られる限界を示す．5章で説明した格子像はこれより小さい間隔でも得られる場合があるが，これを格子像(縞)分解能(lattice fringe resolution)(C)と呼ぶ.

現在この格子像分解能の世界記録は金の薄膜を使って得た 31.8 pm($= 0.0318$ nm)である．これは透過波をはさんで反対側にある回折波同志の干渉で生成された縞であり，普通の意味での原子面が分解されているわけでなく，顕微鏡の機械的安定性を示す1つの指標とも考えられる[注3]．

上記の(A)，(B)，(C)の分解能を実験で決定するには，ゲルマニウムの非晶質薄膜に金などの微粒子をのせた試料の高分解能像をとり，そのフーリエ変換図形を用いる（**図C-2**）.

注2) これらの包絡関数を導出した論文は，J. Frank, OPTIK, **38**(1973) 519 と P. C. Fejes, Acta Crystallogr., **A33**(1977) 109.

注3) この格子縞は非線形項格子縞と呼ばれる(J. Yamasaki *et al.*, Proc. IMC16, vol. 1, p. 585)．透過波と回折波の干渉で形成された線形項の格子縞の現時点での最小記録は (001)透過波と(620)回折波の干渉による 64 pm である (Appl. Phys. Lett., **87**(2005) 174101)．この程度の分解能が高分解能 TEM の線形コントラスト像では限界であるという考え方もある．一方，STEM では 50 pm 以下の間隔がすでに分解されている．

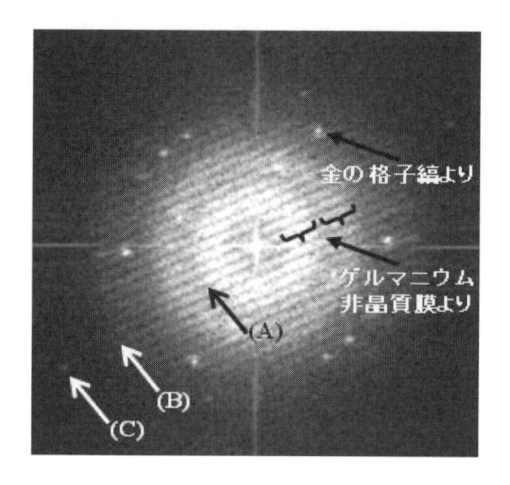

図 C-2 金微粒子/非晶質ゲルマニウム膜の高分解能 TEM 像のフーリエ変換図形
（山崎順博士のご厚意による）

矢印 A，B，C がそれぞれの分解能に対応する．明るいところに斜めに走る縞は「ヤングの干渉縞」と呼ばれ，分解能(B)を精度よく決める助けになる．このヤングの縞を出すためには，イメージシフトノブで少し像を移動させながら 2 重露出で撮影した高分解能像をフーリエ変換する．

補遺 D
1個の原子による電子の散乱—電子顕微鏡で原子が見える基礎過程—

(4-7)式で1個の原子からの散乱波の振幅である原子散乱因子 f を説明したが，本節ではこの知識をもう少し深めてみよう．原子散乱因子は電子顕微鏡で原子を見るための基礎であるからである．

まず重要な点は，**図 D-1** に示すように電子顕微鏡や電子回折の実験では，電子は左から1個ずつ入射し，原子が作る静電ポテンシャルによって1個ずつ散乱されるということである．通常の TEM で試料を照射する電子線の強さは高分解能像の観察条件でも 1〜10 A(アンペア)/cm² である．$I = dQ/dt$(Q は電荷移動量；$e = 1.6×10^{-19}$ C × 電子の個数)から換算すると，電子はポツンポツンと原子に当たり散乱されてフィルムなどに向かうことになる．すなわち「原子に入射する1個の電子の散乱問題」を解けばよいのである．

次に大切な点は，電子は左から飛んできて，右側へ散乱されるが，これが次から次へとおこると，一種の定常状態と考えることができることである．したがって時間に依存するシュレディンガー方程式 $i\hbar\partial\psi/\partial t = H\psi$ ではなく，定常状態の $H\psi = \tilde{E}\psi$($H, \tilde{E}$ はそれぞれハミルトニアンとエネルギー固有値)の方程式を解けばよいことである((B-2)式参照)．

3つ目は，電子は古典的には電荷 $e = 1.6×10^{-19}$ C を持った粒子であり，実空間中に局在しているはずである．この「局在性」を量子力学として表すためには，少しずつ波数が異なった平面波を加えた波束(wave packet)という概念を使う．すなわち1個の原子による1個の電子の散乱は，局在化した静電ポテンシャルによる1個の波束の散乱として考えるのが正確な表現である．しかし上記のように次から次へと1個ずつ電子がやってきて散乱されるような電子回折の場合は一種の定常状態として考えられ，左側から電子を表す平面波を入射させた定常のシュレディンガー方程式を解けばよいことがわかっている[注1]．

したがって，解くべき式は次の定常状態のシュレディンガー方程式である．

$$\nabla^2\psi(\mathbf{r}) + \frac{8\pi^2 me}{h^2}[E + V(\mathbf{r})]\psi(\mathbf{r}) = 0 \tag{D-1}$$

この式の E は電子の加速電圧であり，V は原子の静電ポテンシャル(電位)，$(-e)V$ がポテ

注1) この議論を丁寧に説明した本として，加藤，「回折と散乱」(朝倉書店，1978)がある．さらに波束の散乱までふみ込んだ説明は，並木，「量子力学(II)」(岩波現代物理学講座，1978)にある．

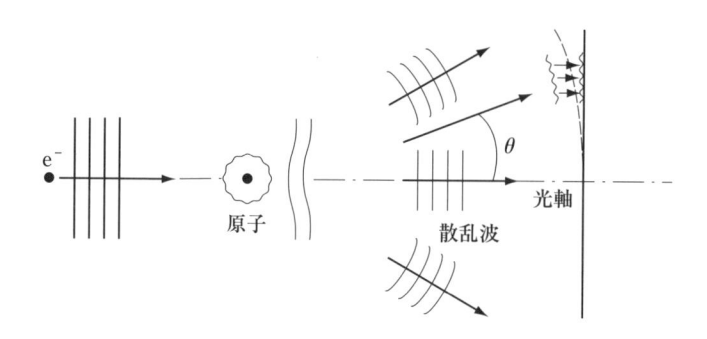

図 D-1 原子による1つの電子の散乱過程

ンシャルエネルギーになる．ここで原子のポテンシャルは原子核の電荷が作るクーロンポテンシャルを周りの電子の雲で遮蔽した $e^{-kr}Ze/r$ 型のポテンシャル(Wenzel potential)を使う．この方程式を入射波 $\exp(2\pi i \boldsymbol{K}_0 \cdot \boldsymbol{r})$ の条件で解く．特殊相対論効果を無視すると

$$K = |\boldsymbol{K}_0| = \frac{\sqrt{2meE}}{h} = \frac{1}{\lambda} \tag{D-2}$$

で，$\boldsymbol{K}_0$ は真空中の電子波の波数ベクトルである．

微分方程式の定理(グリーン(Green)関数の定理)によって，(D-1)式の方程式は次の積分方程式と同値となる[注2]．

$$\phi(\boldsymbol{r}) = \exp(2\pi i \cdot \boldsymbol{K}_0 \cdot \boldsymbol{r}) + \frac{2\pi me}{h^2}\int \frac{\exp[2\pi i |\boldsymbol{K}| \cdot |\boldsymbol{r}-\boldsymbol{r}'|]}{|\boldsymbol{r}-\boldsymbol{r}'|} V(\boldsymbol{r}')\phi(\boldsymbol{r}')dV \tag{D-3}$$

ここで，$\boldsymbol{K}$ は試料中での電子の波数である．散乱波の正確な値を求めるためには，この積分方程式を級数を使って解いてゆく(ボルン近似理論)．

入射波が試料中で弱められなければ，積分中の $\phi(\boldsymbol{r}')$ は入射波そのもので置き換えられる．また電子回折は遠方場を見るものなので $|\boldsymbol{r}| \gg |\boldsymbol{r}'|$ で $\boldsymbol{K} \cdot |\boldsymbol{r}-\boldsymbol{r}'| \cong Kr - \boldsymbol{K} \cdot \boldsymbol{r}'$ が成り立つ．第1ボルン近似式として，すなわち(D-3)式の $\phi(\boldsymbol{r}')$ として $\exp(2\pi i \cdot \boldsymbol{K}_0 \cdot \boldsymbol{r}')$ を代入すると

$$\phi(\boldsymbol{r}) = \exp(2\pi i \cdot \boldsymbol{K}_0 \cdot \boldsymbol{r}) + \frac{2\pi me}{h^2}\frac{\exp(2\pi iKr)}{r}\int V(\boldsymbol{r}')\exp[-2\pi i(\boldsymbol{K}-\boldsymbol{K}_0)\cdot \boldsymbol{r}']dV' \tag{D-4}$$

が成り立つ．ただし，弾性散乱を仮定しているので，$|\boldsymbol{K}| = |\boldsymbol{K}_0|$ に注意．

ここで第1項が透過平面波が作る遠方場，第2項の $\exp(2\pi iKr)/r$ は球面波を表すので，1個の原子によって，そこを中心に発生した散乱球面波を表す．第2項の残りの項

[注2] (D-3)式の導出については，例えば，砂川，「散乱の量子論」(岩波書店，1977)を参照．

$$f = \frac{2\pi me}{h^2} \int V(r) \exp[-2\pi i (\boldsymbol{K}-\boldsymbol{K}_0)\cdot \boldsymbol{r}] dV \tag{D-5}$$

はこの散乱球面波の振幅(位相も含む)を表す．(D-5)式の f はちょうど原子のポテンシャル $V(r)$ のフーリエ変換になっているので(4-7)式で説明した原子散乱因子である．$\boldsymbol{K}-\boldsymbol{K}_0$ は散乱ベクトルである．

孤立原子の場合は，隣の原子との結合などがある結晶中の原子と異なり，静電ポテンシャル $V(r)$ は球対称と考えてよいだろう．そうすると(D-5)式の3次元積分は球座標 (r, θ, ϕ) で記述して次のようになる．電子が進む z 軸方向に垂直な面についてはポテンシャルは中心対称とすると，ϕ の積分は 2π となり

$$\begin{aligned} f &= \frac{4\pi^2 me}{h^2} \int_0^\infty V(r) r^2 dr \int_0^\pi \exp(-isr\cos\theta) \sin\theta \, d\theta \\ &= \frac{8\pi^2 me}{h^2} \int_0^\infty V(r) \frac{\sin sr}{sr} r^2 dr \end{aligned} \tag{D-6}$$

ここで，$s = |\boldsymbol{s}| = 2\pi |\boldsymbol{K}-\boldsymbol{K}_0|$ である．また，ポテンシャル $V(r)$ は原子核電荷 Ze と周辺電子の電荷密度 $\rho(r)$ の寄与からなり，この関係は次のポアソン方程式を満足するので

$$\nabla^2(r) = \frac{-e(Z\cdot\delta(r)-\rho(r))}{\varepsilon_0} \quad \text{(SI 単位系)} \tag{D-7}$$

$V(r)$ は原子核近傍では Ze のクーロンポテンシャルのみ，遠方では周辺電子による遮蔽効果で $1/r$ 以上の速さで 0 に近づくので，(D-6)式の積分は確定し

$$f = \frac{2me^2}{\varepsilon_0 h^2 s^2}\left[Z - 4\pi \int_0^\infty \rho(r) \frac{\sin sr}{sr} r^2 dr\right] \tag{D-8}$$

となる．孤括内の第2項はX線回折で使う原子散乱因子なので，結局，電子についての散乱因子は

$$f = \frac{me^2}{8\pi\varepsilon_0 h^2} \frac{(Z-f^x(\theta))}{(\sin\theta/\lambda)^2} \quad \text{(SI 単位系)} \tag{D-9}$$

となる．ここで，θ は散乱角の半角(＝ブラッグ角)であり，ε_0 は真空の誘電率である．(D-9)式は電子線とX線の原子散乱因子をつなぐもので，モット(Mott)の公式として知られている．ちなみにガウス単位系では係数が $(me^2/2h^2)$ となる．

ここで，1個の j 原子からのX線の散乱振幅 f_j の大きさを見積もってみよう．原子の周りにある1個1個の電子によるX線の散乱振幅(トムソン散乱)の大きさは $e^2/(4\pi\varepsilon_0 mc^2)$ であり，それに電子数(＝電子分布)をかけたものなので

$$|f_j| = \left(\frac{e^2}{4\pi\varepsilon_0 mc^2}\right)|f^x| \tag{D-10}$$

電子顕微鏡で使うような散乱角が小さいところでは $(Z-f^x) \cong f^x$ となるところが存在するので，この角度での散乱振幅の係数 $me^2/8\pi\varepsilon_0 h^2$ と $e^2/4\pi\varepsilon_0 mc^2$ を比較すると 10^3 倍電子線の散乱の方が大きくなる．これが電子回折または電子顕微鏡法がX線回折法より感度よく1

個の原子が観察できる理由である.

以上で電子についての散乱振幅(＝原子散乱因子)$f(\theta)$ が求まった．この原子散乱因子と§4.1で説明した位相物体の近似はどのように関連付けられるのだろうか．原子直下の波動場とフラウンフォーファー回折の遠方場はフーリエ変換で結び付けられるはずである．§4.1で，すでに，「位相物体の近似」の線形近似である「弱い位相物体の近似」のフーリエ変換はこの原子散乱因子に対応すると説明した．すなわち

$$\phi_s(x, y) = \exp[i\sigma V_p(x, y)] \cong 1 + i\sigma V_p(x, y) - \frac{1}{2}\sigma^2 V_p^2(x, y) + \cdots \quad \text{(D-11)}$$

↓ （回折なのでフーリエ変換する）

$$\hat{F}[\phi_s(x, y)] \cong \delta(u, v) + i\sigma \hat{F}[V_p(x, y)] + (\text{高次項})$$

この式の $\delta(u, v)$ は，電子回折図形では透過波の 000 斑点に対応する．量子力学の散乱問題で知られているように遠方場の漸近解は，θ, ϕ を球座標での2つの方位角として

$$\phi(\boldsymbol{r}) = \exp(2\pi i k_z z) + f(\theta, \phi)\frac{e^{2\pi i k r}}{r} \quad \text{(D-12)}$$

である．遠方では第2項の球面波 $e^{2\pi i k r}/r$ を平面波 $\exp(2\pi i k r)$ と見なすことができるので，高次項を無視すれば，第2項から $f(\theta)$ に相当するものが導き出せればよいことになる．

$V_p(x, y)$ は1個の原子のポテンシャルを電子の入射方向に投影したポテンシャルだから

$$V_p(x, y) = \int V(x, y, z)\, dz \quad \text{(D-13)}$$

である．この投影ポテンシャルのフーリエ変換は，「フーリエ変換の投影定理」によって

$$\hat{F}[V_p(x, y)] = V(u, v, w = 0) \quad \text{(D-14)}$$

である．u, v, w は逆空間座標だから，$w = 0$ の意味は，図 D-1 の右側に示すように光軸と垂直の面のみの散乱振幅を問題にするということである．回折結晶学の言葉で言えば図 D-1 の右上に点線と矢印で示すように，「エワルド球を平面で近似する」ということに対応する．すなわち，位相物体の近似および弱い位相物体の近似は，球面上の波の振幅(＝複素数)を平面上に写すという近似も含んでいる．

また(D-11)式と(D-12)式では高次項の分の差がある．この差については次のように考えればよいだろう．1個の原子による1個の電子の散乱問題については(D-3)式の積分方程式が正確な表現である．その積分の中の $\phi(\boldsymbol{r})$ を入射波で置き換えることが第1ボルン近似である．これは積分方程式を解く場合の繰り返し展開(iteration)を第1項までとったということである．

一方，位相物体の近似は，z 方向に投影したポテンシャルによる「z 方向の厚さのない層」での位相変化のみある，という近似を含んでいる．この「投影」という近似は上記の $w = 0$ に対応するが，試料からの散乱波(＝回折波)がフレネル回折したとき横方向へ広がる量が極微小量であることを考えると，悪い近似ではない．すなわち，(D-11)式の高次項は散乱のボルン近似の高次項に対応すると考えればよい．

補遺 E
電子回折法と収束電子回折法—格子像形成の基礎—

　電子顕微鏡の結像は「試料中での電子回折現象」と「レンズによる結像作用」から構成されている．薄い試料や1個の原子の場合は，4章で述べた「位相物体の近似」や「弱い位相物体の近似」の簡単な理論が適用できる．少し厚い結晶性試料では電子回折現象の十分な理解が像解釈のために必要である．また5章で説明した格子像は結晶からの回折波と透過波との干渉によって縞状のコントラストが形成され，それぞれの波の振幅と位相が格子像のコントラストに強く影響したことを思い出そう．ここでは電子回折とその発展形である収束電子回折について要約しよう[注1]．

透過電子回折

　§1.4で説明したように，電圧 E で加速された電子の波長 λ は(E-1)式のように表される．

$$\lambda = \frac{h}{\sqrt{2m_0 eE\left(1+\dfrac{eE}{2m_0 c^2}\right)}} = \sqrt{\frac{150.4}{E}}(1+9.788\times 10^{-7}E)^{-0.5} \quad \text{(E-1)}$$

ここで，h はプランク定数，m_0 は静止質量，e は電子の電荷，c は光速である．数値の入った第2項は，E を(Volt)とすると λ(Å)となる．1Å は 0.1 nm である．透過電子回折に使われる 50～200 kV の電圧で加速された電子の波長は 0.0054～0.0025 nm であり，X線回折に使われる銅の $K\alpha$ の線の波長 0.154 nm と比べると約 1/50 である．このため図 E-1(b)に示すエワルド球(Ewald sphere：半径 $= 1/\lambda$)は，X線のそれと比べて大きく，ほぼ平面と考えることができる．そのためX線回折で使うステレオ投影図は不要である．

　図 E-1(a)に示すように，0.1 μm 以下の厚さの単結晶性試料に加速電圧 50～200 kV の電子線を入射すると，電子は透過し，かつ $2d\sin\theta = \lambda$ のブラッグ条件を満たす方向に回折波が出て，試料から遠く離れたところに斑点状の回折図形(diffraction pattern)を作る．本文で説明したようにこれは光学のフラウンフォーファー回折図形に相当する[注2]．この回折斑点の配列は，「エワルドの構成」によって次の手順で求めることができる(図 E-1(b)参照)．

注1)　この章のもう少し詳しい説明は，田中，in「薄膜作製応用ハンドブック」(NTS, 2003) §3.1 にある．

198 補遺 E 電子回折法と収束電子回折法

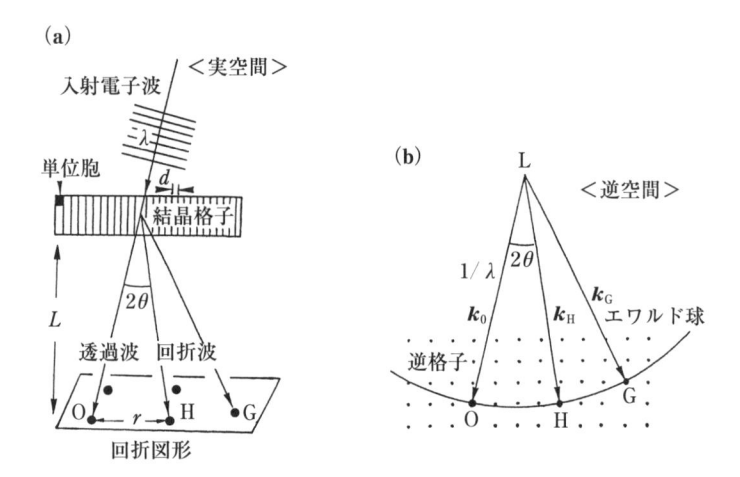

図 E-1 電子回折法の幾何学

(1) 図 E-1(a) の結晶性試料の逆格子を作る．これは，試料結晶の左上にある単位胞 (unit cell) 中の原子配列 $(i = 1, 2, \cdots\cdots)$ を，(E-2) 式のように単位胞を構成する基本ベクトル a, b, c を使って r_i で表し

$$r_i = x_i a + y_i b + z_i c \quad (0 \leq x_i, y_i, z_i < 1) \tag{E-2}$$

さらにこの単位胞内の配列が，x, y, z 方向に繰り返し配列したものをフーリエ変換して作られる 3 次元格子点配列である (図 E-1(b) の黒点列)．この逆格子配列は逆格子ベクトル a^*, b^*, c^* を使って (E-3) 式で表される．面心立方格子，体心立方格子の逆格子は，単位は長さの逆数になるが，それぞれ体心立方格子，面心立方格子になる．

$$h = ha^* + kb^* + lc^* \quad (h, k, l：整数) \tag{E-3}$$

ここで，h, k, l の整数は結晶内に存在する格子面を表すミラー指数に対応し，この原子面を (h, k, l) で表す．すなわち h, k, l 逆格子点は実空間では多数の (h, k, l) 原子面群に対応するのである．

(2) この逆格子点の任意の点を原点 O として，その点をベクトルの終点として電子波の入射方向に平行でかつ波長の逆数 $1/\lambda$ の長さのベクトルを引く．このベクトルの始点を波の

注 2) 電子回折図形は，試料から遠方の波動場の強度を表している．この情報から像 (= 試料直下の波動場，およびその強度) を得るには，位相を何らかの方法でつけ加えて 2 次元フーリエ変換をしなければならない．位相なしでフーリエ変換して得られる実空間情報をパターソン (Patterson) 図形という．この図形については，J. M. Cowley, "Diffraction Physics" (North-Holland Publishing, 1981) §5 参照．

発散点(ラウエ点)と呼びLとする(図E-1(b)参照).

(3) L点を中心として$1/\lambda$の球を描く.この球をエワルド球と呼ぶ.このエワルド球が原点O以外で交わった逆格子点H,Gに注目する.

(4) 前記の発散点LよりH,G点までベクトルk_H, k_Gを引く.このベクトルの方向が回折波が出る方向であり,このベクトルを図E-1(a)の実空間に平行移動して,回折波は,この方向に試料の下から出ると考える.

このことを波数ベクトルの表示で書くと$k_H - k_0 = h$となる.すなわち波数の差の散乱ベクトルと逆格子ベクトルが等しいわけである.これを「ラウエの条件」と呼び,ブラッグ反射の条件$2d\sin\theta = \lambda$はこの式からも導かれる.

(E-3)式の逆格子点の間隔は単位胞の大きさaの逆数である$1/a$で,$1/(0.4\sim0.5\,\text{nm})$である.一方,エワルド球の半径は,200 kVで加速された電子線の場合$1/(0.0025\,\text{nm})$であり,逆格子の間隔と比べると球ではなくほとんど平面と見なせる.したがって,高速電子線の回折現象では,3次元の逆格子を電子線の入射方向に垂直な平面で切ったものが回折斑点となる(図E-1(b)参照).種々の入射条件での回折図形は,本シリーズ,坂,「結晶電子顕微鏡学」(1997)付録を参照.

この回折斑点の強度を式で表すと次のようになる.

$$I = \frac{|F(h,k,l)|^2}{r^2} \cdot \frac{\sin^2 N_1\pi h}{\sin^2 \pi h} \cdot \frac{\sin^2 N_2\pi k}{\sin^2 \pi k} \cdot \frac{\sin^2 N_3\pi l}{\sin^2 \pi l} \tag{E-4}$$

ここで,$F(h,k,l)$は試料結晶の1個の単位胞から散乱される波の振幅を表し,結晶構造因子と呼ばれ,(E-5)式で与えられる.rは試料とフィルムなどの距離である.(E-4)式の右辺第2項以下の関数はまとめてラウエ関数と呼ばれ,単位胞がN_1, N_2, N_3個ずつx, y, z方向に繰り返す効果を表す.

この式の導出は(E-5)式を単位胞の外,すなわち$N_1 \times N_2 \times N_3$個の単位胞の位置ベクトルに適用すれば得られるが,例えば,坂,「結晶電子顕微鏡学」(内田老鶴圃, 1997)にも丁寧に説明されている.N_1, N_2, N_3が大きいとこのラウエ関数はデルタ関数のようにシャープになる(逆格子点になる).一方,小さいと逆格子点はそれに関係する方向に伸びる.

$$F(h,k,l) = \sum_j f_j \exp[-2\pi i(hx_j + ky_j + lz_j)] \tag{E-5}$$

(E-5)式のf_jは,補遺Dで説明したように1個の原子による散乱波の振幅で,原子散乱因子と呼ばれ,添字jで原子種が類別される.x_jなどは単位胞内のj原子の座標である.この散乱因子は,原子の静電ポテンシャル$V(x,y,z)$を仮定し,散乱問題のシュレディンガー方程式を,散乱波が弱いとする「ボルン近似理論」で解くことによって得られる.

(E-5)式の導出は次のように行う((4-8)式も参照).原点に1個,そこからr_j離れた点にもう1個の原子を置く.この2つの原子に平面波を入射すると,それぞれから上記のfの振幅の散乱波が出る.散乱と入射波の方向の差である散乱ベクトルを$g(=k_g-k_0)$とすると,図E-2(a)の幾何学よりj原子からの散乱波は原点からのそれに比べて$-2\pi i g \cdot r_j$位相

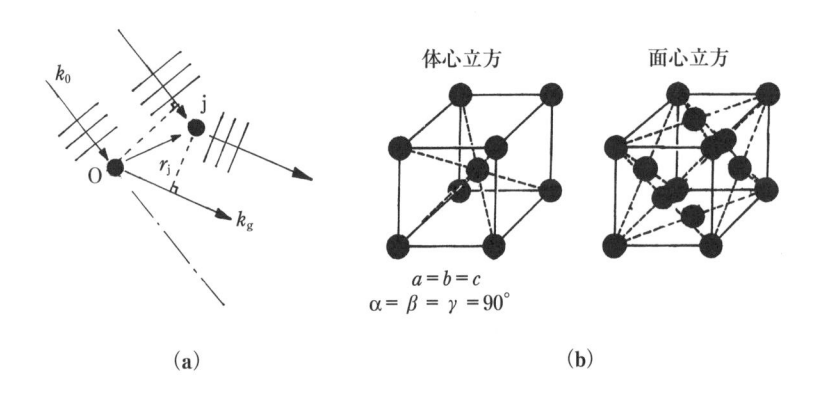

図 E-2 2個の原子による散乱波の合成(a)と結晶の単位胞内の原子配列(b)

が異なっているので,全体としての散乱波は,$F = f + f[\exp(-2\pi i g \cdot r_j)]$ となる.r_j と g を(E-2),(E-3)式の基底ベクトルと逆格子ベクトルで書けば,(E-5)式が得られる.結晶は図 E-2(b)に示すような単位胞内の原子配列を持っているので,体心立方格子の場合,r_j に $(0,0,0)$,$(0.5,0.5,0.5)$ を代入すれば,1個の単位胞からの散乱波の振幅が出る.ここで $(h,k,l) = (1,1,1)$ を入れると,(E-5)式は F は 0 になる(回折波が出ない―消滅則―).すなわち消滅則は単位胞の構造(r_j)で決まるのである.

この電子線の散乱因子とX線回折用の原子散乱因子は,(D-9)式ですでに求めたように「モット(Mott)の公式」により結び付けられる[注3].

$$f_j^e(2\theta) = \frac{me^2}{8\pi\varepsilon_0 h^2} \frac{(Z - f_j^x)}{(\sin\theta/\lambda)^2} \quad (E-6)$$

ここで,f_j^x はX線の原子散乱因子で,原子の周りの電子の分布 $\rho(x,y,z)$ を3次元フーリエ変換したものである.Z は原子番号で,θ は散乱角 α の半角である.この f_j^x の各元素ごとの値(長さの単位の Å で与えられている)は International Table for X-ray Crystallography Vol. 3, Kluwer Academic Publishers(1992)に記載されている.

(E-4)式の強度分布は,簡単のため単純立方格子を仮定すると,(E-5)式の原子散乱因子の2乗 f^2 と(E-5)式の位相因子の部分,およびラウエ関数からなっている.f はゼロにならない単調減少関数である.2番目の項は単位胞の構造によってはゼロになる.これはすでに述べた消滅則である.ラウエ関数は大きい N_1, N_2, N_3 について,h, k, l が整数のみで δ 関数型のピーク配列となる.したがって回折図形はこの3つの関数の積となる.これを模式的

注3) この導出法については,補遺 D および J. Spence and J. M. Zuo, "Electron Microdiffraction"(Plenum Press, 1992)を参照.後者は読者に新しい知見を与えてくれるだろう.

に書いたものが図 6-4 であった.

　図 E-1(a) の下方(試料からの距離 L)にフィルムを置くと,透過波と回折波の方向に対応した斑点が記録できる.試料が多結晶や繊維構造[注4]を持つ場合は,この斑点が円周上につながって回折環となる(デバイ-シェラー環).この半径を r とすると,幾何学より $r = L \tan 2\theta$ であり,ブラッグ反射の式 $2d \sin \theta = \lambda$ と組み合わせ,$\sin \theta \cong \theta$ などの近似式を使うと,$rd = L\lambda$ の関係式が得られる.この式は,フィルム上の r を測定して試料中の d を求める,電子回折実験の基本式である.より近似の高い式は,$\arcsin(\lambda/2d)$ と $\arctan(r/L)$ の展開式の高次の項までとって得られる,$rd[1-(3/8)(r/L)^2] = L\lambda$ である.

　また (E-4) 式の取り扱いは,試料中で 1 回散乱した波がそのまま出射することを前提とする運動学的回折理論 (kinematical theory) と呼ばれ,試料が数 nm 以下の薄い場合にのみ成り立つ.試料が厚いときには,試料内での多重回折の効果を取り入れた動力学的回折理論 (dynamical theory) を用いて回折強度を計算する(6 章,§6.2 のマルチスライス法,および補遺 I, J, K のベーテ法,ハウイ-ウェラン法,ファンダイク法を参照)[注5].

収束電子回折 (Convergent Beam Electron Diffraction ; CBED)

　通常の電子回折では,図 E-1(a) に示すように 1 つの波数ベクトルを持つ平面波を試料に入射する.そのため,遠方での回折波は鋭い斑点になった.他方,**図 E-3** のように試料の前方に凸レンズを設け,電子波を収束して電子回折を行う方法もある.この場合,試料下の遠方の透過波,回折波の強度はそれぞれ円板状になる.

　第 II 部で解説した走査透過電子顕微鏡法 (STEM) では,結像のために試料上で微小プローブを作るので,試料と入射または出射電子線の関係は収束電子回折法のようになっている.通常の透過電子回折が TEM の基礎とすれば,収束電子回折は STEM の基礎である.

　§8.3 でも説明したように,入射電子線の収束角 β と絞った電子線プローブのサイズ d_p との間にはフーリエ変換の性質より $d_p \cong \lambda/\beta$ の関係がある.結晶格子面の間隔 d_L と回折角の間はブラッグの式の近似式として $d_L \cong \lambda/\alpha$ の関係があるので,もし観察する格子面間より STEM のプローブが小さい場合,すなわち分解能がよい場合は,$d_p < d_L$ で $\beta > \alpha$ となり,透過波と回折波の円板が重なっている.通常の収束電子回折は円板が重ならない条件で行うので,この差に注意する必要がある.

[注4] 微結晶の集合体の各々の結晶軸がある特定の方向を向いている状態.真空蒸着膜や線引きされた金属線で見られる.

[注5] 高速電子の動力学的回折理論では,運動学的な式である (E-5) 式はそのまま使い,(E-4) 式のラウエ関数部分を修正する.すなわち単位胞の外での干渉現象を動力学的に扱うのである.加速電圧 100 ボルト以下の低速電子回折 (LEED) の理論では,単位胞内の回折現象もいちいちシュレディンガー方程式を正確に解いて求めるので,複雑な解析プログラムが必要になる.

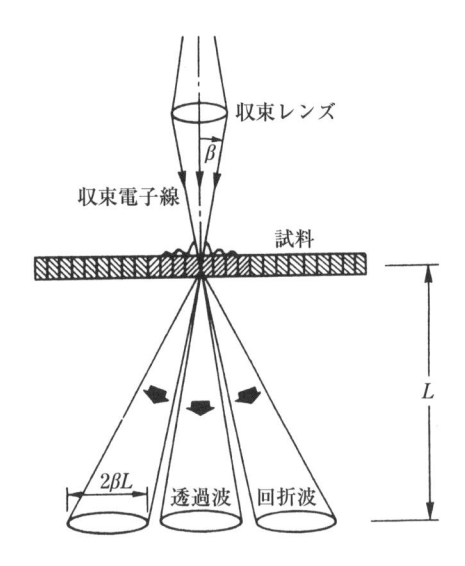

202　補遺E　電子回折法と収束電子回折法

図E-3　収束電子回折法の説明図

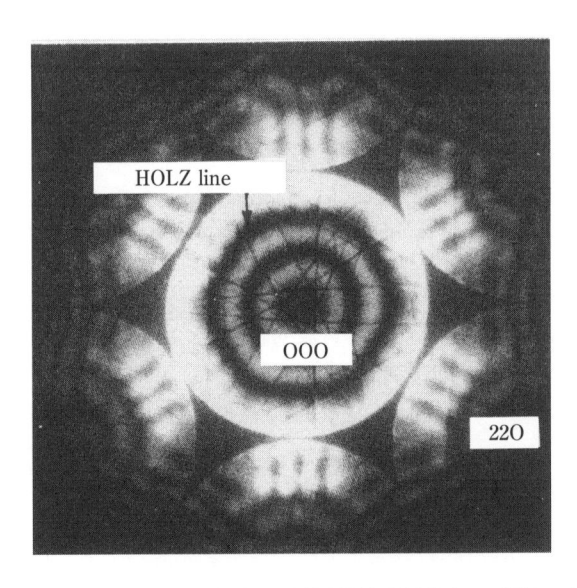

図E-4　シリコン結晶の収束電子回折図形（齋藤晃博士のご厚意による）

この円板の中には，入射方向の違いによる透過波および回折波の強度変化(ロッキングカーブ)が見られる．この円板中のゆるやかに変化する強度模様は，主に 0 次のラウエ帯(Zero-th Order Laue Zone；ZOLZ)[注6] に属する反射同士による動力学的回折の結果で，ZOLZ 模様という．この 0 次のラウエ帯の反射による回折模様のほかに 1 次，2 次の高次のラウエ帯へのブラッグ反射による強度が欠損した黒い細線，すなわち高次ラウエ帯(HOLZ)回折線が 0 次ラウエ帯の強度模様に重なって見られる．この ZOLZ 模様からは試料結晶を電子線の入射方向へ投影した 2 次元の構造の対称性がわかり，HOLZ 線からは結晶の 3 次元の対称性の情報が得られる[注7]．図 E-4 は，シリコンの単結晶の⟨111⟩入射の収束電子回折図形である．中央の円板が透過波を表し，その中の細い黒線が HOLZ 線で，背景の同心円上の黒いコントラストが ZOLZ 模様である．周りの半月上の円板は 220 回折波の円板の一部である．X 線回折法では，検出が困難な反転対象の有無が検出できる「動力学的消滅則」と呼ばれる電子回折特有の消滅則によって，らせん軸および映進面の有無を判別することができる．このため収束電子回折手法を使うと，230 個ある結晶の空間群(International Table for X-ray Crystallography, Vol. A 参照)のほとんどが一意的に決定できるのである．

注6) 図 E-1(b)のエワルド球に近い水平の逆格子点群(O, H, G など)を 0 次ラウエ帯という．これより上の段の逆格子点群を 1 次ラウエ帯，さらに上を高次ラウエ帯(Higher Order Laue Zone；HOLZ)という．高次ラウエ帯にある逆格子点群とエワルド球が交差すると HOLZ 線になる(連なって環状に見える)．

注7) HOLZ 線の解析から 3 次元対称性を得る方法については，M. Tanaka, "Convergent-Beam Electron Diffraction(Ⅲ)"(JEOL-Maruzen, 1994)．

補遺 F
非線形項も取り入れた結像理論入門―最前線理解のために―

　本書の第Ⅰ部では試料によって散乱された波と透過波と分けて考え，その干渉項（線形項）のみを考慮した TEM 結像理論を説明してきた．試料を照明する電子波の干渉性については，§6.1.5 や §6.3.1 で"つぎ穂式"に説明した．これとは別に，光（電子）源 → 収束レンズ → 対物レンズ → 像面までの結像過程を統一的に扱うために作られたのが，「相互強度」という量を用いる結像理論である．この種の理論は光学では Zernike や Hopkins，電子顕微鏡では Frank，O'Keefe や Ishizuka らによって作られた[注1]．

§F-1　相互強度という量は何か

　点 Q_1 に入射する 2 光束の干渉はすでに (6-20) 式や図 6-12 で説明した．
$$I(Q_1) = |\phi_1(Q_1)+\phi_2(Q_1)| = |\phi_1(Q_1)|^2+|\phi_2(Q_1)|^2+2\mathrm{Re}[\phi_1(Q_1)\phi_2^*(Q_1)] \qquad (\text{F-1})$$
この第 3 項目の実数部 Re[…] が干渉項で，この項の強度が 2 波の干渉縞となる．

　次に図 F-1 のような結像系を考えよう．S は光源，A 面は試料面，B 面は像面である．S と A，A と B の間には点線のように収束レンズと対物レンズが入っていると思ってもよい．

　(F-1) 式は像面 (B) での干渉を考えており，ϕ の添字の 1，2 は A 面の P_1 と P_2 からきた光束と表している．一般の結像では他の P_3，P_4 … の点からも光束がきて干渉をする．

　このような結像過程に及ぼす干渉性を議論するために，相互強度 J を次式で定義する．
$$\begin{aligned} J(Q_1, Q_2) &= \langle \phi(Q_1)\phi^*(Q_2)\rangle \\ &= \langle (\sum_i \phi_i(Q_1))(\sum_j \phi_j^*(Q_2))\rangle \end{aligned} \qquad (\text{F-2})$$

ここで，ϕ の添字 i，j はすでに述べた A の面の P_1，P_2 … を通るそれぞれの光路からきた波という意味である．＊は複素共役を表す．〈…〉は時間平均である．この相互強度を用いると像面の強度 $I(Q_1)$ は相互強度の特殊な場合として
$$I(Q_1) = \langle \phi(Q_1)\phi^*(Q_1)\rangle = J(Q_1, Q_1) \qquad (\text{F-3})$$

注1）　ここでの説明は，M. Born and E. Wolf, "Principles of Optics"(Pergamon Press, 1970) と堀内，「高分解能電子顕微鏡の基礎」（共立出版，1981）に従った．本書中最も難しい部分であり，初学者は読み飛ばしてもよい．

§F-1 相互強度という量は何か

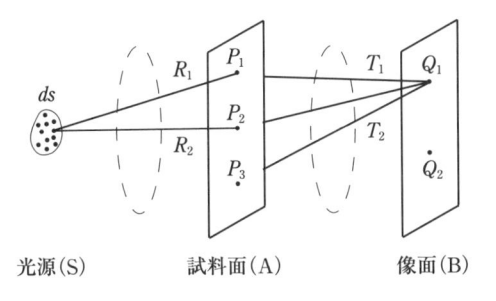

図 F-1 相互強度を使っての結像

となる．

この量を光源 S と A の面の場合に求めてみよう．図 F-1 の S の一部分 ds から出た光を考えると

$$\phi(P_1) = \sum_s \phi(P_1, s), \quad \phi(P_2) = \sum_s \phi(P_2, s) \tag{F-4}$$

光源上の異なったところ ds と ds' からの波は干渉しないので，同じ s のものだけ残って

$$J(P_1, P_2) = \sum_s \phi(P_1, s) \phi^*(P_2, s) \tag{F-5}$$

s から P_1, P_2 へは球面波で伝播するので，伝播距離を R_1, R_2 とすると

$$\phi(P_1, s) = A_s \frac{\exp(2\pi i k R_1)}{R_1}, \quad \phi(P_2, s) = A_s \frac{\exp(2\pi i k R_2)}{R_2} \tag{F-6}$$

で与えられる．光源の強度を $I(s) = A_s A_s^*$ とおくと

$$J(P_1, P_2) = \int I(s) \frac{\exp[2\pi i k(R_1 - R_2)]}{R_1 R_2} ds \tag{F-7}$$

この式を Van-Cittert & Zernike の定理という．光源 $I(s)$ のフーリエ変換が相互強度であるという重要な結果を与える．

ここで光源 S 上に単色点光源が存在したときの P_1, P_2 の位相も含めた振幅を $K(s, P_1)$, $K(s, P_2)$ とする．ホイヘンス–フレネルの原理 (→ 補遺 B-1) より

$$\begin{aligned} K(s, P_1) &= -i \exp(2\pi i k R_1)/(\lambda R_1) \\ K(s, P_2) &= -i \exp(2\pi i k R_2)/(\lambda R_2) \end{aligned} \tag{F-8}$$

であり，さらに

$$\begin{aligned} i\lambda K(s, P_1) \sqrt{I(s)} &= U(s, P_1) \\ i\lambda K(s, P_2) \sqrt{I(s)} &= U(s, P_2) \end{aligned} \tag{F-9}$$

という量を導入すると

$$J(P_1, P_2) = \int U(s, P_1) U^*(s, P_2) ds \tag{F-10}$$

となる．この式は Hopkins の式と呼ばれている．この式を使うと，求めたい $J(Q_1, Q_2)$ は

$$J(Q_1, Q_2) = \int U(s, Q_1) U^*(s, Q_2) ds \tag{F-11}$$

となる．ここで重要なことは，Aの試料面のことを飛ばして，Q_1, Q_2 に関する相互強度は光源 $S(ds)$ の積分になっていることになる．$U(S, Q_1), U(S, Q_2)$ については次の(F-12)式で触れる．

A面からB面の波の伝播はホイヘンス-フレネルの原理で再び考える．伝播の距離を T_1, T_2 とすると

$$\begin{aligned} U(s, Q_1) &= \int_A U(s, P_1) \frac{i\exp(2\pi i k T_1)}{\lambda T_1} dP_1 \\ U(s, Q_2) &= \int_A U(s, P_2) \frac{i\exp(2\pi i k T_2)}{\lambda T_2} dP_2 \end{aligned} \tag{F-12}$$

だから

$$\begin{aligned} J(Q_1, Q_2) &= \left[\iiint_A \int_A U(s, P_1) U^*(s, P_2) \exp\left[2\pi i k (T_1 - T_2)\right] / (\lambda^2 T_1 T_2) \right] dP_1 dP_2 ds \\ &= \iint_A \int_A [J(P_1, P_2) \exp\left[2\pi i k (T_1 - T_2)\right] / (\lambda^2 T_1 T_2)] dP_1 dP_2 \end{aligned} \tag{F-13}$$

この式は試料面と像面の相互強度を結ぶ式となる．これまではA→Bへの波の伝播は，何もない真空中と考え，ホイヘンス-フレネルの式を適用したが，一般的には(F-8)式の K は(S)→(A)や(A)→(B)間のレンズなどを通しての伝播特性を表す．したがって

$$J(Q_1, Q_2) = \int_A \int_A [J(P_1, P_2) K(P_1, Q_1) K^*(P_2, Q_2)] dP_1 dP_2 \tag{F-14}$$

となる．後に示すが，電子顕微鏡の場合，この K のところに，6章などで説明したレンズ伝達関数の $\exp[-i\chi(u, v)]$ が入ることになる．

§F-2　試料との相互作用の記述と像面の強度式

(F-8)式によると，光源S中の s にある点光源によって試料面上 P_1 には $K(s, P_1)$ が生成される．これを $\sqrt{I(s)}$ で規格化したものが試料上のホプキンスの量 $U(s, P_1)$ である（(F-9)式）．試料の影響はこれに試料透過関数 q をかけることで表される．q は位相格子近似では $q(\boldsymbol{r}) = \exp[i\sigma V_p(\boldsymbol{r})]$ である（§6.2の(6-16)式参照）．$\boldsymbol{r}$ は2次元のベクトルで $\boldsymbol{r} = (x, y)$ である．試料上の点 P_1 の座標を $\boldsymbol{r}_0$ とすると

$$U_0'(s, \boldsymbol{r}_0) = q(\boldsymbol{r}_0) U_0(s, \boldsymbol{r}_0) \tag{F-15}$$

試料を出る相互強度は

$$\begin{aligned} J_0'(\boldsymbol{r}_0, \boldsymbol{r}_0') &= \int U_0'(s, \boldsymbol{r}_0) U_0'^*(s, \boldsymbol{r}_0') ds \\ J_0'(\boldsymbol{r}_0, \boldsymbol{r}_0') &= J_0(\boldsymbol{r}_0, \boldsymbol{r}_0') q(\boldsymbol{r}_0) q^*(\boldsymbol{r}_0') \end{aligned} \tag{F-16}$$

通常の照明法では，試料を照明する相互強度は (r_0-r_0') の関数になり

$$J_0(r_0, r_0') = J_0(r_0-r_0') \tag{F-17}$$

結局，(F-1)式の定数項や係数を除いて

$$\begin{aligned}I(r_1) \propto J(r_1, r_1) &= \iint_A J_0'(r_0-r_0')K(r_0, r_1)K^*(r_0', r_1)dr_0dr_0' \\ &= \iint J_0(r_0-r_0')q(r_0)q^*(r_0')K(r_1-r_0)K^*(r_1-r_0')dr_0dr_0'\end{aligned} \tag{F-18}$$

この式が線形理論を越えた HRTEM の結像理論を導く出発点となる．

ここで，フーリエ変換した空間の座標を u, u' などと置き(§2.3.4参照)，照明(集束レンズも含む)の効果も含めた相互透過係数(= レンズ伝達関数に相当するもの)を

$$T(u', u'') = \int \hat{f}_0(u)\hat{K}(u+u')\hat{K}(u+u'')du \tag{F-19}$$

と置くと

$$I(r_1) = \iint T(u', u'')F(u')F^*(u'')\exp[-2\pi i(u'-u'')r_1]du'du'' \tag{F-20}$$

ただし，$\hat{f}_0, \hat{K}$ などは照明の相互強度 J_0 や，伝播特性関数 $\hat{K}$ のフーリエ変換である．また $\hat{F}[q(r)] = F(u)$ (結晶構造因子に相当する量)と置いた．この式は6章の(6-9)式を一般化したものと思えばよい．

線形結像理論では，試料の透過関数 $\exp i\sigma V_p$ に関係する量が式の中に1つでてきただけであった(6-9式参照)．波動関数を2乗したとき2次の項を無視していたからである．ここでの理論では2次の非線形項も取り入れられ，結晶構造因子に相当する量も $F \times F^*$ となっている．またレンズ伝達関数に相当する T も $\exp[-i\chi(u)]$ を単にかけるのではなく，u', u'' の2変数の関数になっている．ここが非線形型の結像理論の複雑な点である．

§F-3　高分解能電子顕微鏡の結像理論

(F-18)式の J_0 をフーリエ変換すると

$$\begin{aligned}I(r_1) &= \iint \left\{\int_u \hat{f}_0(u)\exp[-2\pi i u\cdot(r_0-r_0')]du\right\}q(r_0)q^*(r_0')K(r_1-r_0) \\ &\quad K^*(r_1-r_0')dr_0dr_0' \\ &= \int \hat{f}_0(u)|\int q(r_0)K(r_1-r_0)\exp(-2\pi i u\cdot r)dr_0|^2 du\end{aligned} \tag{F-21}$$

この式は，電子顕微鏡像は，点光源からの理想的な結像での像強度を光源の相互強度をフーリエ変換したものを重み関数として加え合わせればよいことを示している．

また，入射電子線にエネルギーの揺らぎがある場合は，それに応じてレンズ作用が変化しディフォーカス量が変わる．その分布関数を $D(\Delta f)$ とすると，レンズによる相互透過係数

(Transmission Cross Coefficient；TCC) は

$$T(\bm{u}'', \bm{u}', \Delta f) = \iint \hat{J}_0(\bm{u}) D(\Delta f) \hat{K}(\bm{u}+\bm{u}'', \Delta f) \hat{K}^*(\bm{u}+\bm{u}', \Delta f) d(\Delta f) d\bm{u} \quad \text{(F-22)}$$

となる．ここで $\hat{K}$ は(6-7)式と同様のレンズ伝達関数である．

$$\hat{K}(\bm{u}) = \exp[-i\chi(\bm{u})] \quad \text{(F-23)}$$

である．以後 χ を(F-25)式のようにテーラー展開して，任意の近似度の式を求めることができる．

(F-22)式に(F-23)式を入れて整理すると

$$\begin{aligned}T(\bm{u}'', \bm{u}', \Delta f) = \iint \hat{J}_0(\bm{u}) D(\Delta f) \exp\{-i[\chi(\bm{u}+\bm{u}'', \Delta f+\delta(\Delta f)) \\ -\chi(\bm{u}+\bm{u}', \Delta f+\delta(\Delta f))]\} d(\Delta f) d\bm{u}\end{aligned} \quad \text{(F-24)}$$

χ をテーラー展開すると，

$$\chi(\bm{u}+\bm{u}', \Delta f+\delta(\Delta f)) = \chi(\bm{u}', \Delta f) + \bm{u}\frac{\partial \chi}{\partial \bm{u}'} + \delta(\Delta f)\frac{\partial \chi}{\partial(\Delta f)} + \bm{u}'\cdot\delta(\Delta f)\frac{\partial^2 \chi}{\partial \bm{u}'\partial(\Delta f)} \quad \text{(F-25)}$$

$$\begin{aligned}\frac{\partial \chi}{\partial \bm{u}'} &= 2\pi\lambda\Delta f \bm{u}' + 2\pi C_s \lambda^3 \bm{u}'(\bm{u}')^2 \\ \frac{\partial \chi}{\partial \Delta f} &= \pi\lambda \bm{u}^2\end{aligned} \quad \text{(F-26)}$$

(F-25)，(F-26)式を(F-24)式に入れると，$T(\bm{u}'', \bm{u}', \Delta f)$ の中からディフォーカス揺らぎの部分と非平行照射の影響の部分が2つの包絡関数の積の形となる．そして，さらに(F-20)式の $F(\bm{u}')$ を弱い位相物体の近似である $F(\bm{u}') = \delta(\bm{u}') + i\sigma F(\bm{u}')$ (F は構造因子) と置くと，最終的に，位相コントラスト伝達関数は $\sin\chi(\bm{u}, \Delta f)$ に，すでに6章で説明した，

$$E(u, v) = \exp[-0.5\pi^2\lambda^2\Delta^2(u^2+v^2)^2] \quad \text{(F-27)}$$

$$B(u, v) = \exp-[-\pi^2(u_0^2+v_0^2)\times\{(C_s\lambda^2(u^2+v^2)+\Delta f)\lambda(u^2+v^2)^{1/2}\}^2] \quad \text{(F-28)}$$

をかけたものになる．ここで Δ は，レンズのディフォーカス量の揺らぎの平均幅である (§6.1.5参照)．

基本的な道筋がここまで理解できれば，原著論文(Ishizuka, Ultramicrosc., **5**(1980)55，および日本結晶学会誌, **28**(1986)1)を精密に読み進むことができる[注2]．

注2) Ishizuka の理論よりさらに照射角の大きい場合を扱った理論は，M. Mitome *et al.*, Ultramicrosc., **33**(1990)255 にある．

補遺 G
画像処理法について―画像を見やすくするために―

TEM や STEM において,試料から像への拡大率 M は,最小でも数百万倍,0.2 nm 以下の原子コラム像を表示するには 2000～3000 万倍が必要である.電子線の強度(単位面積当たりの入射個数)は像の拡大につれて M^2 で減少する.電子線損傷の観点から試料上には過度の電子線照射はできないので,得られた像の信号/ノイズ (S/N) 比($=n/\sqrt{n}$;n は電子数)は高拡大像では必然的に悪くなる.また,球面収差などの対物レンズの不完全性により,ある空間周波数は黒白逆のコントラストが観察されたりする.このようなノイズを軽減したり,収差を補正して正確な試料直下の波動場(exit wave function)を得ようとするのが電子顕微鏡に関する画像処理である[注1].

画像処理を大別すると次の3つに分けることができる.
(1) 実空間法
(2) 逆空間法
(3) 画像診断

(1) は,多数枚の電子顕微鏡像を重ねて S/N 比の改善をはかるもの,背景の強度を調整して像のコントラストを改善するもの,フィルムの感度曲線の非線形性を補正(ガンマ補正)するもの,および試料ドリフトなどによる格子像のひずみをアフィン変換補正するものなどがある.

(2) の方法は,像の分解能は空間用波数 u, v の逆空間の量で表されるので,§2.3.4 で説明したフーリエ変換による結像原理に基づいた画像処理である.また像の変化分を強調するため各画素に微分演算をする処理法があるが,実空間での微分は逆空間ではもとの像のフーリエ変換に $2\pi i u$(u:空間周波数)をかけることで可能になるので((A-15)式参照),これも逆空間法に含める場合もある.

注1) この直下の波動場からさらに試料中の3次元静電ポテンシャル分布 $V(x, y, z)$ を求めることは,§4.5 で述べた「電子回折の問題」を逆方向に解くことで,一般には求められない.この散乱における逆問題の困難を避けるため,静電ポテンシャル→試料直下の波動場の順方向で像シミュレーションを行い,実際の像と比較しながら,構造を "trial and error" で詰めていくのが通常の高分解能 TEM 像の解析手順である(§6.2 参照).

補遺 G　画像処理法について

　代表的な逆空間画像処理はデコンボリューション法である．この方法は収差を表すレンズ伝達関数 $\exp[-i\chi(u,v)]$ の影響を逆空間での割り算で補正する．(6-9)式と(6-10)式を参照すると，(6-10)式は像強度を逆空間にフーリエ変換したものなので，この式の両辺を $\sin\chi$ で割れば，求めたい構造因子 $F(u,v)$ が抽出され，それを再び実空間にフーリエ変換すれば収差やディフォーカスが補正された像が出ることになる．ただし，この処理は散乱波が弱い場合の「弱い位相物体の近似」を仮定していることに注意しよう．

　(3)の方法としては，逆空間へのフーリエ変換を使うものと，実空間での像の自己相関関数を使うものに分かれる．前者は，結晶格子像や構造像を2次元フーリエ変換することによって像の中に含まれる空間周波数成分を見ることができるようにするものである．このフーリエ変換図形は"疑似的な電子回折図形"として格子のひずみなどを局所的に抽出する目的でも使うが，本来の電子回折図形とは異なることに注意しなければならない．

　また炭素蒸着膜などの非晶質膜の HRTEM 像をフーリエ変換すると図3-6のような円形の図形が得られる．いろいろな傾斜入射の場合の像に関してこの円環や楕円環の大きさを測定すると，対物レンズの収差状態やディフォーカス状態(収差の一種)も測定できる(Zemlinの方法)[注2]．また，§6.1.5の最後で説明したように格子像の結像における線形成分と非線形成分を分離することもできる[注3]．

　実空間演算である後者は(G-1)式の自己相関の演算を行い，電子顕微鏡像の撮影中のドリフト量を抽出するものである．r を像面上の2次元ベクトルとすると

$$C(r) = \int I_1(r-r')I_2(r')dr' \qquad (G\text{-}1)$$

この処理によって像 $I_1(r)$ と一定時間後の $I_2(r)$ の変位ベクトルを計算し，それをピエゾ素子を付加した試料ゴニオメーターにフィードバックして，ドリフトを最小限にすることができる装置もすでに商用化されている．

注2) F. Zemlin *et al.*, Ultramicrosc., **3**(1977)49.
注3) J. Yamasaki *et al.*, J. Electron Microsc., **53**(2004)1.

補遺 H
高分解能像観察時の電子線照射損傷について—生物，有機物の観察のために—

　結像のために電子波を入射するということは，高エネルギーを持った電子の流れ（電流）を試料に与え透過させることである．高倍率観察のために大きい強度の電子線を入射させると，電流による発熱，運動量移送による原子核のノックオンおよび電子励起による化学結合の破断がおこる．この結果，TEM や STEM 観察によって原子構造が変化する．これを総称して電子線（照射）損傷と呼ぶ．

　このダメージの問題は高分解能電子顕微鏡の今後にとって最も重要な問題の1つである．重元素の金属や結合の強いセラミック試料については，この問題がナノ構造を観察するときの本質的な困難とはならなかった．今後高分解能観察が要望される炭素ナノチューブを含む軽元素複合体，有機物および生物試料については致命的な問題となる．ここでは，この問題を概観しよう．

A. 非生物試料のダメージ

　金属やセラミックスおよび半導体などは融点が 500℃ 以上のものが大部分で，かつ強い結合によって結晶構造を作っているので，ダメージの主な原因は運動量移送によるノックオンダメージである．もちろん電子励起による結合破断もおこるが，大部分は元に戻るので問題は少ない．

　ノックオンの関係式は運動量保存則から導かれる．エネルギー E を持った粒子 $A(m_e)$ が粒子 $B(M)$ に衝突したときに B に与える最大のエネルギーは直衝突の場合では

$$T_m = \frac{4 m_e M}{(m_e + M)^2} E \tag{H-1}$$

である．ここで，m_e，M は入射電子と試料原子の質量である．この式と結合エネルギーの値より「しきい値エネルギー（threshold energy）」を見積もることができ，例えばシリコンを 145 keV（加速電圧 145 kV）以上のエネルギーを持った入射電子で観察すると，原子がはじき出される可能性があることがわかる．一方，イオン結晶などは電子線の入射によってフレンケル対などの格子欠陥が発生する．電子励起に起因するダメージは入射電子の加速電圧を増大させると小さくなる．

B. 有機物，生物試料のダメージ

　有機物や生物試料のダメージ機構は全く異なる．電子線入射による加熱に起因する融解や入射電子から試料内電子へのエネルギー移送による電子励起/結合分解が主なものである．試料加熱については，進行方向単位長さ当たりのエネルギー損失量についてのベーテの式を使って[注1]

$$\frac{dE}{dz} = -\frac{e^4 N_A Z}{4\pi\varepsilon_0^2 A E_0 \beta^2} \ln\left(\frac{E_0 \beta^2}{2J}\right) \tag{H-2}$$

計算することができる．ここで N_A はアボガドロ数，Z は原子番号，ε_0 は誘電率，A は分子量，$E_0 = m_0 c^2$，$\beta = v/c$，J はイオン化ポテンシャルである．発生する熱量は試料の密度 (ρ) と厚さ (t) の積である "mass-thickness"（(4-13)式や(10-1)式参照）に比例する．実際のメッシュ上などでの温度分布はこのエネルギー源をもとに2次元の熱伝導方程式を解いて求める．

　次に電子励起に伴う結合の破断によって有機結晶がこわれる場合を考えよう．ダメージは電子線によって試料に注入されるエネルギーに比例するが，それはおおむね電子数に比例する．その総量を electron dose と呼ぶ．結晶はいろいろなイオン化過程によりこわれていくが，その判定は電子回折図形中での斑点の消失で行うのが普通である．この限界の量を臨界ドーズ量 (critical dose) と呼ぶ．試料上で1クーロン/cm^2 のドーズ量は 6×10^{18} 個/cm^2 の電子数になる．**図 H-1** は縦軸に臨界ドーズ量と試料名を併記したものである．

　像を形成するためどれだけの電子を照射する必要があるかは，検出器の1画素 (pixel) 当たりに落ちる電子の個数による．この判断基準は信号とノイズ量の比を決めるローゼ (Rose) の式で $(N/\sqrt{N}) \geq 5$ が1つの目安である（§8.2参照）．像面上の照射電流密度を(倍率)^2 倍すると，試料上の電流密度になる．実際の高分解能 TEM 像は試料面上で1 A/cm^2 程度，動的観察では 20～100 A/cm^2 で撮影されている．前者の条件で1秒で撮影すると，1 C/cm^2 となり約 600 個の電子/$Å^2$ となる．この程度の照射でフタロシアニン結晶は壊れる．DNA の単フィラメントなどは 100 個/$Å^2$ 以下でないと切れてしまうといわれている．また，さらに小さな電子線量でも細胞などは "死んで" しまうことがわかっている．

　図 H-2 は真空中に保持された1本の DNA の低照射条件での TEM 像のシミュレーションである[注2]．§6.2 で説明したマルチスライスシミュレーション法に加えて，像中の各ピクセルごとにランダムノイズを混入させる方法を使っている．像を作る電子が 400 個/$Å^2$ より下がると高分解能像が随分見にくくなってくるのがわかる．このノイズ像は量子ノイズであり，装置の性能を向上させても克服できない．ここで 1 Å = 0.1 nm である．

注1) 粒子線と試料の相互作用については，伊藤憲昭，「放射線物性」(森北出版，1981) が詳しい．

注2) Nomaguchi *et al.*, Appl. Phys. Lett., **89** (2006) 231907.

213

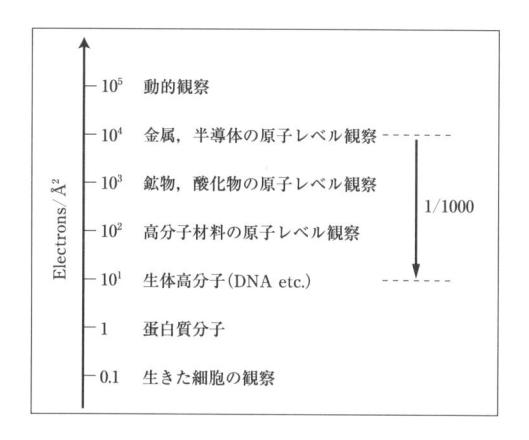

```
Electrons/Å²
─ 10⁵   動的観察
─ 10⁴   金属，半導体の原子レベル観察 ------
─ 10³   鉱物，酸化物の原子レベル観察          │ 1/1000
─ 10²   高分子材料の原子レベル観察            │
─ 10¹   生体高分子（DNA etc.）      ------ ▼
─ 1     蛋白質分子
─ 0.1   生きた細胞の観察
```

図 H-1 試料ごとの耐えられるドーズ量

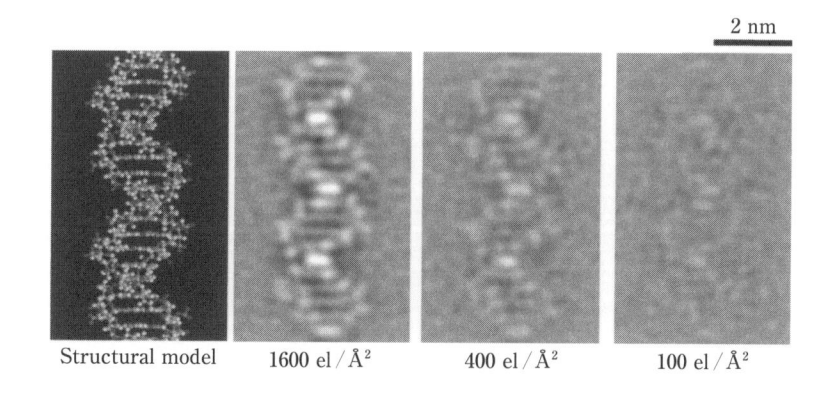

2 nm

Structural model　　1600 el/Å²　　400 el/Å²　　100 el/Å²

図 H-2 電子線のドーズ量を変化させたときの真空中に保持されたDNAのTEM像のシミュレーション（$E = 60$ kV）（高井義造教授のご厚意による）

補遺 I
ベーテ法の動力学的電子回折理論―結晶回折の基本的理論―

補遺 E では電子回折法の基礎と 1 回散乱過程のみ考慮した運動学的電子回折理論を説明した．1 個の原子による電子の散乱は X 線よりも強いので((D-10)式参照)，試料結晶が厚くなると，ある原子または原子面で散乱または回折された波がその結晶下部で再び回折されることがおこる．これを多重回折効果または動力学的回折効果という．この効果を取り入れた理論を開発者の名前で列挙すれば，(1) Howie-Whelan 法(連立微分方程式法)，(2) Sturkey-Niehrs & Fujimoto 法(散乱行列法)，(3) Bethe 法(固有値法)，(4) Cowley-Moodie 法(マルチスライス法)，そして(5) Van Dyck 法(実空間法)である．(1)は回折コントラスト像の解釈を目的としたもの，(2)は計算が繁雑なので HRTEM 像の解釈には使われない．(4)は§6.2 ですでに説明した．以後の補遺の章では，(3)，(1)，(5)の順に，その理論を要約する．

(3)の方法はもともと電子回折図形の強度計算のために発展したものである．シュレディンガー方程式から出発する正確な理論であるため，TEM 像や STEM 像の計算(§11.4 参照)にも使うことができる．(5)の方法は原子コラム直下の波動場を計算するための実空間法である．HRTEM 像の計算に適しており，第 I 部 4 章で説明した位相物体の近似や弱い位相物体の近似を厚い結晶の場合の理論から導く基礎にもなっている．

まずベーテ法から始めよう[注1]．簡単のため弾性散乱波の多重回折のみを考える．結晶性試料を 3 次元の周期性を持つ静電ポテンシャル分布 $V(\boldsymbol{r})$ として考え，そこへ 1 個の電子(電荷 $-e$)を入射させたときの問題は，次の定常的シュレディンガー方程式を解くことになる(→ 補遺 D)．

$$\nabla^2 \phi(\boldsymbol{r}) + \frac{8\pi^2 me}{h^2}[E + V(\boldsymbol{r})]\phi(\boldsymbol{r}) = 0 \tag{I-1}$$

E は加速電圧で，eE が電子の持つエネルギーとなる．真空中の電子波の波数を $\boldsymbol{K}_0$ として，

$$K = |\boldsymbol{K}_0| = \frac{\sqrt{2meE}}{h} = \frac{1}{\lambda}, \quad U(\boldsymbol{r}) = \frac{2me}{h^2}V(\boldsymbol{r}) \tag{I-2}$$

の置き換え式を使うと[注2]，シュレディンガー方程式は

注1) 本節の記述は，渡辺，「回折結晶学」(丸善，1980) 5 章に従った．(I-2)式は(B-3)式と U の符号が逆であるが，ここではポテンシャル U と V を同じ符号にするために，このように定義した．

$$\nabla^2 \phi(r) + 4\pi^2(K^2 + U(r))\phi(r) = 0 \tag{I-3}$$

となる．ここで $U(r)$ は周期的なので

$$U(r) = \sum_g U_g \exp(2\pi i g \cdot r) \tag{I-4}$$

のようにフーリエ級数で展開することができる．ここで g は逆格子ベクトルである．この式は積分形で書いた(A-9)式と意味は同じである．次にブロッフォの定理[注3]より，結晶中の波動関数は，$u(r)$ を格子と同じ周期を持つ関数とすると

$$\phi(r) = u(r) \exp(2\pi i k_0 \cdot r) \tag{I-5}$$

と書くことができる．ここで k_0 は周期ポテンシャルを持つ結晶の中で存在できる波数であり，また結晶の中に入るときの屈折の影響で，(I-2)式の真空中の K_0 とは異なることに注意しよう．

$u(r)$ も

$$u(r) = \sum_h \Psi_h \exp 2\pi i(h \cdot r) \tag{I-6}$$

と逆格子ベクトル h でフーリエ展開して(I-5)式に入れると

$$\phi(r) = \sum_h \Psi_h \exp 2\pi i(k_h \cdot r) \tag{I-7}$$

ただし，$k_h = k_0 + h$．この式を(I-3)式に入れると

$$(\kappa^2 - k_h^2)\phi_h + \sum_{g \neq h} U_{h-g}\phi_g = 0 \tag{I-8}$$

ただし，$\kappa = \sqrt{K^2 + U_0} = \dfrac{\sqrt{2me(E + V_0)}}{h}$．

κ は真空中で K の波数を持つ電子波が平均内部ポテンシャル V_0 の中に入ったときの修正された波数で，"結晶内入射波"の波数ともいう（先程の k_0 とも異なることに注意）．(I-8)式がベーテ法の動力学的回折理論の基礎式である．(I-8)式は行列式の形になっており，このうち ϕ_g などがゼロでない解を持つためには，行列の固有値問題を解くときと同じで，$0, h, g$ の3波の場合を書くと

注2) 補遺Dで説明した結晶構造因子 $F(h,k,l)$ とこの $U(r)$ のフーリエ係数 $U(h,k,l)$ とは $F = \pi \Omega U$ の関係がある．Ω は単位胞の体積である．この式の導出には，(D-5)式を"単位胞からの散乱波の振幅"によみかえる．それがちょうど結晶構造因子 $F(h)$ になるので，$F(h) = (2\pi me/h^2)\int V(r)\exp(-2\pi i h \cdot r)dr$. $U(r)$ に変換すると積分の前の係数が π のみになる．$U(r)$ についての積分は単位胞内の計算なので $U(h)$ に規格化因子に相当する体積 Ω が付く．回折結晶学ではフーリエ変換の規格化因子を片側の変換のみで負担している（補遺A，§A-2参照）．

注3) 周期的格子中の電子波に成り立つ定理．例えば，キッテル，「固体物理学入門」(丸善，1986) 7章参照．

補遺 I　ベーテ法の動力学的電子回折理論

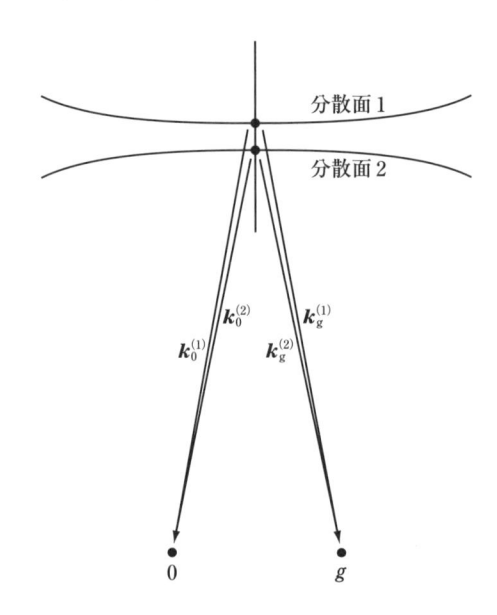

図 I-1　結晶中の 2 つの波(逆空間表示)と分散面の関係

$$\begin{vmatrix} \kappa^2 - \boldsymbol{k}_0^2 & U_{-h} & U_{-g} \\ U_h & \kappa^2 - \boldsymbol{k}_h^2 & U_{h-g} \\ U_g & U_{g-h} & \kappa^2 - \boldsymbol{k}_g^2 \end{vmatrix} = 0 \tag{I-9}$$

が必要となる.

　一般的には，これは $\boldsymbol{k}_0$ に関して 2×3 次の曲面の方程式となる($\boldsymbol{k}_h$, $\boldsymbol{k}_g$ に $\boldsymbol{k}_0$ が含まれていることに注意). この曲面上に波数ベクトルの始点，すなわち波の出るところ(発散点という)があり，この点が $\boldsymbol{k}_0$ (終点は逆格子点の 0)から逆向きに決まれば，結晶内で存在できる入射波 $\boldsymbol{k}_0$, さらに逆格子点 g の方向への向かう回折波の波数ベクトル $\boldsymbol{k}_g$ が $\boldsymbol{k}_0 + \boldsymbol{g}$ で決まる. 結局 N 個の波数ベクトル(スカラー垂直成分)が固有値として求まり，それに対応した波動関数の振幅 $\phi_h^{(i)}$, $\phi_g^{(i)}$ などが求まる.

　0 と g の 2 波のみが存在するときの式は

$$\begin{vmatrix} K^2 - k_0^2 & U_{-g} \\ U_g & K^2 - k_g^2 \end{vmatrix} = 0$$

となり，分散面と波数ベクトルの関係を**図 I-1** に示す. 2 つの分散面があるので，例えば g 方向に向かう波が $k_g^{(1)}$ と $k_g^{(2)}$ の 2 つ生じるところが重要である.

　これで結晶内に存在できる電子波の候補が定まった. あとはこれと入射波 $\exp i(\boldsymbol{K}_0 \cdot \boldsymbol{r})$ と $\exp(i\boldsymbol{k}_0 \cdot \boldsymbol{r})$ とつなぎ，また，出射面で外へ出る透過波と回折波とうまくつなぐことである.

このつなぐことを「境界条件を満足させる」という．この条件は境界面をはさんだ2つの波数ベクトルの接線成分が同じであることである．TEMの観察条件のように，結晶のほぼ晶帯軸に沿って電子線を入射し，多波励起になる場合の境界条件は行列形式になる（(11-24)式参照）．試料中の波動関数は

$$\phi(r) = \sum_i \alpha_i \sum_h \phi_h \exp 2\pi(\boldsymbol{k}_h^{(i)} \cdot \boldsymbol{r}) \qquad (\text{ただし } \boldsymbol{k}_h^{(i)} = \boldsymbol{k}_0^{(i)} + \boldsymbol{h}) \tag{I-10}$$

となる．α は i ブロッフォ波の励起振幅と呼ばれ，入射表面での境界条件より，h 方向へ行く i 分散面上に発散点がある回折波を $\phi_h^{(i)}$ とすると

$$\sum_i \alpha_i \phi_h^{(i)} = \delta_{h0} \tag{I-11}$$

と決まる．右辺のクロネッカーのデルタは一方向のみの入射波を表す．$\phi_h^{(i)}$ の正規直交条件（(I-12)式）を使うと

$$\sum_h \phi_h^{(i)} (\phi_h^{(j)})^* = \delta_{ij} \tag{I-12}$$

$$\alpha_j = (\phi_0^{(j)})^* \tag{I-13}$$

となる．結局，5章で説明した格子像は電子レンズに入射する種々の h 回折波によって作られ

$$\phi_h(r) = \sum_i (\phi_0^{(i)})^* \phi_h^{(i)} \exp[2\pi i(\boldsymbol{k}_h^{(i)} \cdot \boldsymbol{r})] \tag{I-14}$$

となり，厚さ D の平板結晶の場合は，最後の指数関数が $\exp(2\pi i \gamma_h^{(i)} D)$ となる．ここで $\gamma_h^{(i)}$ は $\boldsymbol{k}_h^{(i)}$ の z 方向成分である．D という厚さの効果が単に指数関数をかけるだけで取り入れられることがベーテ法の特徴である（§11.4参照）．

このベーテ法による多波格子像理論の表式では，適当な膜厚 D で試料下面の波動場の強度に原子コラムの位置がそのまま反映されることがある（K. Kambe, Ultramicrosc., **10**(1982) 223参照）．また，4章，6章で説明した「位相物体（格子）の近似」とベーテ法との関連については，J. M. Cowley, "Diffraction Physics"（North-Holland Publishing, 1981）§11.2 や J. Spence, "High resolution electron microscopy"（Oxford University Press, 2003）§5.7に記述がある．

補遺 J
コラム近似法とハウイ-ウェラン法の動力学的回折理論—格子欠陥観察の理論—

補遺Iで完全結晶に電子線が入射したときの結晶下の波動場を求めるためのベーテ法を説明した．結晶から離れた波動場—回折図形—はそれをフーリエ変換すれば求めることができる．一方，結晶内に転位などの線欠陥や積層欠陥などの面欠陥が存在するときの計算はどうすればいいのだろうか．ベーテ法では単位胞内の情報しか入力しておらず，それが繰り返す効果はブロッフォの定理で処理しているので((I-5)式参照)，この場合は使えない．電子顕微鏡像の解釈には実空間座標で表現した試料直下の波動場の計算が必要である．「この実空間表示の要求」と逆空間表示で主に計算する「動力学的回折効果」を結合した理論を作るためにコラム近似法が考案された．

§J-1 コラム近似法

図J-1(a)のように結晶中に刃状転位のような異常散乱体(灰色の領域)があるとする．今，結晶の縦方向の原子面にほぼ平行にかつブラッグ条件を満たすように電子線を入射する．欠陥の下の領域では他の完全結晶のところと比べ回折波の様子が少し異なっているはずである．

この異なっている度合を実空間表示で表すことができれば，転位の像のコントラストの解釈に役立つに違いない．高エネルギーの電子回折の場合，ブラッグ角は $\theta_B \cong 10^{-2}$ rad ($=0.5°$) 程度なので，電子線は図J-1(a)で表示してあるよりもっと原子面に平行に進むと考えてよい．灰色の領域で散乱された波がその後どのように進むかは，一様な媒質の場合は補遺Bの(B-6)式で述べたように波数を k としたホイヘンス-フレネル回折の式(＝キルヒホフの式)で表される．

$$d\phi = \frac{1}{i\lambda} \phi_0 \frac{e^{2\pi ikr}}{r} dS \qquad (\text{J-1})$$

ここで，ϕ_0 は入射波，dS は2次球面波を出す面積要素，i は2次波の位相が $\pi/2$ ずれることを表す．この考え方を図J-1(a)の結晶の中に思い切って適用してみよう．ϕ_0 を問題の灰色の領域に入射する波とすると，この領域には x-y 方向の単位面積と厚さ dz をかけた体積中に dz/Ω 個の単位胞があることになる．Ω は単位胞の体積である．したがってそこから R 離れたところの波の振幅は

§J-1 コラム近似法

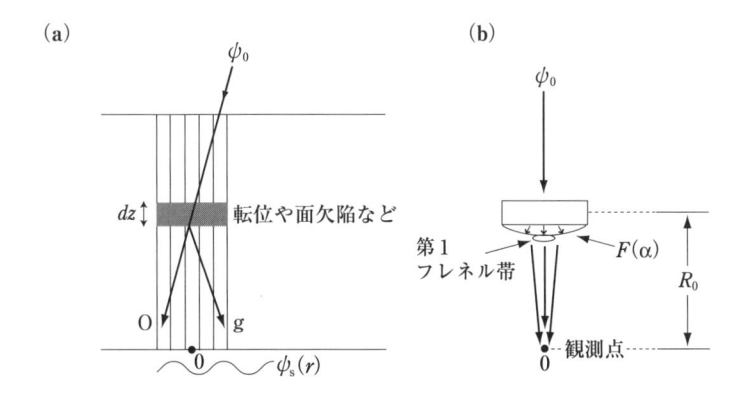

図 J-1 結晶内の欠陥による動力学回折効果の取り入れ方
(a) 薄膜の中程に欠陥がある場合の断面図
(b) 欠陥のある層からの球面波状の散乱波(曲線)の中で第1フレネル帯からの寄与が観測点0に効く

$$d\phi_g = \phi_0 \frac{dz}{\Omega} \int_S F(2\theta_B) \frac{e^{2\pi i k r}}{r} dS \tag{J-2}$$

となる．ここで，F は単位胞からの散乱波の振幅 (＝結晶構造因子) であり，$2\theta_B$ がちょうど散乱角 α になる．dS は円環状の面積要素にすると $2\pi r dr$ となる (観測点の方から見て作った球面に関して)．したがって

$$d\phi_g = \phi_0 \frac{2\pi dz}{\Omega} \int_{R_0}^R F(\alpha) e^{2\pi i k r} dr \tag{J-3}$$

この積分への主要な寄与は上記の球面が光軸と交わった中心部 (第1フレネル半周期帯) からである[注1]．このゾーンからの波の位相は $\pi/2$ のずれのみであるので，上記の積分は簡単に

$$i\phi_0 \frac{\lambda F(\alpha)}{\Omega} e^{2\pi i k R_0} dz \tag{J-4}$$

ここで，R_0 は第1フレネル帯の中心から観測点までの距離である (図 J-1(b))．
さらに消衰距離 ξ_g を

$$\xi_g = \frac{\pi \Omega}{\lambda F(\alpha)} \tag{J-5}$$

で定義すると

$$d\phi_g = \frac{i\pi}{\xi_g} \phi_0 \exp(2\pi i k R_0) dz \tag{J-6}$$

注1) フレネル半周期帯については，吉原,「物理光学」(共立出版, 1966) 4章にも丁寧な説明がある．

となる.欠陥などが z 方向に分布しているときはこの式を後述のように格子ひずみなどに応じて回折条件をわずかずつ変えながら,dz で順に積分していけばよい.

回折した波 $\phi_g(z)$ がその下の結晶で再び回折される多重回折効果は,dz の遂次微分方程式の中に自動的に取り入れられる.順次,$\phi_g(z) \to \phi_0(z+dz)$ としてやればよい.

100 kV で加速された電子の場合,結晶の厚さを 100 nm とすると $R_0 = 100$ nm,第 1 フレネル帯の大きさは $\sqrt{\lambda R_0}$ だから 0.6 nm になり,結晶下の波動場はその上の 0.6 nm 幅程度のコラムからの波で大部分形成されるということができる.これが「コラム近似」の由来である.

さらに高速電子が対称性の高い晶帯軸に沿って入射した場合は,原子コラムレベルでもその上のコラムの大部分が試料直下の波動場に寄与することが見られ,これを別途「原子コラム近似」ともいうが,これについては次の補遺 K で説明する.

§J-2　ハウイ-ウェラン法の動力学的回折理論[注2]

上記のコラム近似の基本式(J-6)を dz について厚さ t の結晶の場合で積分する.(J-4)式の観測点を結晶直下に考え,$k = k_0 + g + s$,$R_0 = t - z$,$|\phi_0| = 1$ と置くと

$$\phi_g = i\frac{\pi}{\xi_g}\exp(2\pi i k_0 t)\int_0^t \exp[-2\pi i(g+s)\cdot z]dz$$

$$I_g = \phi_g\phi_g{}^* = \frac{\pi^2}{\xi_g}\frac{\sin^2(\pi ts)}{(\pi s)^2} \tag{J-7}$$

となる.(J-7)式はその前の式から,g は z と垂直であることを考え,積分を実行すれば得られる.ここで s は上記の励起誤差に相当するもので,逆格子点とエワルド球の距離を表すベクトルで,ここでは z 方向に平行になっている.

これまでは回折波を求めたが,$z \sim z+dz$ の層内でできた φ_g が次の下の層の入射波となって次の回折波を作り出す.その関係は

$$\begin{cases} \dfrac{d\phi_0}{dz} = \dfrac{i\pi}{\xi_0}\phi_0 + \dfrac{i\pi}{\xi_g}\phi_g e^{-2\pi i s z} \\ \dfrac{d\phi_g}{dz} = \dfrac{i\pi}{\xi_g}\phi_0 e^{2\pi i s z} + \dfrac{i\pi}{\xi_0}\phi_g \end{cases} \tag{J-8}$$

の連立微分方程式となる.ここで第 2 式の第 1 項は,コラム近似の項で説明したものと同じである.ただ $R_0 = t-z$,$|\phi_0| = 1$,$k = k_0+g+s$ と置き換えた.

この式はコラム近似を仮定し,このコラムの中に 0 波と回折波である g 波の 2 波が励起されていることを想定している.

この式が多波になったときは

注2)　ハウイ-ウェランの理論については,P. B. Hirsch *et al.*, "Electron Microscopy of Thin Crystals" (Krieger Publishing, 1977) が定本である.

$$\frac{d\psi_g}{dz} = \sum_{h=g_1}^{g_n} \frac{i\pi}{\xi_{g-h}} \psi_h \exp(2\pi i s_{g-h} z) \tag{J-9}$$
$$g = g_1 \cdots\cdots g_n, \ g_1 = 0$$

となる.もちろん HRTEM の観察条件である晶帯軸入射で,対称的に回折波が出る場合の各回折波(透過波も含む)の振幅も n 次の連立微分方程式で表すことができる.この方程式は1次の連立微分方程式なので,ルンゲクッタ法などを用いて数値的に解くことができる.

補遺 K
ファンダイク法の動力学的回折理論―原子コラムイメージングの基礎―

　最近の TEM 格子像や構造像は入射電子線を結晶の対称性のよい晶帯軸に平行に入射して原子コラム像を撮影する(図 K-1). この原子コラム下の波動場 $\phi(\mathbf{x})$ を多重回折効果も取り入れて実空間表示で求めるのがこの理論の目標である[注1]. この理論は 4 章, 6 章で説明した実空間表示の位相物体の近似理論の厚い結晶の場合への拡張になっている.

　まず時間に依存する次のシュレディンガー方程式からスタートする. 結晶のポテンシャルを V とすると, 電子が持つポテンシャルエネルギーは $(-e) \times V$ である.

$$i\hbar \frac{\partial \phi(\mathbf{r}, t)}{\partial t} = \hat{H} \phi(\mathbf{r}, t) \tag{K-1}$$

ただし, $\hat{H} = -\dfrac{\hbar^2}{2m}\nabla^2 - eV(\mathbf{r}, t),\ \mathbf{r} = (x, y, z)$.

　入射電子は z 方向に $v = hk/m\ (k = 1/\lambda)$ で進行するので, この z 方向座標を"経過時間の t" によみかえる工夫をする.

$$t = \frac{z}{v} = \frac{mz}{hk}, \qquad h = 2\pi\hbar \text{[注2]}$$

この変換によって時間に依存するシュレディンガー方程式は x, y 座標と z 座標が分離して, かつ t が消えた方程式に変わる. 3 次元座標ベクトルを $(\mathbf{x}, z)$ と分けて

$$\frac{\partial \phi(\mathbf{x}, z)}{\partial z} = \frac{i}{4\pi k}(\nabla_x^2 + U(\mathbf{x}, z))\phi(\mathbf{x}, z) \tag{K-2}$$

ただし, $U(\mathbf{x}, z) = \dfrac{2me}{\hbar^2}V(\mathbf{x}, z),\ \mathbf{x} = (x, y)$.

　高エネルギー電子を使う TEM では, 補遺 E で説明したようにエバルト球は平面に近い. したがって主に 0 次のラウエ帯に属する回折波のみが強く励起される. これは z 方向へ投影した平均情報のみ考慮することに対応する. したがって上記の $V(\mathbf{r}, z)$ を z 方向に投影して

[注1] この節の記述は, S. Amelinckx and D. Van Dyck, in "Electron Diffraction Technique" ed. by J. M. Cowley (Oxford University Press, 1993), Vol. 2 に従った.

[注2] プランク定数に $\hbar$ を使うときは, 波の表記を $\exp i(kx - \omega t)$ 型で考え, 波数を $k = 2\pi/\lambda$ ととる. h の場合は $\exp 2\pi i(kx - \nu t)\ (k = 1/\lambda)$ である (§2.3.2 も参照).

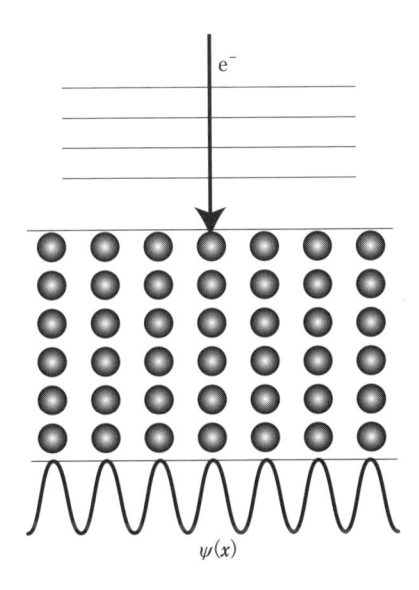

図 K-1 原子コラム直下の波動場の模式図

$$U_\mathrm{p}(\boldsymbol{x}) = \frac{2me}{\hbar^2}\frac{1}{z}\int_0^z V(\boldsymbol{x}, z)dz \tag{K-3}$$

を作る.

　この投影ポテンシャル $U_\mathrm{p}(\boldsymbol{x})$ は 2 次元の逆格子ベクトルでフーリエ展開できる.

$$U_\mathrm{p}(\boldsymbol{x}) = \sum_g U_g \exp(2\pi i \boldsymbol{g}\cdot \boldsymbol{x}) \tag{K-4}$$

方程式(K-2)は, ∇_x^2 に関する拡散方程式の部分と $U(\boldsymbol{x}, z)$ に関する微分方程式の和である. 後者から単純に z で積分して

$$\phi(\boldsymbol{x}, z) = \exp\left(\frac{i}{4\pi k}U(\boldsymbol{x})z\right)\phi(\boldsymbol{x}, 0) \tag{K-5}$$

が出る.

　入射波が $\phi(\boldsymbol{x}, 0) = 1(\boldsymbol{x})$ なら, これは §4.1 や §6.1 で説明した位相物体(格子)の近似に対応する. 入射波動関数 $\phi(\boldsymbol{x}, 0)$ に前の指数関数の引数だけ位相が付加されると考えればよい.

　一方, (K-2)式の前者は波の横方向の拡散を表し, §6.2.2 のマルチスライス理論の伝播関数に相当する内容を持つ.

　2 次元化した(K-2)の方程式の解は, 2 次元の固有値問題を解くことによって次の形が得られることがわかっている.

$$\phi(\boldsymbol{x}, z) = \sum_n C_n \phi_n(\boldsymbol{x}) \exp\left(-i\pi \frac{\tilde{E}_n}{\tilde{E}} \frac{z}{\lambda}\right) \tag{K-6}$$

ここで, ϕ は2次元の固有状態で

$$\hat{H} \phi_n(\boldsymbol{x}) = \tilde{E}_n \phi_n(\boldsymbol{x}) \tag{K-7}$$

$$\hat{H} = -\frac{\hbar^2}{2m} \nabla_x^2 - eV(\boldsymbol{x})$$

の解である.ここで, $\tilde{E}, \tilde{E}_n$ は電子の持つエネルギーで,加速電圧ではないことに注意する.

もし, $E_n < 0$ のときは固有状態は図 K-1 の原子コラム内に束縛される. (K-6)式を書き変えると

$$\phi(\boldsymbol{x}, z) = \sum_n C_n \phi_n(\boldsymbol{x}) \left[1 - i\pi \frac{\tilde{E}_n}{\tilde{E}} \frac{z}{\lambda}\right] + \sum_n C_n \phi_n(\boldsymbol{x}) \left[\exp\left(-i\pi \frac{\tilde{E}_n}{\tilde{E}} \frac{z}{\lambda}\right) - 1 + i\pi \frac{\tilde{E}_n}{\tilde{E}} \frac{z}{\lambda}\right] \tag{K-8}$$

係数 C_n は試料上面の境界条件 $\sum C_n \phi_n(\boldsymbol{x}) = \phi(\boldsymbol{x}, 0)$ で決定する.平面波入射のときは

$$\sum C_n \phi_n(\boldsymbol{x}) = 1 \tag{K-9}$$

となる.また

$$\sum_n C_n \phi_n(\boldsymbol{x}) E_n = \hat{H} \phi(\boldsymbol{x}, 0) = \hat{H} \times 1(\boldsymbol{x}) = -eV(\boldsymbol{x}) \tag{K-10}$$

なので

$$\phi(\boldsymbol{x}, z) = 1 + i\pi \frac{eV(\boldsymbol{x})}{\tilde{E}} \frac{z}{\lambda} + \sum_n C_n \phi_n(\boldsymbol{x}) \left[\exp\left(-i\pi \frac{\tilde{E}_n}{\tilde{E}} \frac{z}{\lambda}\right) - 1 + i\pi \frac{\tilde{E}_n}{\tilde{E}} \frac{z}{\lambda}\right] \tag{K-11}$$

となる.ここで(K-10)式の最後にポテンシャルエネルギー項のみが残る理由は, $\hat{H}$ の中のラプラシアンは1に作用させても消えてしまうからである.第1項と2項は弱い位相物体の近似の式に対応している((6-5)式参照).第3項は指数関数の引数が1より小さいときは後の2項と消し合う.すなわち $|E_n| \geq E\lambda/z$ のときのみ現れる.

したがって,この理論からも,薄い試料のとき($z \to$ 小),弱い位相物体の近似が成り立つことが示される(4章, 6章参照).

さらに i 原子コラムが孤立していると仮定できるときは,コラムの中心を2次元座標 x-y の原点にとれば,固有状態 ϕ_i はこの原子コラムのみに局在化する.試料下の波動関数はこの原子コラムの下の次の式で表される波動関数の単なる和(集合)になる.

$$\phi_i(\boldsymbol{x}, z) = 1 + \sum_i C_i \phi_i(\boldsymbol{x} - \boldsymbol{x}_i) \left[\exp\left(-i\pi \frac{\tilde{E}_n}{\tilde{E}} \frac{z}{\lambda}\right) - 1\right] \tag{K-12}$$

となる.ここで, $\boldsymbol{x}_i$ は原子コラムの位置を表す2次元ベクトルである.この式は,原子コラムごとに散乱過程を独立に扱い,それを加えれば,試料下の波動場が求まるという「原子コラム近似」理論の基礎となる[注3].

注3) J. J. Hu and N. Tanaka, Ultramicrosc., **80**(1994)1.

補遺 L
電子顕微鏡結像についての相対論補正効果—超高圧電子顕微鏡の基礎理論—

　20万ボルトの電圧で加速された電子は光速の約0.7倍で走るので，散乱や結像理論にも特殊相対性理論を考慮しなければならない．本書の第I部，II部では式の煩雑さを避けるために，(1-3)式の波長の式以外は相対論補正項を付加するのを省略した．ここでは中高電圧や超高圧電子顕微鏡による試料観察のために，その概要をまとめておく．

　§1.4で述べたように加速電圧 (E) と電子(電荷 $-e$)の持つエネルギーの保存則は特殊相対論より

$$mc^2 - m_0 c^2 = eE \tag{L-1}$$

である．ここで，eE に負号がない理由は，われわれが正のエネルギーをもつように加速電圧を印加できるからである．m_0 は電子の静止質量である[注1]．また電子が1個の原子で散乱されるときの散乱振幅(= 原子散乱因子)は次の(L-2)式の相対論的質量を考慮すると，(D-5)式に $\gamma = (1-\beta^2)^{-1/2}$ をかけたものになる．

　しかし電子が結晶に入射して多重回折(動力学的回折)をおこすときの散乱強度の表式は，量子力学が完成したあとも1950年代まで自明ではなかった．Fujiwara(藤原)はディラックの相対論的波動方程式の結晶中での解を，高次のボルン近似理論(→ 補遺 D および I)を使って解く研究をした[注2]．その結果，透過電子顕微鏡で使うような小角の前方散乱を扱う限り，(1-3)式の相対論補正した波長と，よく知られた $\beta \equiv v/c$ を使った相対論的質量

$$m = m_0(1-\beta^2)^{-1/2} = m_0\left(1 + \frac{eE}{m_0 c^2}\right) \tag{L-2}$$

をシュレディンガー方程式に代入して解けばよい，ということを証明した[注2]．この結果は，その後の超高圧電子顕微鏡や電子回折の研究に極めて大きな寄与をした．複雑なディラック方程式を解かなくてもよいことがわかったからである．シュレディンガー方程式に基礎を置く，すでに説明したマルチスライス理論やベーテ理論をわずかな修正で使うことができるのである．質量が(L-2)式のように変わるので[注1]，補遺Iの動力学的回折理論での換算ポテンシャル U の標記(I-2)式が(L-3)式のように変わる．ここでは，プランク定数は(B-1)式のよ

注1) 静止質量 m_0 と相対論的質量 $m_0(1-\beta^2)^{-1/2}$ の正しい扱いについては，L. B. Okun の興味深い解説がある(訳書「間違いだらけの物理概念」(丸善，1995)) p.95．本書では旧来の記法を用いた．

注2) K. Fujiwara, J. Phys. Soc. Jpn., **16**(1962)226.

225

うに $\hbar$ ではなくて h であることに注意しよう.

$$U(\boldsymbol{r}) = \frac{2m_0 e}{h^2}\Bigl(1+\frac{eE}{m_0 c^2}\Bigr)V(\boldsymbol{r}) \qquad \text{(L-3)}$$

これに対応して, $U(\boldsymbol{r})$ のフーリエ係数 $U_h(=U_h(0))$ も加速電圧によって変化する.

$$U_h(E) = \Bigl(1+\frac{eE}{m_0 c^2}\Bigr)U_h(0) \qquad \text{(L-4)}$$

したがって, 補遺Ⅰの(I-9)式の行列式は相対論補正した $U_h(E)$ を使って解くことになる[注3].

一方, 高分解能電子顕微鏡の結像はどのように変わるだろうか. 4章で説明した, 位相物体の相互作用係数の(4-1)式, (6-1)式は, ド・ブローイ波長の(1-3)式を使って以下のようになる[注3].

$$\begin{aligned}\lambda &= h\Bigl[2m_0 eE\Bigl(1+\frac{eE}{2m_0 c^2}\Bigr)\Bigr]^{-1/2} \\ &= hc(2(eE)(m_0 c^2)+(eE)^2)^{-1/2} \\ n &= \frac{\lambda'}{\lambda} = \Bigl[\frac{2(eE+eV)m_0 c^2+(eE+eV)^2}{2(eE)(m_0 c^2)+(eE)^2}\Bigr]^{1/2}\end{aligned} \qquad \text{(L-5)}$$

$V \ll E, m_0 c^2 (=511 \text{ keV})$ なので, 1次の近似式を使い

$$n \cong 1+\frac{V(m_0 c^2+eE)}{E(2m_0 c^2+eE)} \qquad \text{(L-6)}$$

位相物体の近似の式の中にある相互作用定数 σ は

$$\sigma = \frac{2\pi(m_0 c^2+eE)}{\lambda E(2m_0 c^2+eE)} \qquad \text{(L-7)}$$

となる. もし相対論効果が無視できるなら, $2m_0 c^2 \gg eE$ なので, §4.1で説明した

$$\sigma = \frac{\pi}{\lambda E} \qquad \text{(L-8)}$$

となる. この σ の表式は

$$\sigma = \frac{2\pi}{\lambda E}[1+(1-\beta^2)^{1/2}]^{-1} = \frac{2\pi m_0 e\lambda}{h^2}\Bigl(1+\frac{h^2}{m_0^2 c^2 \lambda^2}\Bigr)^{1/2} \qquad \text{(L-9)}$$

とも書くことができる. 第3項目の括弧の中の2項目は原子によるX線のコンプトン波長 (λ_c) の2乗に関係している. したがって加速電圧を上げると σ は一定値 $2\pi e/hc$ をとる. ちなみに

$$\lambda_c = \frac{h}{m_0 c} = 0.00242 \text{ nm} \qquad \text{(L-10)}$$

である.

加速電圧を上げた場合の σ の変化は**図L-1**のようになる. $\sigma_{0.1}$ は100 kV の場合の値である. 電圧を上げると σ は低下し, 1 MV 以上になると σ の低下は100 kV の場合の約60%の値で飽和する. すなわち同じ静電ポテンシャルなら低加速のほうが位相コントラストの源で

[注3] L. Reimer, "Transmission Electron Microscopy" (Springer Verlag, 1984) p. 220.

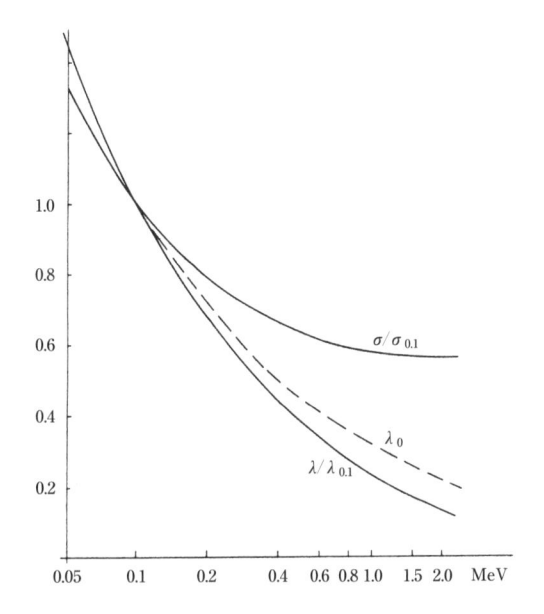

図 L-1 加速電圧と電子線の波長(λ),相互作用定数(σ)の関係
(P. Buseck *et al.*, "High-Resolution Transmission Electron Microscopy and Advanced Techniques"(Oxford University Press, 1988))

ある位相シフトは大きいことになる.λ_0 は相対論を考慮しない場合の波長の変化である.

次に装置に関することとして,電子銃の輝度は電圧の増大に伴い増加する.光軸上の輝度(軸上輝度)は

$$B_0 = \frac{\Delta I}{d\Omega dS} \tag{L-11}$$

で定義される.ΔI は電流,dS は光軸に垂直な面積,$d\Omega$ はこの面積へ電子が流れ込む立体角である.軸上輝度の値は電子を放出する陰極表面の温度 T,加速電圧 E,陰極表面の電流密度 i_0 とすると

$$B_0 = \frac{i_0 eE'}{\pi A} \tag{L-12}$$

と書ける.ここで $E' = E(1+eE/2m_0c^2)$ は相対論補正加速電圧,また熱電子銃の場合は $A = K_BT$ となる.K_B はボルツマン定数である.

また,(3-9)式,(C-13)式などで説明した加速電圧の揺らぎによる色収差に関する相対論効果は(L-7)式と同様に

$$\delta_c = C_c \frac{2\Delta E(m_0c^2+eE)\alpha}{E(2m_0c^2+eE)}$$

となる[注3].

補遺 M
電子顕微鏡を用いた元素分析―電子プローブを用いた分析―

　薄膜試料の組成や状態を分析する方法には，電子プローブ微小部分析法(EPMA)やオージェ分析法(AES)をはじめとして種々の方法がある．

　透過電子顕微鏡(TEM，STEM)を用いた分析の特徴は，10 nm以下の局所領域の組成分析が，高分解能電子顕微鏡(HREM)像や収束電子回折(CBED)図形を用いた原子レベルの構造解析と同時にできることである[注1]．

　分析電子顕微鏡法では，電子ビームをナノメーターサイズにしぼって，試料の興味のある領域にあてる．試料にあたった電子線は，図10-5に示したように，2次過程としてX線や2次電子など種々の信号を放出する．この信号を解析して試料の組成分析や電子状態分析を行う．

　電子顕微鏡で行われる分析は，(1)試料上部に放出される特性X線をエネルギー分散型半導体検出器で分析し元素の同定を行うエネルギー分散型X線分析法(Energy Dispersive X-ray Analysis；EDX)と，(2)透過電子エネルギー損失分布を90°磁場偏向型分光器やΩ型分光器で測定して，元素の同定や電子状態分析(イオン化状態など)，および原子の動径分布関数を与える構造解析を行う電子エネルギー損失分光法(Electron Energy Loss Spectroscopy；EELS)が主なものである(§7.1を参照)．エネルギー分解能は，それぞれ150 eVおよび0.5～1 eV程度である．EDXおよびEELSで元素の定量分析も可能であるが，試料の厚さの測定やスペクトルの詳細な解析が必要である．

　1970年代には，通常のTEMに走査透過像(STEM)用の付属装置を付けてビームを絞り(STEMでは結像のために常時ビームを絞って走査している)，STEM像で分析場所を決めた後，ビームの走査を止めて放出X線を検出し局所分析を行った．

　1980年代後半よりナノプローブ電子顕微鏡が登場し，高分解能TEM像を見ながらでもビームを絞り込み局所分析ができるようになった．

　さらに90年代には，高輝度の電界放出型電子銃(FEG)が実用化しかつSTEM専用装置も普及し，0.5 nmの大きさの領域のX線分析が容易にできるようになった．このSTEMのプ

[注1] 分析電子顕微鏡法の教科書としては，進藤，及川，「材料評価のための分析電子顕微鏡法」(共立出版，1999)があり，最新の情報は，宝野，弘津編，「金属ナノ組織解析法」(アグネ技術センター，2006)で得られる．

ローブ機能を用いて補遺 E で説明した収束電子回折(CBED)が可能であることはいうまでもない．したがって電子顕微鏡は局所構造の解析を HREM と CBED で行い，その領域の平均組成を EDX で決め，局所の電子状態解析を EELS で行える材料解析の"万能選手"になったのである．

補遺 N
カウリーによる TEM/STEM 結像の形式理論

§N-1 透過電子顕微鏡像

　TEM の線形結像理論については 4 章と 6 章で説明したが,これを形式的にしたものが Cowley によって発表されている.この理論によると,TEM の結像過程がフーリエ変換(コンボリューションも含む)の性質を使って簡潔に記述できる[注1).さらに STEM の結像理論も説明できる.
　薄い試料での相互作用を表す 2 次元の透過関数は(6-1)式と同じ考え方で

$$q(x, y) = \exp[i\sigma V_p(x, y)] \tag{N-1}$$

光軸に直角な x, y 面上のすべてで振幅が 1 の入射平面波を $1(x, y)$ とすれば,試料下の波動関数は

$$\phi_s(x, y) = 1(x, y) \times q(x, y) \tag{N-2}$$

対物レンズの後焦平面にできる回折図形を作る波動関数は,これをフーリエ変換($\hat{F}$)して,

$$\Psi(u, v) = \hat{F}[\phi_s(x, y)] \tag{N-3}$$

像面の波動関数は,再びフーリエ変換して

$$\phi_i(x, y) = \hat{F}[\hat{F}\phi_s(x, y)] = \phi_s(-x, -y) \tag{N-4}$$

ここで,補遺 B で述べたようにレンズの作用はフーリエ正変換 2 回であることに注意しよう.したがって(N-4)式最後の項の引数は $(-x, -y)$ となる.
　対物レンズの収差,ディフォーカスおよび絞りの影響は,(6-7)式のレンズ伝達関数と絞りの関数 $A(u, v)$ をかけたもので表すことができる.

$$T(u, v) = \exp[-i\chi(u, v)] \times A(u, v) \tag{N-5}$$

$$\text{ただし,} \begin{cases} A(u, v) = 1 & (絞りの中の座標) \\ = 0 & (絞りの外) \end{cases}$$

したがって(N-4)式の代わりに

$$\phi_i(x, y) = \hat{F}[\Psi(u, v) T(u, v)] \tag{N-6}$$

となり,像面の強度は,T のフーリエ変換を t(複素数)とすると

注1) ここでの記述は P. Buseck, J. M. Cowley and L. Eyring, "High Resolution Electron Microscopy"(Oxford University Press, 1988)に従った.

$$I_i(x, y) = |\phi_s(x, y) \otimes t(x, y)|^2 \tag{N-7}$$

となる．ここで t の実数部 $c(x, y)$ と虚数部 $s(x, y)$ は

$$c(x, y) = \hat{F}[A(u, v)\cos\chi(u, v)], \quad s(x, y) = \hat{F}[A(u, v)\sin\chi(u, v)] \tag{N-8}$$

である．記号 $\otimes$ は2次元のコンボリューション演算を表す((A-16)と(A-18)式を参照)．

試料が極薄で軽元素からなる場合は，弱い位相物体の近似が適用でき

$$q(x, y) = 1 + i\sigma V_p(x, y) \tag{N-9}$$

像面の強度分布は

$$I(x, y) = [1 + i\sigma V_p(x, y)] \otimes [c(x, y) - is(x, y)]$$

ここで，$s(x, y)$ の負号は(N-5)式の $\exp -i\chi$ の負号によるものである．

(N-8)式の $\cos\chi$ や $\sin\chi$ が振動をするところは対物絞り $A(u, v)$ でカットするので

$$\begin{aligned} c(x, y) \otimes 1(x, y) &= \int c(x, y) dx dy \cong 1 \\ s(x, y) \otimes 1(x, y) &= \int s(x, y) dx dy = 0 \end{aligned} \tag{N-10}$$

$\sigma V_p \ll 1$ なので2次の項を無視すると

$$I(x, y) = 1 + 2\sigma V_p(x, y) \otimes s(x, y) \tag{N-11}$$

となる．この式は(6-9)式と同じものである．この式のフーリエ変換は(6-10)式と同じ内容で

$$F[I(x, y)] = \delta(u, v) + 2\sigma F(u, v) \times A(u, v) \times \sin\chi(u, v) \tag{N-12}$$

である．F は2次元版の構造因子に相当するもので，投影ポテンシャルとフーリエ変換で結ばれている(§2.3.4参照)．この $\sin\chi$ がなるべく広い空間周波数範囲にわたり1に近い値をとる条件を求めよう．1次元で考えると，$\chi = (-2/3)\pi$ のとき，平坦になる必要条件である $(d/du)\sin\chi = 0$ となるので，この条件を設定し，(6-7)式の χ を1次元で考え，u で微分すると

$$\Delta f = -\sqrt{\frac{4}{3}C_s\lambda} = -1.15\sqrt{C_s\lambda} \tag{N-13}$$

となる(Scherzer, 1949)．

§N-2 走査透過電子顕微鏡像

11章で説明したように，STEM の場合は試料に入射する電子プローブが対物レンズの収差によって変調されている．入射プローブの波動関数は，レンズの光軸と試料面との交点を原点とすると，(N-5)式のレンズ伝達関数と対物絞り関数を使って

$$\phi_0(x, y) = \hat{F}\{A(u, v)\exp[-i\chi(u, v)]\} = t(\boldsymbol{x}) \tag{N-14}$$

ここで，ベクトルは2次元のもので，$\boldsymbol{x} = (x, y)$，$\boldsymbol{u} = (u, v)$ とする．プローブ $t(\boldsymbol{x})$ は試料面上を走査されるのでこの座標が $\boldsymbol{R}$ のときの試料直下の波動場は

$$\phi_s(\boldsymbol{x}) = t(\boldsymbol{x}-\boldsymbol{R}) \times q(\boldsymbol{x}) \tag{N-15}$$

qは試料を表す透過関数である((N-1)式参照).

STEMの検出器は試料から離れた場所に置かれ,そこには収束電子回折図形が現れているので,逆空間座標$\boldsymbol{u}$の表現にして

$$I_D(\boldsymbol{u}) = |\Psi(\boldsymbol{u})|^2 = |Q(\boldsymbol{u}) \otimes [T(\boldsymbol{u})\exp(-2\pi i \boldsymbol{u} \cdot \boldsymbol{R})]|^2 \tag{N-16}$$

ここで,3項目に指数関数が出てくる理由は(A-14)式を参照してほしい.また$\otimes$は2次元のコンボリューション演算である.プローブが$\boldsymbol{R}$にあるときに検出器(開口関数$D(\boldsymbol{u})$)に落ちる強度は$d\boldsymbol{u}$で積分して

$$I(\boldsymbol{R}) = \int D(\boldsymbol{u})|Q(\boldsymbol{u}) \otimes T(\boldsymbol{u})\exp(-2\pi i \boldsymbol{u} \cdot \boldsymbol{R})|^2 d\boldsymbol{u} \tag{N-17}$$

STEMの説明図である図8-2の光軸上に置かれた開き角が小さい明視野像用検出器D上に落ちる電子線強度は,$D(\boldsymbol{u}) = \delta(\boldsymbol{u}')$とおいて,かつ中のコンボリューション演算を$\boldsymbol{u}'$の積分表示にして$d\boldsymbol{u}$で積分すると

$$I(\boldsymbol{R}) = |\int Q(\boldsymbol{u})T(\boldsymbol{u})\exp(-2\pi i \boldsymbol{u} \cdot \boldsymbol{R}) d\boldsymbol{u}'|^2 = |q(\boldsymbol{R}) \otimes t(\boldsymbol{R})|^2 \tag{N-18}$$

となる.ここでも関数の積のフーリエ変換はそれぞれのフーリエ変換のコンボリューションであることを使っている((A-18)式参照).これは(N-7)式と同じだから,明視野像においてTEMとSTEMの同等性を示している(§9.1の相反定理に対応).

弱い位相物体の近似が成り立つときには,STEMの検出器面上では$\phi(\boldsymbol{u}) = \delta(\boldsymbol{u})+i\sigma F(\boldsymbol{u})$を考慮して

$$I(\boldsymbol{u}) = |T(\boldsymbol{u})|^2 + \sigma^2|F(\boldsymbol{u}) \otimes T(\boldsymbol{u})\exp(-2\pi i \boldsymbol{u} \cdot \boldsymbol{R})|^2 \tag{N-19}$$

の強度が現れる.第1項は(N-5)式に注意すると$|T(\boldsymbol{u})|^2 = |A(\boldsymbol{u})|^2$だから,STEMの対物レンズ(=収束レンズ)の絞りの影の像が真ん中に出る.§10.3で説明したHAADF-STEMの場合は

$$I(\boldsymbol{R}) = \sigma^2 \int |F(\boldsymbol{u}) \otimes T(\boldsymbol{u})\exp(-2\pi i \boldsymbol{u} \cdot \boldsymbol{R})|^2 d\boldsymbol{u} \tag{N-20}$$

(A-19)式のパーセバルの関係式を使うと

$$I(\boldsymbol{R}) = \sigma^2 \int |V_p(\boldsymbol{x}) \cdot T(\boldsymbol{x}-\boldsymbol{R})|^2 d\boldsymbol{r}$$
$$= \sigma^2 V_p^2(\boldsymbol{R}) \otimes |t(\boldsymbol{R})|^2 \tag{N-21}$$

$|t(\boldsymbol{R})|^2$は試料に入射するプローブ強度分布を表しているので,(N-21)式はHAADF-STEMが非干渉性(incoherent)結像であることを示している((8-6)式も参照).

おわりに

　本書では，電子線による実空間でのナノ材料の可視化に焦点をあて，「像と回折図形(空間周波数分布)はフーリエ変換で結ばれる」という事実を中心にしてその物理的説明を行った．この説明の方法は故 J.M.Cowley 教授の名著 "Diffraction Physics" (North-Holland Publishing)に範をとった．著者は 1983〜85 年の米国アリゾナ州立大学滞在中に，この本のもとになった講義に出席した経験をもっている．また本書の光学に関する記述は，久保田広先生の名著「波動光学」(岩波書店)の学習からでてきたものである．さらに近年出版された鶴田匡夫氏の「光の鉛筆」(新技術コミュニケーションズ)にも影響を受けた．

　名古屋大学では最初にも記したように，故上田良二，故加藤範夫両教授に深い学恩を受けたことはいうまでもないが，著者が学生であったときに光学研究室の助手をしておられた北出篤夫博士にもお礼申し上げたい．氏は著者が 2 年生のときの応用物理学演習で，名著 J.W.Goodman の "Fourier Optics" 7(McGraw-Hill Book)の一部の原著講読をやってくださり，フーリエ変換を基軸にした分光学が勃興していることをわれわれに紹介してくださった．またこれと同じ考え方で物理数学を説明した堀淳一先生の「物理数学(II)」(共立出版)も勉強した．この両先生のおかげで，著者は大学 2 年生前半の段階で物理学におけるフーリエ変換の重要性を認識したのである．

　本書の原稿作成中，研究室のスタッフや学生の方々にも閲読や図の作成で多大な援助を頂いた．また平山司氏(JFCC)には§ 7.2，渡辺和人氏(都立産高専)には§ 11.4，三留正則氏(NIMS)には補遺 F を査読していただいた．秘書安田美智枝氏には原稿入力の労をおかけした．彼女の援助がなければ 2006 年 9 月に開催された国際顕微鏡学会(IMC-16)プログラム委員長の大役を務めながら，本書の原稿作成は不可能であったと思われる．また，秘書三輪正代氏と西部慶子氏には原稿修正の最終段階で多大な労をおかけした．これらのご援助くださった皆様に改めて御礼申し上げたい．

　最後に，日頃から種々支えてくれた家族にも深く感謝したい．
　拙い本書が電子顕微鏡法に興味をもつ若き学徒に役立つことを祈りつつ筆を擱く．

2009 年 1 月

著　者

総　索　引

あ

アイコナール……………………… 109
アイコナール近似………………… 18
厚肉レンズの式…………………… 20
アッベの分解能限界……………… 36
アフィン変換補正………………… 209
アボガドロ数………………… 55, 212
暗視野格子像法…………………… 68
暗視野 STEM 像…………………… 68
暗視野像…………………… 10, 16, 116
アンダーフォーカス………… 52, 77

い

EELS スペクトル………………… 171
EELS マッピング像……………… 116
イオン化ポテンシャル…………… 212
イオン化励起……………………… 102
位相………………………… 7, 37, 73
位相因子…………………………… 165
位相格子…………………………… 86
位相格子(物体)の近似…… 72, 197, 226
位相コントラスト…… 49, 57, 139, 226
位相コントラスト伝達関数… 76, 79, 208
位相コントラスト法……………… 43
位相差顕微鏡………………… 51, 75
位相シフト………………………… 227
位相シフト法……………………… 107
位相シフト量……………………… 108
位相物体……………………… 58, 77
位相物体の近似…………… 72, 197, 226
位相分布像………………………… 107
位相変化…………………………… 187
位相変化量………………………… 189
位相変調…………………… 72, 81, 106
位相問題…………………………… 112
イメージシフトノブ……………… 188
色収差……………………… 14, 34, 227
　　軸上——………………………… 38
色収差係数………………… 119, 129, 190

色収差補正装置…………………… 122
陰極線オシログラフ……………… 18
陰極線管(CRT)……………… 7, 131
インコヒーレント………………… 42
インコヒーレント照明条件……… 36
インラインホログラフィー……… 106

う

ウェーネルト電極…………… 17, 128
薄肉レンズの公式…………… 15, 27
ウラニウム原子…………… 10, 142
運動学的近似……………………… 84
運動学的電子回折理論…………… 214
運動量空間………………………… 4
運動量の式………………………… 9
運動量表示………………………… 93

え

エアリー円板………………… 157, 180
エアリーディスク…………… 35, 41
映進面……………………………… 203
液体ヘリウム……………………… 116
X 線………………………………… 9
　　特性——…………… 128, 146, 152, 228
X 線回折……………………… 67, 197
X 線回折で使う原子散乱因子…… 195
X 線回折法…………………… 4, 17
X 線コンピュータトモグラフィー(CT)
　　………………………… 111, 114, 150
X 線の散乱振幅…………………… 195
X 線分光…………………………… 171
X 線マッピング像………………… 116
X 線用レンズ……………………… 9
エネルギー固有値…………… 25, 193
エネルギー準位図………………… 172
エネルギー状態…………………… 172
エネルギー損失量………………… 82
エネルギーの保存則……………… 225
エネルギーフィルター TEM 法… 100

エネルギーフィルター電子回折図形 …… 100
エネルギーフィルター透過電子顕微鏡法
　………………………………………98
エネルギー分光器 …………………… 101
エネルギー分散型半導体検出器 …… 228
エネルギー分散率 …………………… 101
エネルギー分析器 …………………… 135
エネルギー保存則 ……………………… 9
エバルト球 …………………………… 222
FFT ルーチン ………………………… 87
エワルド球 …………………………… 66
エワルドの構成 ……………………… 197
円環状検出暗視野 STEM 像 ………… 144
円環状検出器 ………… 132, 161, 164, 165
円電流 ………………………………… 14
円筒座標 ………………………… 28, 113

お

オーバーフォーカス側 ……………… 188
オフアクシスホログラフィー ……… 106
Ω 型エネルギー分光器 ………… 101, 173

か

回折強度 ……………………………… 56
回折結晶学 ……………………… 21, 176
回折現象 ……………………………… 8
回折コントラスト …………………… 49
回折コントラスト像 ………………… 127
回折収差 ………………………… 34, 35
回折図形 …………………… 16, 17, 30
回折波 ………………………………… 78
回折斑点 …………………………… 17, 43
回折ベクトル ………………………… 65
回折モード …………………………… 16
回転作用 ……………………………… 14
界面 …………………………………… 86
ガウス径 …………………………… 128
ガウス積分の公式 …………………… 185
カウリー-ムーディー法 …… 85, 156, 214
可干渉 ………………………………… 91
可干渉距離 …………………………… 95
可干渉度 ……………………………… 92
拡散方程式 …………………………… 223

角周波数 ……………………………… 21
角振動数 ……………………………… 21
拡大像 ………………………………… 28
確率過程論 …………………………… 95
可視化 …………………………… 6, 172
画素 ………………………………… 156
画像化 ………………………………… 6
画像処理 ……………………………… 59
画像診断 …………………………… 209
加速電圧 ………………………… 9, 25, 78
価電子帯 ……………………………… 99
カーボン膜 ………………………… 141
カルシウムの存在 …………………… 101
干渉項 ……………………………… 204
干渉縞 ………………………… 72, 105
干渉性 ………………………………… 79
干渉性結像 …………………………… 90

き

規格化因子 ………………………… 215
幾何光学 ……………………………… 18
輝度 …………………………… 128, 227
軌道方程式 …………………………… 20
逆空間 ………………… 4, 41, 164, 176
逆空間表示 …………………………… 50
逆空間法 …………………………… 209
逆格子 ……………………………… 198
逆格子ベクトル ………………… 65, 215
逆投影法 …………………………… 116
吸収関数 …………………………… 112
吸収係数 ………………… 56, 60, 149
吸収現象 ……………………………… 55
吸収効果 ………………………… 74, 113
吸収率の分布 ………………………… 6
球面収差 ………………… 14, 29, 34, 59, 187
　広義の—— …………………………… 29
球面収差係数 …………………… 75, 118
球面収差補正 ……………………… 148
球面収差補正技術 ……………… 120, 170
球面収差補正装置 …………………… 70
球面波 ………………………… 85, 104
境界条件を満足 …………………… 217
境界値問題 ………………………… 182

共焦点レーザー走査顕微鏡 …… 140, 141, 170
強度変調 …………………………………… 51
極座標 ……………………………………… 112
局所分析 …………………………………… 128
キルヒホフの式 ……………………… 182, 218
金 …………………………………………… 2

く

空間干渉性 …………………………… 94, 106
空間群 ……………………………………… 203
空間コヒーレンス ………………………… 96
空間周波数 ………………… 52, 74, 78, 189
空間周波数伝達特性 ……………………… 70
空洞円錐照明暗視野 TEM 像 ………… 138
屈折 …………………………………………… 6
屈折率 ……………………… 26, 43, 49, 185
クラスター ………………………………… 54
　　　　原子 ──────── 72, 126, 140
グラファイト ……………………………… 12
グリーン関数 …………………………… 182
グリーン関数の定理 …………………… 194
グレーザー ………………………………… 38
クロスオーバー ……………… 17, 27, 128
クロネッカーのデルタ ………………… 217
クーロンポテンシャル ………………… 195
クーロン力 ………………………………… 49

け

傾斜照明暗視野 TEM 像 ………………… 138
欠陥 ………………………………………… 86
結晶回折効果 ………………………… 149, 151
結晶構造因子 ……… 32, 45, 86, 164, 215, 219
結像 ……………… 6, 30, 90, 141, 144, 232
結像の問題 ………………………………… 58
結像理論 …………………………………… 38
ケーラー照明 ……………………………… 95
ゲルマニウム …………………………… 191
原子 …………………………………………… 2
原子核 ……………………………………… 10
原子核の電荷 …………………………… 194
原子核密度 ………………………………… 10
原子間力走査顕微鏡(AFM) ……………… 12
原子クラスター ……………… 72, 126, 140

原子コラム ……………………………… 35, 171
原子散乱因子 ……………… 45, 168, 193, 195
原子像 ……………………………………… 10
原子直視型 ……………………………… 132
原子の静電ポテンシャル ……………… 199
原子面 ……………………………… 35, 126
原子面間隔 ………………………… 34, 64
検出器 ……………………………………… 126
検出器の開き角 ………………………… 141
元素像 …………………………………… 152
元素像コントラスト …………………… 140
元素マッピング ………………………… 128
元素マッピング像 ……………………… 143

こ

高温超伝導材料 …………………………… 69
光学顕微鏡 …………………… 4, 6, 14, 34
高角度円環状検出暗視野
　(HAADF)-STEM …… 116, 128, 144, 147
広義の球面収差 …………………………… 29
高次回折線 ……………………………… 155
格子間位置(interstitial sites) ………… 149
光軸 …………………………… 14, 27, 29
格子縞の位相変調 ……………………… 106
格子像 ………………………… 17, 34, 61, 72
格子像(縞)分解能 ………………… 80, 191
格子像法 …………………………… 89, 126
格子定数 ……………………… 2, 86, 155
光子の裁判 ………………………………… 95
後焦平面 ……………………… 16, 54, 62
高次ラウエ帯(HOLZ)回折線 ………… 203
構造因子 …………………………… 77, 231
　　　結晶 ────── 32, 45, 86, 164, 215, 219
　　　低次 ──── ……………………… 154
　　　投影構造の ── ……………………… 77
構造像 …………………………………… 68, 72
構造像法 ………………………………… 126
構造モデル ……………………………… 84
高速電子線 ……………………………… 199
高速フーリエ変換(FFT)アルゴリズム … 158
高分解能電子顕微鏡 ………………… 78, 228
高分解能電子顕微鏡像 ……………… 61, 248
高分解能電子顕微鏡の結像特性 ……… 78

238　総索引

高分解能透過電子顕微鏡……………72
光路差………………………………91
固体物理学……………………………4
古典力学……………………………18
ゴニオメーター……………115, 210
コヒアレンス関数……………………92
コヒーレント…………………………42
コマ軸収差…………………………122
固有値………………………………109
固有値法………………………………85
固有値問題……………167, 215, 223
コロラド大学………………………116
コンボリューション………………110
コンボリューション演算
　………………70, 77, 161, 164, 178, 231

さ

最近接原子間距離……………………57
最小錯乱円……………………121, 130
最適焦点条件…………………………69
ザイデルの5収差………………29, 40
座標表示………………………………93
3ウィンドー法……………………102
酸化物…………………………………69
酸化マグネシウム……………74, 122
3次元観察…………………………111
3次元電子線トモグラフィー装置……116
3次元トモグラフィー法…………170
3次元フーリエ変換………………200
参照波………………………………105
3波干渉………………………………67
散乱因子……………………………164
　原子——………45, 168, 193, 195
散乱過程………………………………98
散乱吸収………………………………81
散乱吸収コントラスト………49, 82, 141
散乱吸収コントラスト法……………43
散乱現象………………………………53
散乱断面積……………………………54
　弾性——…………………………142
　非弾性——……………………82, 142
　微分——…………………………151
散乱の光学定理……………………144

散乱波………………………………54
散乱波の振幅………………………219
散乱ポテンシャル…………………164

し

シェルツァー…………………………38
シェルツァー限界…………………191
シェルツァーディフォーカス………52
シェルツァー分解能…………………79
時間的干渉性……………………92, 93
時間に依存するシュレディンガー方程式
　………………………………………193
時間平均量……………………………92
しきい値エネルギー………………211
軸外収差………………………………38
軸上色収差……………………………38
軸上格子像……………………………68
自己相関……………………………210
磁性体試料…………………………140
実空間……………………………4, 41
実空間表示……………………………50
実空間法……………………………209
実格子………………………………176
質量密度……………………………151
質量密度分布…………………………6
CTR散乱……………………………180
磁場セクター型……………………100
磁場ベクトル…………………………22
CBED図形の計算…………………158
射影変換………………………………6
弱ビーム法……………………………47
ジャストブラッグ条件………………66
写像……………………………………6
周期ポテンシャル…………………215
集光……………………………………6
収差……………………………………74
収差補正……………………………107
収差補正器…………………………173
収差補正技術…………………120, 170
収差論……………………………20, 28
収束イオンビーム…………………118
収束角………………………………128
収束作用………………………………14

収束点	100
収束電子回折	197, 201, 228
収束電子回折図形	156, 232
収束電子ビーム	161
収束レンズ	17
集団励起	99
出射面	57
シュレディンガー方程式	25, 182, 193
準弾性散乱	83
消衰距離	48, 219
晶帯軸	69, 170, 220
晶帯軸入射	68
焦点距離	16, 27, 70
焦点深度	170
焦点はずれ	59
焦点揺らぎ幅	40
情報限界	191
情報限界分解能	80
試料ゴニオメーター	210
試料直下の波動関数	32
試料直下の波動場	31
試料透過関数	206
Zr-Ni 金属ガラス	153
振幅	37
振幅分割法	106
振幅分布像	107
振幅変調	51, 58, 74, 80, 81

す

スカラー波	24
STEM	8, 10, 126, 136, 170
STEM の検出器	232
STEM のシミュレーション	158
STEM の明視像	141, 149
ステレオ投影図	197
スーパーセル	160
スーパーセル法	86
スペクトル	45
スポットサイズ	17
3D 再構成法	170

せ

正弦関数	21
制限視野回折法	17, 152
制限視野絞り	17
制限視野電子回折	120
静止質量	225
静磁場レンズ	28, 182
正焦点位置	37, 70
静電ポテンシャル	25, 162, 182, 193
静電ポテンシャルの分布	6
静電レンズ	17, 133
生物試料	108
析出相	154
積層欠陥	45, 218
摂動計算	98
Z コントラスト	139, 142
Z^2 コントラスト	144
z スライス観察	170
0 次のラウエ帯(ZOLZ)	203, 222
繊維構造	201
線形結像理論	79
線形項	79, 90
線形伝達関数理論	72
線欠陥	218
線積分	113
選択結像	77
全浴型の測定	172

そ

像	6, 30
相互強度	204
相互作用定数	49, 73, 226
相互透過係数(TCC)	207
走査時間	8
走査電子顕微鏡(SEM)	8, 126
走査透過像	228
走査透過電子顕微鏡(STEM)	8, 10, 126, 136, 170
暗視野	68
円環状検出暗視野	144
高角度円環状検出暗視野	116, 128, 144, 147
超高圧	149
マイクロビーム	153
明視野	141, 149

走査トンネル顕微鏡(STM)............4, 12
走査プローブ顕微鏡(SPM)............172
走査法....................................7
相対論効果............................226
相対論的質量........................225
相対論補正............................226
相対論補正加速電圧................227
相対論補正項..................9, 26, 225
相対論補正定数....................103
装置分解能............................79
相反性..................................136
相反定理..................136, 149, 232
像面......................................74
像面の波動関数......................32
組織......................................68

た

第1半周期帯........................72, 110
体心立方格子........................198
対物絞り................................47
対物絞り関数........................231
対物レンズ............................15
多重回折................................79
多重回折効果........................214
畳み込み演算........................178
単位胞..................................2, 86
単位胞の体積..................164, 215
単原子..................................98
単色器..................................119
弾性散乱強度........................168
弾性散乱断面積....................142
弾性散乱電子........................142
単層ナノチューブ................12
炭素ナノチューブ................2
炭素フラーレン....................2
炭素六員環..........................2
C_{60}分子..........................2
単電子検出器..................95, 173

ち

遅延回路................................91
チャネリング現象..........68, 144
中間レンズ..................15, 16, 34

中距離秩序(MRO；Medium Range Order)............57
中性子回折............................10
超高圧STEM........................149

つ

釣鐘型の磁場分布..................20

て

低次構造因子........................154
定常解..................................182
定常状態..............................193
ディフォーカス............51, 52, 188
ディフォーカス幅................190
ディラックのブラ・ケットベクトル....98
ディラック方程式................225
デオキシリボ核酸(DNA)........2, 141, 212
デコンボリューション法........210
デバイ-シェラー環................201
デバイ-ワーラー因子........165, 168
TEM................2, 14, 136, 178
TEMの線形結像理論............230
TEMプローブ法....................17
テーラー展開........................208
デルタ関数............52, 77, 98, 199
テレビジョン....................7, 136
転位..........................45, 127, 218
電界イオン顕微鏡
　(Field Ion Microscope；FIM)......10
電解研磨................................10
電界放出型電子銃(FEG)
　..........90, 129, 131, 133, 173, 228
電荷密度波............................82
点群......................................154
点光源..................................17
電子......................................14
電子雲..................................2
電子エネルギー損失分光スペクトル
　(EELS)..................99, 143, 228
電子エネルギー損失分光法........98, 228
電子回折..........................67, 120
電子回折の問題......................58
電子回折法............................32

総索引　241

電子軌道方程式……………………………29
電子顕微鏡………………………………4, 14
電子顕微鏡の結像理論…………………181
電子顕微鏡法………………………………32
電子銃………………………………………126
電子状態解析……………………………229
電子線イメージング………………………6
電子線結晶学……………………………176
電子線損傷………………………………209
電子線トモグラフィー……111, 115, 116, 152
電子線の吸収理論………………………149
電子線ホログラフィー………………59, 104
電子の静止質量……………………………9
電子の存在確率……………………………25
電子の電荷…………………………………9
電子波………………………………………182
電磁波…………………………………9, 24, 182
電磁場分布…………………………………108
電子プローブ………………………128, 156
電子プローブ微小部分析法（EPMA）……228
電子放出……………………………………173
電磁ポテンシャル………………………109
電子密度……………………………………10
電子励起……………………………………211
電子レンズ…………………………………14
伝導帯………………………………………99
伝播関数…………………………85, 86, 223
電場ベクトル………………………………22
点広がり関数………………………………76
点分解能………………………………34, 191

と

等位相面………………………………23, 61
投影近似……………………………………72
投影構造の構造因子………………………77
投影断面定理……………………………115
投影定理……………………………113, 196
投影ポテンシャル…………85, 163, 231
投影密度……………………………………114
投影レンズ……………………………15, 16, 34
透過電子顕微鏡（TEM）………2, 14, 136, 178
　エネルギーフィルター――…………100
　空洞円錐照明暗視野――……………138

傾斜照明暗視野――……………………138
動力学的回折………………………………65
動力学的回折効果………………151, 214
倒立像………………………………………30
特殊相対性理論…………………9, 103, 225
特性X線………………………128, 146, 152, 228
凸レンズ……………………………58, 182
ド・ブローイの式…………………………9
ド・ブローイ波…………………………9, 24
ド・ブローイ波長…………………………72
トポグラフィー……………………111, 152
トムソン散乱……………………………195
トモグラフィー……111, 115, 116, 152
ドリフト……………………………………210
トンネル電流………………………………12

な

内殻準位……………………………………99
内殻のエッジ……………………………101
ナノイメージング…………………………12
ナノ元素イメージング…………………173
ナノ構造…………………………………172
ナノサイエンス……………………………6
ナノ材料……………………………………4
ナノテクノロジー…………………………6
ナノの世界とは……………………………2
ナノファブリケーション…………………12
ナノ物性測定……………………………173
ナノメーター………………………………2
波の干渉……………………………………61
波の振幅……………………………………7
波の伝播……………………………………6

に

2光束の干渉…………………………91, 204
2次元強度分布……………………………6
2次元フーリエ変換……………………35, 126
2次電子線………………………………126
2次の伝達関数理論………………………79
2次波………………………………………218
二重性………………………………………28
2重らせん…………………………………2
入射電子線強度…………………………169

ね

熱散漫(非弾性)散乱(TDS) ···· 144, 161, 165
熱振動 ································· 162
熱電子銃 ····························· 227
熱励起ショットキー FEG ··········· 131

の

ノックオン ··························· 211

は

バイプリズム ························ 106
ハウイ-ウェラン法 ············ 201, 214
波数 ·································· 21
波数空間 ····························· 4
パーセバルの関係式 ················ 232
パーセバルの定理 ··················· 164
波束 ·····················25, 92, 93, 193
パターソン図形 ····················· 198
白金の微結晶 ························ 141
バックグラウンド ··················· 102
波動関数 ····························· 156
　　試料直下の—— ··············· 32
　　像面の—— ····················· 32
　　量子化した—— ················ 25
波動光学 ·················· 18, 85, 176
波動場 ································ 6
バトラー型静電レンズ ·············· 133
ハミルトニアン ····················· 193
波面 ·································· 49
波面収差 ·························38, 189
波面収差関数 ············· 75, 158, 190
波面分割法 ·························· 106
パルスレーザー ····················· 173
反射電子線 ·························· 126
半周期格子像 ························ 66
半透明鏡 ····························· 91
バンド図 ························ 4, 172

ひ

砒化ガリウム ························ 149
非干渉 ································ 91
非干渉条件での結像 ················ 144
非干渉性結像 ·················· 141, 232

非局在化 ····························· 103
非局在効果 ·························· 143
微結晶 ··························· 56, 141
微小回折図形 ························ 152
非晶質 ···························· 57, 72
非晶質カーボン膜 ··················· 40
非晶質膜 ····························· 154
非線形項 ···················· 52, 79, 90
非線形格子縞 ············· 66, 80, 191
非弾性散乱 ············ 149, 161, 190
非弾性散乱断面積 ··················· 142
非弾性散乱断面積の一般式 ········· 82
非弾性散乱電子 ····················· 142
非弾性散乱波(TDS) ····· 82, 139, 144, 161
非点隔差 ····························· 130
非点収差 ····························· 34
微分散乱断面積 ····················· 151
非平行照射 ·························· 208
ビームロッキング法 ················ 153
表面 ·································· 86
開き角 ································ 78

ふ

ファクシミリ ························ 7
ファンダイク法 ··············· 201, 214
フェルミの黄金則 ··················· 98
不確性原理 ·························· 93
複素共役 ····························· 204
複素指数関数 ························ 21
複素数 ································ 7
複素フーリエ変換 ··················· 176
フタロシアニン結晶 ················ 212
フタロシアニン薄膜 ················ 68
物体波 ································ 103
物理化学 ····························· 4
部分的干渉 ·························· 91
フラウンフォーファー回折 ···· 30, 196
フラウンフォーファー回折近似 ···· 184
フラウンフォーファー回折現象 ···· 52
フラウンフォーファー回折図形 ··· 41, 62
プラズマ波励起 ················ 82, 99
ブラッグ回折波 ················ 96, 168
ブラッグ角 ···················· 189, 195

ブラッグ条件	197, 218
ブラッグの公式	35
ブラッグ反射	63, 77, 82
ブラッグ反射の式	132
ブラッグ反射波	62
プランク定数	9, 25, 164
フーリエ逆変換法	116
フーリエ級数	26, 215
フーリエ級数展開	176
フーリエ光学	156
フーリエ合成	44
フーリエ像	66
フーリエ展開	215
フーリエ変換	6, 31, 77, 156, 164, 176, 177, 196, 231
フーリエ変換図形	40, 191
フーリエ変換スペクトル	43
フーリエ変換の投影定理	196
プリズム	27
フレネル回折	72, 110, 185
フレネル回折近似	183
フレネル回折式	25
フレネル縞	38, 140, 183
フレネル積分の式	183
フレネル伝播	85, 110
フレネル半周期帯	219
ブロッフォの定理	215, 218
ブロッフォ波	217
プローブ径	128
分解能	14, 34
格子像──	80, 191
シェルツァー──	79
情報限界──	80
装置──	79
点──	34, 191
分割器	91
分散関係	183
分散面	216
分子量	55
分析電子顕微鏡法	228

へ

平均内部ポテンシャル	215
平面の方程式	23
平面波	49, 105
ベクトル波	23
ベクトルポテンシャル	109
ヘッセの標準形	23
ベッセル関数	8, 42, 96, 158, 180
ベーテの式	212
ベーテ法	85, 161, 201, 214
ベーテ理論	225
ヘルムホルツ方程式	25, 182

ほ

ポアソン方程式	195
ホイヘンス-フレネル回折の式	218
ホイヘンス-フレネルの原理	205
望遠鏡	4
放出角	128
放物面波	85
包絡関数	208
補正コイル	38
ボルツマン定数	227
ポールピース	18
ボルン近似理論	194, 199, 225
ホログラフィー	59, 104, 106
ホログラフィー像	116

ま

マイクロサンプリング法	118
マイクロビーム STEM	153
前磁場	17
マックスウェル方程式	24
マッピング	128, 143, 152
マルチスライス動力学的回折理論	79
マルチスライスの計算	160
マルチスライス法	85, 156
マルチスライス理論	225
マルチビーム像	141
マルチビーム明視野法	140

み

密度分布	30
ミラー指数	64, 189

む

虫眼鏡	4
無収差	73
無収差レンズ	189
無染色	51, 108
ムラムラ像	40, 57

め

明視野 STEM 像	141, 149
明視野像	12, 16
明視野像用検出器	232
眼の細胞	101
面心立方格子	2, 198
面心立方構造	68

も

モアレ縞	107
モットの公式	195, 200
モノクロメーター	131

や

山	21
ヤングの干渉縞	95, 192
ヤングの干渉縞実験	92

ゆ

有限要素法	20
有効画素	129

よ

余弦関数	21
吉岡吸収項	163
吉岡ポテンシャル	168
弱い位相物体の近似(WPOA)	32, 52, 69, 74, 79, 84, 115, 197, 208, 231, 232

ら

ラウエ関数	199
ラウエ条件	62, 65, 82, 199
ラザフォード散乱	161
ラジアン	29
らせん運動	19
らせん軸	203
ラドン変換	111, 151
ランダムノイズ	212

り

離散的交差点問題	170
立体角	128
立方晶	64
粒界	68
粒状性像	40
量子化した波動関数	25
臨界照明	17, 95

れ

冷陰極電界放出型電子銃	131, 133, 173
励起誤差	66, 220
励起振幅	217
励磁電流	16, 78
レンズ	136
X 線用	9
収束	17
静電	17, 133
対物	15
中間	15, 16, 34
電子	14
投影	15, 16, 34
凸	58, 182
無収差	189
レンズ収差	108
レンズ伝達関数(LTF)	70, 74, 84, 108
レンズの開口	157
レンズの焦点距離	20
レンズの不完全性	77
レンズ法	6

ろ

ローズ条件	129
ローゼの不等式	132
ローレンツ力	18, 190

欧字先頭語索引

A
Abbe ·· 8, 34, 44
ADF-STEM；Annular Dark Field STEM
·· 141, 144
AFM；Atomic Force scanning
  Microscope ································ 12
AMIRA ·· 116
Au ·· 2

B
back projection method ············· 116, 151
Bethe 法 ·· 214
Boersch plate ··································· 51
Born-Einstein 論争 ························· 25

C
C_{60} 分子 ·· 2
CBED；Convergent Beam Electron
  Diffraction ······················· 197, 201, 228
CBED 図形の計算 ····················· 158
coherent ·· 90
convolution ····································· 110
convolution 演算
  ···················· 70, 77, 161, 164, 178, 231
Cormark ·· 111
Cowley ······························· 68, 133, 156
Cowley-Moodie 法 ······················· 214
Crewe ····························· 133, 141, 147, 148
CRT；Cathode Ray Tube ·········· 7, 131
CT；Computed Tomography ············ 111
CTR（Crystal Truncation Rod）散乱 ······· 180

D
de Broglie ································ 25, 28
defocus spread ························· 40, 190
delocalization ································ 103
delocalization effect ······················ 143
δ 関数 ······················· 52, 77, 98, 199
diffraction pattern ·························· 30

DNA；DeoxyriboNucleic Acid ··· 2, 141, 212
Dynamical TEM（DTEM） ················ 173

E
EELS；Electron Energy Loss
  Spectroscopy ··················· 99, 143, 228
EELS スペクトル ························· 171
EELS マッピング像 ······················ 116
Einstein-de Broglie 場 ······················ 25
electron dose ································· 212
ELNES；Electron energy-Loss
  Near-Edge Structure ················· 146
EPMA ··· 228
Everhart の図 ································ 130
EXELFS；EXtended Energy-Loss Fine
  Structure ································· 146
exit surface ······································ 57
exit wave function ·························· 31

F
FEG；Field Emission Gun
  ···················· 90, 129, 131, 133, 173, 228
Fejes ·· 96
FFT ·· 158
FFT ルーチン ·································· 87
FIM；Field Ion Microscope ············ 10
Frank ·· 96, 204
Fujiwara ·· 225

G
Gabor ··· 104

H
HAADF；High-Angle Annular Dark
  Field ·· 128
HAADF-STEM ············ 117, 128, 144, 147
Hanszen ·· 72
Hashimoto ····································· 148
Hollow-Cone Illumination Dark Field

TEM Images	138
holography	104
HOLZ	203
HOLZ 線	203
Hopkins	95, 96, 204
Hopkins の式	205
Houndsfield	111
Howie–Whelan 法	214

I

Iijima	68
image	6
image formation	6
imaging	6
IMOD	116
in-line	106
incoherent	91
information limit	121, 191
International Table	200
interstitial sites	149
Ishizuka	85, 96, 161, 163, 204

K

Kikuchi	28
kinematical	151
Knoll	28
Krivanek	119, 120

L

lattice fringe resolution	191
lattice resolution	34
Lentzen	121
Lichte defocus	121
Lichte の図	82
low-loss	147
LTF；Lens Transfer Function	70, 74, 84, 108

M

mass-thickness	56, 150
Matsui	69
MgO	74, 121
missing cone 問題	117, 151
MRO	57

O

O'Keefe	96, 204
off-axis	106
Ω 型エネルギー分光器	173
Ω 型の分光器	101

P

partially coherent	91
Pennycook	133, 148, 170
phase object	58
point-to-point resolution	34, 191

Q

qusielastic	83

R

Rose	132
Rose–Haider	118
Ruska	28

S

Scherzer	35, 51, 54, 74, 79, 110
Scherzer defocus	78, 121
Scherzer's limit	191
Scherzer の論文	187
Scherzer 法	121
SEM；Scanning Electron Microscope	8, 126
spacial coherence	94
Spence	136
Spence 近似	163
SPM；Scanning Probe Microscope	172
STEM；Scanning Transmission Electron Microscopy	8, 10, 126, 136, 170
暗視野	68
円環状検出暗視野	144
高角度円環状検出暗視野	116, 128, 144, 147
超高圧	149
マイクロビーム	153
明視野	149

STEM のシミュレーション 158
STEM の明視野像 141
STEM の検出器 232
STM；Scanning Tunneling
　Microscope 4, 12
Stobbs factor 問題 83, 111
structure image 68
Sturkey-Niehrs & Fujimoto 法 214
Suenaga 147
surface rendering 111, 116

T
TCC；Transmission Cross Coefficient ... 208
TDS；Thermal Diffuse Scattering
　................ 82, 139, 144, 161, 165
TEM；Transmission Electron
　Microscope 2, 14, 136, 178
　　エネルギーフィルター 100
　　空洞円錐照明暗視野 138
　　傾斜照明暗視野 138
TEM の線形結像理論 230
TEM プローブ法 17
temporal coherence 93
Thomson 28
threshold energy 211
tomography 111
topography 111

U
Uyeda 54, 68

V
Vacuum Generator (VG) 社 133
Van-Cittert 96
Van-Cittert & Zernike の定理 96, 205

Van Dyck 法 214
volume rendering 111, 116

W
Watanabe 166
wave packet 93, 193
Wenzel potential 194
white-line ratio 146
WKB 近似 18
WPOA；Weak Phase Object
　Approximation 32, 52, 69, 74, 79, 84,
　　　　　　　　　115, 197, 208, 231, 232

X
X 線 9
　　特性── 128, 146, 152, 228
X 線 CT 111, 114, 150
X 線の散乱振幅 195
X 線マッピング像 116
X 線分光 171
X 線用レンズ 9
X 線回折 67, 197
X 線回折で使う原子散乱因子 195
X 線回折法 4, 17

Z
Z コントラスト 139, 142
Z^2 コントラスト 144
z スライス観察 170
Zemlin の方法 120, 210
Zernike 51, 96, 204
ZOLZ；Zero-th Order Laue Zone ... 203, 222
ZOLZ 模様 203
Zr-Ni 金属ガラス 153

材料学シリーズ　監修者

堂山昌男	小川惠一	北田正弘
東京大学名誉教授	横浜市中央図書館館長	東京芸術大学教授
帝京科学大学名誉教授	元横浜市立大学学長	工学博士
Ph. D., 工学博士	Ph. D.	

著者略歴　田中　信夫（たなか　のぶお）

- 1949 年　名古屋に生まれる
- 1978 年　名古屋大学大学院工学研究科博士課程修了
- 1978 年　日本学術振興会奨励研究員
- 1979 年　豊田理化学研究所研究員
- 1979 年　名古屋大学工学部助手
- 1983 年　米国アリゾナ州立大学理学部研究員
- 1990 年　名古屋大学工学部応用物理学科助教授
- 1999 年　同　教授
- 2002 年　名古屋大学理工科学総合研究センター教授
- 2006 年　名古屋大学エコトピア科学研究所教授
- 　　　　現在にいたる　工学博士

2009 年 4 月 25 日　第 1 版発行

検印省略

材料学シリーズ

電子線ナノイメージング
高分解能 TEM と STEM による可視化

著　者Ⓒ　田　中　信　夫
発行者　内　田　　　学
印刷者　山　岡　景　仁

発行所　株式会社　内田老鶴圃　〒112-0012 東京都文京区大塚 3 丁目 34 番 3 号
電話（03）3945-6781（代）・FAX（03）3945-6782
http://www.rokakuho.co.jp
印刷・製本／三美印刷 K.K.

Published by UCHIDA ROKAKUHO PUBLISHING CO., LTD.
3-34-3 Otsuka, Bunkyo-ku, Tokyo, Japan

U. R. No. 571-1

ISBN 978-4-7536-5636-3 C3042

材料学シリーズ （既刊36冊，以後続刊）　　監修　堂山昌男　小川恵一　北田正弘

金属電子論　上・下
水谷宇一郎　著　　上：276頁・定価3150円（本体3000円）下：272頁・定価3675円（本体3500円）

結晶・準結晶・アモルファス　改訂新版
竹内　伸・枝川圭一　著　　　　　　　　　　　192頁・定価3780円（本体3600円）

オプトエレクトロニクス　―光デバイス入門―
水野博之　著　　　　　　　　　　　　　　　　264頁・定価3675円（本体3500円）

結晶電子顕微鏡学　―材料研究者のための―
坂　公恭　著　　　　　　　　　　　　　　　　248頁・定価3780円（本体3600円）

X線構造解析　原子の配列を決める
早稲田嘉夫・松原英一郎　著　　　　　　　　　308頁・定価3990円（本体3800円）

セラミックスの物理
上垣外修己・神谷信雄　著　　　　　　　　　　256頁・定価3780円（本体3600円）

水素と金属　次世代への材料学
深井　有・田中一英・内田裕久　著　　　　　　272頁・定価3990円（本体3800円）

バンド理論　物質科学の基礎として
小口多美夫　著　　　　　　　　　　　　　　　144頁・定価2940円（本体2800円）

高温超伝導の材料科学　―応用への礎として―
村上雅人　著　　　　　　　　　　　　　　　　264頁・定価3990円（本体3800円）

金属物性学の基礎　はじめて学ぶ人のために
沖　憲典・江口鐵男　著　　　　　　　　　　　144頁・定価2415円（本体2300円）

入門　材料電磁プロセッシング
浅井滋生　著　　　　　　　　　　　　　　　　136頁・定価3150円（本体3000円）

金属の相変態　材料組織の科学 入門
榎本正人　著　　　　　　　　　　　　　　　　304頁・定価3990円（本体3800円）

再結晶と材料組織　金属の機能性を引きだす
古林英一　著　　　　　　　　　　　　　　　　212頁・定価3675円（本体3500円）

鉄鋼材料の科学　鉄に凝縮されたテクノロジー
谷野　満・鈴木　茂　著　　　　　　　　　　　304頁・定価3990円（本体3800円）

人工格子入門　新材料創製のための
新庄輝也　著　　　　　　　　　　　　　　　　160頁・定価2940円（本体2800円）

入門 結晶化学
庄野安彦・床次正安　著　　　　　　　　　　　224頁・定価3780円（本体3600円）

入門 表面分析　固体表面を理解するための
吉原一紘　著　　　　　　　　　　　　　　　　224頁・定価3780円（本体3600円）

（A5判ソフトカバー，表示の定価は本体価格＋税5％です）

材料学シリーズ

結 晶 成 長
後藤芳彦 著　　　　208 頁・定価 3360 円（本体 3200 円）

金属電子論の基礎　初学者のための
沖 憲典・江口鐵男 著　　　　160 頁・定価 2625 円（本体 2500 円）

金属間化合物入門
山口正治・乾 晴行・伊藤和博 著　　　　164 頁・定価 2940 円（本体 2800 円）

液 晶 の 物 理
折原 宏 著　　　　264 頁・定価 3780 円（本体 3600 円）

半導体材料工学　—材料とデバイスをつなぐ—
大貫 仁 著　　　　280 頁・定価 3990 円（本体 3800 円）

強相関物質の基礎　原子，分子から固体へ
藤森 淳 著　　　　268 頁・定価 3990 円（本体 3800 円）

燃 料 電 池　熱力学から学ぶ基礎と開発の実際技術
工藤徹一・山本 治・岩原弘育 著　　　　256 頁・定価 3990 円（本体 3800 円）

タンパク質入門　その化学構造とライフサイエンスへの招待
高山光男 著　　　　232 頁・定価 2940 円（本体 2800 円）

マテリアルの力学的信頼性　安全設計のための弾性力学
榎 学 著　　　　144 頁・定価 2940 円（本体 2800 円）

材料物性と波動　コヒーレント波動の数理と現象
石黒 孝・小野浩司・濱崎勝義 著　　　　148 頁・定価 2730 円（本体 2600 円）

最適材料の選択と活用　材料データ・知識からリスクを考える
八木晃一 著　　　　228 頁・定価 3780 円（本体 3600 円）

磁 性 入 門　スピンから磁石まで
志賀正幸 著　　　　236 頁・定価 3780 円（本体 3600 円）

固体表面の濡れ制御
中島 章 著　　　　224 頁・定価 3990 円（本体 3800 円）

演習 X 線構造解析の基礎　必修例題とその解き方
早稲田嘉夫・松原英一郎・篠田弘造 著　　　　276 頁・定価 3990 円（本体 3800 円）

バイオマテリアル　材料と生体の相互作用
田中順三・角田方衛・立石哲也 編　　　　264 頁・定価 3990 円（本体 3800 円）

高分子材料の基礎と応用　重合・複合・加工で用途につなぐ
伊澤槇一 著　　　　312 頁・定価 3990 円（本体 3800 円）

金属腐食工学
杉本克久 著　　　　260 頁・定価 3990 円（本体 3800 円）

電子線ナノイメージング　高分解能 TEM と STEM による可視化
田中信夫 著　　　　264 頁・定価 4200 円（本体 4000 円）

（A5 判ソフトカバー，表示の定価は本体価格＋税 5% です）

結晶電子顕微鏡学 —材料研究者のための—
坂　公恭　著　　　　　　　　A5判・248頁・定価3780円（本体3600円）

結晶学の要点／結晶のステレオ投影と逆格子／結晶中の転位／結晶による電子線の回折／電子顕微鏡／完全結晶の透過型電子顕微鏡像／面欠陥と析出物のコントラスト／転位のコントラスト／ウィーク・ビーム法，ステレオ観察等

X線構造解析　原子の配列を決める
早稲田嘉夫・松原英一郎　著　　A5判・308頁・定価3990円（本体3800円）

X線の基本的な性質／結晶の幾何学／結晶面および方位の記述法／原子および結晶による回折／粉末資料からの回折／簡単な結晶の構造解析／結晶物質の定量および微細結晶粒子の解析／実格子と逆格子／原子による散乱強度の導出／小さな結晶からの回折および積分強度／結晶における対称性の解析／非晶質物質による散乱強度／異常散乱による複雑系の精密構造解析

X線回折分析
加藤誠軌　著　　　　　　　　A5判・356頁・定価3150円（本体3000円）

1　X線入門一日コース　2　X線と結晶についての基礎知識　3　X線回折装置　4　粉末X線回折の実際　5　特殊な装置を必要とする粉末X線回折法　6　単結晶によるX線回折

材料物性と波動　コヒーレント波動の数理と現象
石黒　孝・小野浩司・濱崎勝義　著　A5判・148頁・定価2730円（本体2600円）

1　波動のコヒーレンス　2　波の数理　3　波の回折現象　4　実空間と逆空間　5　コヒーレント波動の実際

入門　表面分析　固体表面を理解するための
吉原一紘　著　　　　　　　　A5判・224頁・定価3780円（本体3600円）

はじめに／電子と固体の相互作用を利用した表面分析法／X線と固体の相互作用を利用した表面分析法／イオンと固体の相互作用を利用した表面分析法／探針の変位を利用した表面分析法　付録／原子の構造，データ処理，構造因子とフーリエ変換

磁性入門　スピンから磁石まで
志賀正幸　著　　　　　　　　A5判・236頁・定価3780円（本体3600円）

序論／原子の磁気モーメント／イオン性結晶の常磁性／強磁性（局在モーメントモデル）／反強磁性とフェリ磁性／金属の磁性／いろいろな磁性体／磁気異方性と磁歪／磁区の形成と磁区構造／磁化過程と強磁性体の使い方／磁性の応用と磁性材料／磁気の応用

イオンビームによる物質分析・物質改質
藤本文範・小牧研一郎　編　　A5判・360頁・定価7140円（本体6800円）

1　イオンビーム物質分析　RBS（ラザフォード後方散乱分光法）／ERD（反跳原子検出法）／NRD（核反応検出法）／PIXE／ISS（ICISS）／SIMS／AMS　2　イオンビーム物質改質　イオン注入技術／イオン注入による表層改質／イオンビームデポジション／クラスターイオンビーム技術／ダイナミックミキシング—イオンビーム蒸着法による固体表面改質および薄膜形成／イオンビーム加工

（表示の定価は本体価格＋税5%です）